东南土木·青年教师·科研论丛

弦支叉筒网壳结构体系研究

朱明亮　著

中央高校基本科研业务费专项资金资助

东南大学出版社
SOUTHEAST UNIVERSITY PRESS
·南京·

内容提要

叉筒网壳结构是由若干组柱面网壳相贯而成的具有独特建筑造型的结构体系。传统的叉筒网壳结构变形和应力较为集中，对支座的水平推力较大，这些问题极大地限制了其工程应用。为了改善叉筒网壳结构的受力性能，发挥叉筒网壳结构体系的造型特点，本书首次提出了弦支叉筒网壳结构体系的概念，给出了该体系的形式与分类，并探讨了对叉筒网壳结构施加预应力的布索形式及其在平面内的组合扩展；其次，分别以谷线式弦支叉筒网壳和脊线式弦支叉筒网壳两种结构为研究对象，从静动力性能、稳定性能分别进行了全面的理论分析；然后结合新兴的向量式有限元方法进行了弦支叉筒网壳结构静力及断索失效分析；最后通过对一个八边形谷线式弦支叉筒网壳结构的模型试验对理论分析结果进行了验证。

本书可供空间结构领域的科研人员、研究生或高年级本科生作为学习和科研的参考书，也可供工程设计人员在工作中参考。

图书在版编目(CIP)数据

弦支叉筒网壳结构体系研究/朱明亮著. —南京：东南大学出版社，2015.6

(东南土木青年教师科研论丛)

ISBN 978-7-5641-5705-0

Ⅰ.①弦… Ⅱ.①朱… Ⅲ.①网壳结构—研究 Ⅳ.①TU3

中国版本图书馆 CIP 数据核字(2015)第 089457 号

弦支叉筒网壳结构体系研究

著　　者 朱明亮

责任编辑 丁　丁

编辑邮箱 d.d.00@163.com

出版发行　东南大学出版社

社　　址　南京市四牌楼 2 号　邮编：210096

出 版 人　江建中

网　　址　http://www.seupress.com

电子邮箱　press@seupress.com

经　　销　全国各地新华书店

印　　刷　兴化印刷有限责任公司

版　　次　2015 年 6 月第 1 版

印　　次　2015 年 6 月第 1 次印刷

开　　本　787 mm×1 092 mm　1/16

印　　张　9.25

字　　数　225 千

书　　号　ISBN 978-7-5641-5705-0

定　　价　38.00 元

本社图书若有印装质量问题，请直接与营销部联系。电话(传真)：025-83791830

序

作为社会经济发展的支柱性产业，土木工程是我国提升人居环境、改善交通条件、发展公共事业、扩大生产规模、促进商业发展、提升城市竞争力、开发和改造自然的基础性行业。随着社会的发展和科技的进步，基础设施的规模、功能、造型和相应的建筑技术越来越大型化、复杂化和多样化，对土木工程结构设计理论与建造技术提出了新的挑战。尤其经过三十多年的改革开放和创新发展，在土木工程基础理论、设计方法、建造技术及工程应用方面，均取得了卓越成就，特别是进入 21 世纪以来，在高层、大跨、超长、重载等建筑结构方面成绩尤其惊人，国家体育场馆、人民日报社新楼以及京沪高铁、东海大桥、珠港澳桥隧工程等高难度项目的建设更把技术革新推到了科研工作的前沿。未来，土木工程领域中仍将有许多课题和难题出现，需要我们探讨和攻克。

另一方面，环境问题特别是气候变异的影响将越来越受到重视，全球性的人口增长以及城镇化建设要求广泛采用可持续发展理念来实现节能减排。在可持续发展的国际大背景下，“高能耗”“短寿命”的行业性弊病成为国内土木界面临的最严峻的问题，土木工程行业的技术进步已成为建设资源节约型、环境友好型社会的迫切需求。以利用预应力技术来实现节能减排为例，预应力的实现是以使用高强高性能材料为基础的，其中，高强预应力钢筋的强度是建筑用普通钢筋的 3～4 倍以上，而单位能耗只是略有增加；高性能混凝土比普通混凝土的强度高 1 倍以上甚至更多，而单位能耗相差不大；使用预应力技术，则可以节省混凝土和钢材 20%～30%，随着高强钢筋、高强等级混凝土使用比例的增加，碳排放量将相应减少。

东南大学土木工程学科于 1923 年由时任国立东南大学首任工科主任的茅以升先生等人首倡成立。在茅以升、金宝桢、徐百川、梁治明、刘树勋、方福森、胡乾善、唐念慈、鲍恩湛、丁大钧、蒋永生等著名专家学者为代表的历代东大土木人的不懈努力下，土木工程系迅速壮大。如今，东南大学的土木工程学科以土木工程学院为主，交通学院、材料科学与工程学院以及能源与环境学院参与共同建设，目前拥有 4 位院士、6 位国家千人计划特聘专家和 4 位国家青年千人计划入选者、7 位长江学者和国家杰出青年基金获得者、2 位国家级教学名师；科研成果获国家技术发明奖 4 项，国家科技进步奖 20 余项，在教育部学位与研究生教育发展中心主持的 2012 年全国学科评估排名中，土木工程位列全国第三。

近年来，东南大学土木工程学院特别注重青年教师的培养和发展，吸引了一批海外知名大学博士毕业青年才俊的加入，8 人入选教育部新世纪优秀人才，8 人在 35 岁前晋升教授或博导，有 12 位 40 岁以下年轻教师在近 5 年内留学海外 1 年以上。不远的将来，这些青年学者们将会成为我国土木工程行业的中坚力量。

时逢东南大学土木工程学科创建暨土木工程系(学院)成立90周年,东南大学土木工程学院组织出版《东南土木青年教师科研论丛》,将本学院青年教师在工程结构基本理论、新材料、新型结构体系、结构防灾减灾性能、工程管理等方面的最新研究成果及时整理出版。本丛书的出版,得益于东南大学出版社的大力支持,尤其是丁丁编辑的帮助,我们很感谢他们对出版年轻学者学术著作的热心扶持。最后,我们希望本丛书的出版对我国土木工程行业的发展与技术进步起到一定的推动作用,同时,希望丛书的编写者们继续努力,并挑起东大土木未来发展的重担。

东南大学土木工程学院领导让我为本丛书作序,我在《东南土木青年教师科研论丛》中写了上面这些话,算作序。

中国工程院院士:吕志涛

2013.12.23.

前　言

空间结构作为一种新兴的结构体系，其受力合理，结构形式多种多样，经典的空间结构工程往往成为建筑美学与力学的集中体现。近年来，国内外各类大型空间结构工程已经成为当地的地标性建筑。世界各国都十分注重大跨度空间结构的理论研究与工程实践，其应用范围不断扩展，常见的有体育场馆、展览馆、航站楼、火车站房等。其中，网壳结构以其优美的建筑造型，简洁合理的结构形式成为近代空间结构较普遍被利用的结构形式之一。本书探讨了一种新型的预应力网壳结构，通过对该结构体系力学性能的分析论证了其合理性，并简要地介绍了对模型试验的情况。

本书是在董石麟院士的悉心指导下完成的，在浙江大学空间结构研究中心长达四年的求学过程中，恩师给予了大量的指导。恩师渊博的学识、创新的精神、严谨的学风、虚怀若谷的品格给学生留下了深刻的印象，学生将始终以恩师为榜样，努力工作、学习。

限于作者的水平与经验，书中可能尚有不妥之处，敬请读者指正。

朱明亮

2015 年 1 月于东南大学南京四牌楼校区

目　　录

第1章　绪　　论

1.1　空间结构概述

1.1.1　空间结构的发展

空间结构受力合理，重量轻，跨度大，结构形式更是多种多样，经典的空间结构工程往往成为建筑美学与力学的集中体现。近年来，空间结构逐渐成为衡量一个国家建筑科技水平的重要标志，也是一个国家文明发展程度的象征。鉴于空间结构的特点，世界各国都十分注重大跨度空间结构的理论研究与工程实践，其应用范围已经扩展到体育场馆、展览馆、航站楼、影剧院、火车站房及雨篷结构、大型商场、飞机库、工厂车间、煤棚及仓库[1,2]。

如图1.1所示，文献[3]把空间结构发展历史分为：

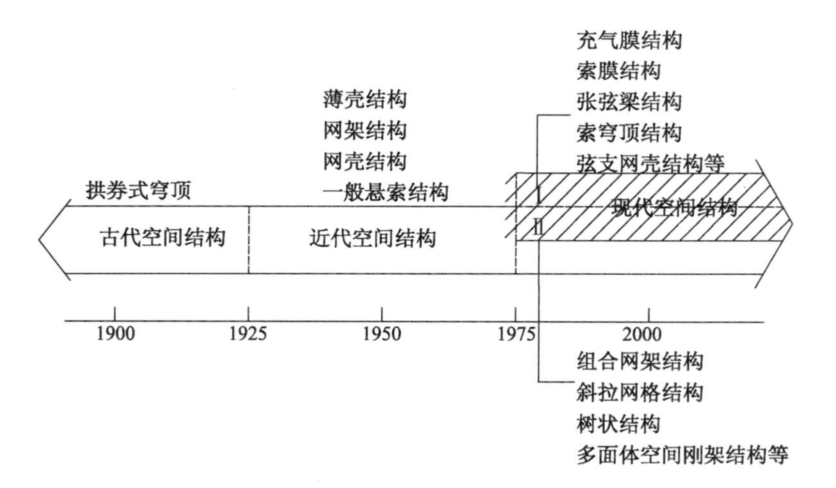

图1.1　空间结构年代划分图

(1) 20世纪初叶(1925年前后)以前为古代空间结构阶段，主要为拱券式穹顶。

(2) 20世纪初叶以后为近代空间结构阶段，其标志性结构为薄壳结构、网格结构和一般悬索结构。

(3) 20世界末叶(1975年前后)以后为现代空间结构阶段，其主要标志性结构为索膜结构、索杆张力结构、弦支穹顶结构等。

世界上现存最早的空间结构是公元前14年建成的罗马万神殿(图1.2)，它是由砖、石、浮石、火山灰砌成的拱式结构，直径 43.5 m，净高 43.5 m，顶部厚度 120 cm。半球根部支承在 620 cm 厚的墙体上，穹顶的平均厚度 370 cm，直到 19 世纪末一直是世界上最大跨度的建筑。我国早期空间结构的代表工程是明洪武 14 年（1381 年）用砖石砌成的南京无梁殿，平面尺寸 38 m×54 m，净高 22 m（图 1.3）。

图 1.2　古罗马万神殿

图 1.3　南京无梁殿

1925 年前后，近代空间结构不断涌现，德国耶拿蔡斯玻璃厂建成历史上第一幢直径 40 m而壳面厚度仅 6 cm 的钢筋混凝土球形壳体结构；1957 年建成的罗马小体育馆（图 1.4）由著名建筑师维泰洛齐和工程师奈尔维设计，小体育馆平面为直径 60 m 的圆形，球顶由 1 620 块用钢丝网水泥预制的菱形槽板拼装而成，板间布置钢筋现浇肋，并采用外露的 Y 形斜柱把巨大的装配整体式钢筋混凝土球壳托起，是结构力学与建筑美学的完美结合；法国巴黎的工业技术中心展览馆（图 1.5）是目前世界上跨度最大的薄壳结构，采用双层波形薄壁拱壳，其薄壳平面呈三角形，跨度达 218 m，矢高 48 m，厚度仅 6～12 cm，厚度仅为跨度的 1/2 000左右。

图 1.4　罗马小体育馆

图 1.5　法国巴黎工业技术中心展览馆

悬索结构按照索的布置方向和层数主要可分为单层悬索结构、双层悬索结构、预应力索网结构。具有代表性的悬索结构主要有 1964 年建成的日本东京代代木国立室内综合体育馆，采用高张力缆索为主体的悬索屋顶结构，创造出带有紧张感、力动感的大型内部空间，成为 20 世纪 60 年代建筑结构技术进步的象征（图 1.6）；建于 1958—1962 年间的华盛顿杜勒斯机场候机楼是由 20 世纪中叶美国最具创造性的建筑师之一沙里宁设计的。悬索承托的天棚和墙面全由玻璃覆盖，营造了流动舒展的内部空间。优美的结构造型让人不禁联想到候机大厅将和飞机一起腾空翱翔（图 1.7）。悬索结构属于几何可变体系，因此必须施加预应力以确保其成为一个稳定的受力体系，竖向刚度主要来自于预应力所提供的几何刚度，为了使结构具备相当的刚度以保证在外荷载作用下不发生较大的变形，必须合理进行预应力大小的取值。

图 1.6 东京代代木体育馆

图 1.7 华盛顿杜勒斯机场候机楼

对于跨度大、重量轻的空间结构来说，钢材作为建筑材料相对于混凝土占据明显的优势，因此网格结构逐渐成为了最受欢迎的空间结构形式。图 1.8 所示的北京首都体育馆和图 1.9 所示的北京体院体育馆是国内早期网格结构的代表作。

图 1.8 首都体育馆网架在高空散装

图 1.9 北京体院体育馆

如图 1.1 所示，薄壳结构、网架网壳结构、悬索结构等近代空间结构在 1975 年后继续应用、发展和创新，特别是引入新技术、新概念后，派生出多种现代空间结构，例如组合网架结构、斜拉网格结构、树状结构和多面体空间刚架结构等。

1975 年后，建筑材料科学得到了长足的发展，伴随着高强度预应力拉索及高性能膜材的出现，空间结构形式更加丰富多样。例如，薄膜结构、索杆张力结构、索穹顶等高性能现代空间结构。

薄膜结构以性能优良的柔软织物为材料，由膜内空气压力支承膜面，或利用柔性钢索或刚性支承结构使膜面产生一定的预张力，从而形成具有一定的刚度、能够覆盖大空间的结构体系。根据膜材及相关构件的受力方式可把膜结构分成四种形式：空气支承式膜结构、骨架支承式膜结构、整体张拉式膜结构和索系支承式膜结构。图 1.10 所示为 1970 年大阪世界博览会美国馆，由美国工程师 Geiger 设计，纵向跨度达到 142 m，这是第一个空气支承式膜结构，也是第一个现代意义上的大跨度膜结构。如图 1.11，我国于 1997 年建成的上海八万人体育场，最大跨度达到 288 m，挑篷由 59 个伞形膜单体支承于刚性骨架，最大悬挑达 73.5 m。图 1.12 所示为建于 1999 年的英国伦敦千年穹顶，由 12 根高 100 m 高桅杆、72 根钢索整体张拉而成，也是现代整体张拉式膜结构的代表作。如图 1.13，索系支承式膜结构具有代表性的工程为建于1967年的加拿大蒙特利尔博览会德国馆，它是第一个大跨度索膜结构，由索网作为主要承重构件，表面覆以薄膜而成。

与传统结构相比，膜结构具有自重轻、跨度大、建筑造型自由丰富、施工方便、经济性、安全性、良好的透光性和自洁性等优点。同时，膜结构也有耐久性能、保温隔热性能、隔音性能差，易发生局部破坏等缺点。

图1.10　大阪世界博览会美国馆

图1.11　上海八万人体育场

图1.12　英国伦敦千年穹顶

图1.13　加拿大蒙特利尔博览会德国馆

20世纪60年代，美国工程师Fuller[4]提出了关于“压杆的孤岛存在于拉杆的海洋中”的设想，他认为真正高效的结构体系应该是压力与拉力的自平衡体系。因此，在结构中应尽可能地减少受压状态而使结构处于连续的张拉状态，并首次提出了Tensegrity这一概念。图1.14为美国的Snelson利用张拉整体思想设计建造的城市雕塑，集中体现了张拉整体结构连续拉、间断压的理念。20世纪80年代美国工程师Geiger[5]和Levy[6]进一步发展了张拉整体结构思想，提出了索穹顶结构体系，并将其应用于大跨度建筑中。图1.15所示为1986

图1.14　城市雕塑

图1.15　汉城奥林匹克体操馆

年由 Geiger 为 1988 年汉城奥运会设计的主赛馆[7]，平面为直径 120 m 的圆形，是世界上第一个索穹顶结构；图 1.16 为亚特兰大乔治亚穹顶，由联方型索网、三道环索、中间受拉桁架以及斜索和桅杆组成，跨度达到 240 m。近年来，国内学者[8-12]对索穹顶的结构形式进行了不断的创新，使索穹顶结构体系越发完善，主要包括 Geiger 型索穹顶、Levy 型索穹顶、Kiewitt 型索穹顶、鸟巢型索穹顶、混合Ⅰ型索穹顶(肋环型和葵花型组合)、混合Ⅱ型索穹顶(Kiewitt 型和葵花型组合)、刚性屋面索穹顶结构等。

(a) 外景

(b) 内景

图 1.16 亚特兰大乔治亚穹顶

张弦梁和弦支穹顶等张力结构的出现使得刚性结构与柔性结构结合形成自平衡预应力体系。张弦梁结构最早是由日本大学的 Saitoh[13]教授提出，是一种上弦刚性构件和下弦柔性拉索通过中间撑杆连接的刚柔组合的杂交空间结构。张弦梁结构可充分发挥高强度拉索的抗拉性能，与压弯构件协调工作，发挥材料的最佳性能。1999 年建成的上海浦东国际机场航站楼[14](图 1.17)和 2002 年建成使用的广州国际会展中心[15](图 1.18)，跨度分别达到 81 m 和 126 m。为充分发挥单层网壳与索穹顶结构体系的特点，1993 年日本政法大学 Kawaguchi[16]教授提出了一种改进的新型杂交空间结构体系——弦支穹顶。该结构由上部刚性的单层网壳和下部索杆体系连接而成，可以看作刚性的上弦层取代索穹顶的柔性上弦层而得到，也可看作是用张拉整体的概念加强了单层网壳结构，以提高单层网壳结构的整体刚度与稳定性。代表工程有 1993 年和 1997 年相继在日本建造的跨度 35 m 光球穹顶(图 1.19)和跨度 55 m 聚会穹顶(图 1.20)。

图 1.17 上海浦东国际机场航站楼

图 1.18 广州国际会展中心

随着空间结构发展，其应用领域已经不仅仅局限于大跨度的屋盖结构等传统领域，在高层建筑[17]、桥梁[18]、现代大型铁路客站站房及雨棚结构[19]等领域也得到了应用与发展。例如，图 1.21 所示的中央电视台大楼，采用规则布置的外筒柱、边梁和交叉布置的斜撑组成的外筒体系，是空间结构理念在高层建筑结构中的成功应用。中建国际设计顾问有限公司改进设计的多哈外交部大楼，便是采用两向斜交斜放的圆柱面钢筋混凝土筒壳直接作为 44 层钢筋混凝土结构的外筒体，见图 1.22。

图 1.19　日本光球穹顶

图 1.20　日本聚会穹顶

图 1.21　中央电视台大楼

图 1.22　多哈外交部大楼立面图

在大跨度桥梁工程中采用大跨空间结构，不仅能够满足功能要求，也可以提高桥梁的美学价值，例如跨越邕江的南宁大桥，主桥跨度 300 m，采用了曲线梁非对称外倾拱桥，结构主体由桥面曲线钢箱梁、两条非对称倾斜的钢箱拱、镀锌钢丝索倾斜吊杆、平衡吊杆及拱的水平力而布置在钢筋梁内的系杆，以及锚固系杆用的拱间平台共五部分组成，见图 1.23。天津海河大沽桥主桥跨度 106 m，采用了大、小拱倾斜的下承式拱桥(图 1.24)。

图 1.23　跨越邕江的南宁大桥

图 1.24　天津海河大沽桥

1.1.2 空间结构的分类

由于早期空间结构形式与理论研究处于起步阶段，种类有限，对空间结构的分类如图1.25所示，主要为薄壳结构、网架结构、网壳结构、悬索结构、薄膜结构[2]。近年来，随着新的高性能建筑材料层出不穷，各国经济实力的提升，人们对建筑美学与大空间的追求，加之理论研究水平的不断提高，各种新型空间结构不断涌现，空间结构正进入空前繁荣发展的时期，传统分类方法出现了一定的局限性，如图1.26所示的瑞士蒙特立克斯车站汽车库张弦气肋梁结构按照传统分类方法很难界定其结构类型。

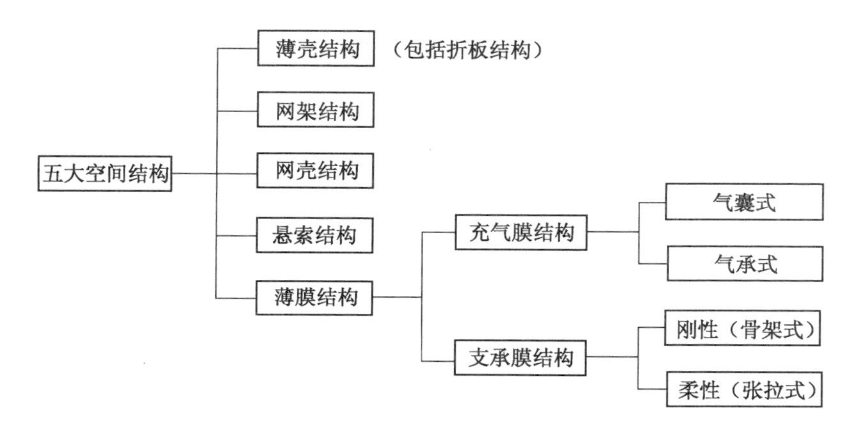

图1.25 空间结构传统分类方法

图1.26 瑞士蒙特立克斯车站汽车库张弦气肋梁及其与支承结构的连接构造

因此，文献[20，21]将组成空间结构的单元归纳为板壳单元、梁单元、杆单元、索单元和膜单元等五种基本单元，提出了按照空间结构单元组成分类的新方法，如图1.27所示。现有的38种空间结构形式均可由其中的某一种或多种单元构成，该方法不但具有实用性，能够对现有类型进行总结分类，而且具有开放性，随着空间结构形式的发展和不断创新，任何新的空间结构体系也可找到适当的分类，同时还可以启发人们不断创新、开发出新的空间结构形式。

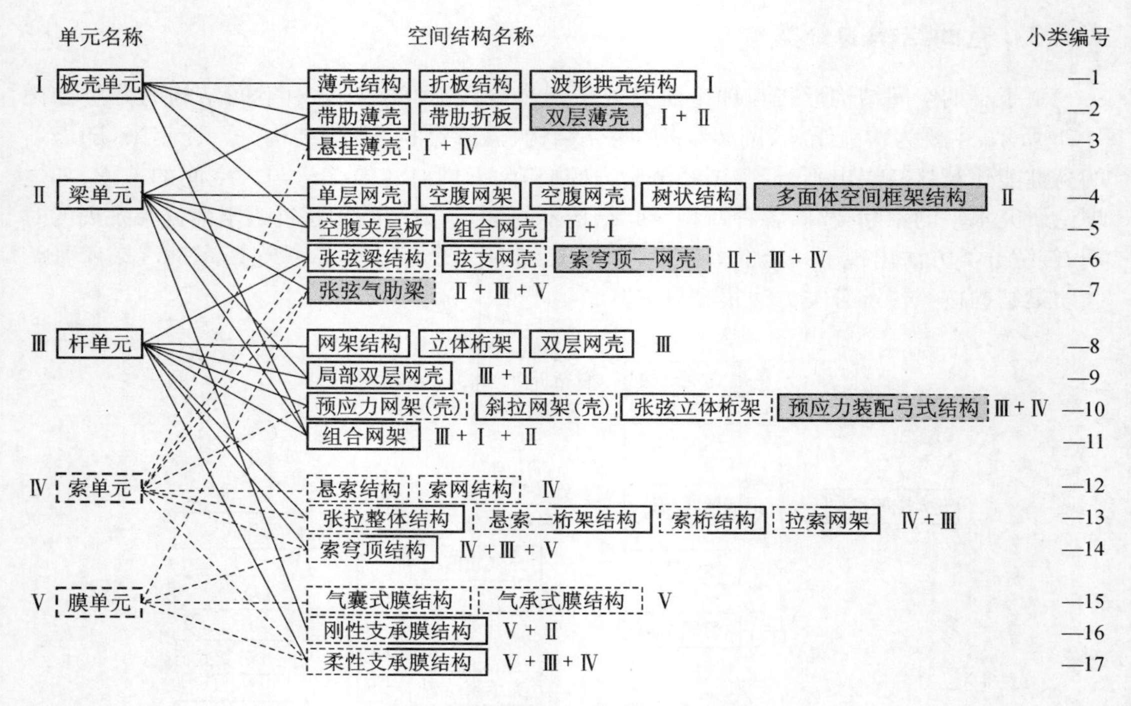

图 1.27　空间结构按单元组成分类

1.1.3　空间结构在国内的应用和发展

我国的空间结构早期主要以薄壳结构、悬索结构为主，1958 年建成的北京火车站候车大厅(图 1.28)以及 1961 年建成的北京工人体育馆(图 1.29)是这一时期的代表工程，之后经历了网架网壳结构、索膜结构、张弦梁结构、弦支穹顶结构的发展，如今我国的空间结构正朝着多样化、大跨度、高效能的方向发展，特别是 2008 年北京奥运会、2010 年上海世博会、深圳世界大学生运动会、广州全运会[22]的顺利举办，大批造型新颖、功能完备的空间结构工程令世界瞩目。其中最具代表性的工程有国家体育场[23](图 1.30)、国家游泳中心[24](图 1.31)、国家体育馆[25](图 1.32)、上海世博会世博轴[26](图 1.33)、深圳大运中心体育场[27](图 1.34)、首都国际机场 T3 航站楼[28](图 1.35)、国家大剧院(图 1.36)。图 1.37 是 2010 年刚刚建成的跨度 72 m 鄂尔多斯市伊金霍洛旗体育馆，它是我国大陆地区首例真正意义上

图 1.28　北京火车站大厅施工

图 1.29　北京工人体育馆

图 1.30 国家体育场——鸟巢

图 1.31 国家游泳中心——水立方

图 1.32 奥运会国家体育馆

图 1.33 上海世博会世博轴

图 1.34 深圳大运中心体育场

图 1.35 首都国际机场 T3 航站楼

图 1.36 国家大剧院

图 1.37 鄂尔多斯伊金霍洛旗体育馆

的大跨度索穹顶结构。伴随着科学技术与经济实力的日新月异,空间结构俨然成为我国社会主义经济蓬勃发展的一个缩影,中国已经成为世界空间结构大国,并且正在向空间结构强国迈进。

1.2 弦支穹顶结构的应用与研究现状

索穹顶结构基于张拉整体思想,由间断的受压刚性竖杆和连续的受拉柔性拉索组成,整个结构处于连续拉索构成的张力海洋之中。索穹顶结构的高效性是其他类型结构难以媲美的,被公认为目前最合理、最轻型的大跨度空间结构体系。然而直到现在,索穹顶在世界范围内的应用尚未得到普及,尤其是我国的索穹顶结构工程严重滞后于理论研究,2010 年鄂尔多斯刚刚兴建了我国第一例索穹顶结构,跨度仅为 72 m。之所以出现这种现象,主要是因为索穹顶结构性能很大程度上取决于施加预应力的大小及分布,结构技术要求高,拉索需施加巨大的预应力,进而产生对边界的巨大拉力,施工难度大,同时结构上部膜材的价格高昂。

1993 年由日本政法大学的川口卫教授提出的弦支穹顶结构是在单层球面网壳下部通过索杆体系施加预应力成为张力结构,抑或可以视为对索穹顶结构的改良,令索穹顶上弦拉索成为刚性构件,下部拉索施加预应力,整体结构成为自平衡体系。弦支穹顶受力合理,对支座要求不高,施工难度大大降低,屋面板可以灵活布置,一经提出便在世界范围内得到了广泛的应用。我国近年来有代表性的弦支穹顶工程为 2009 年建成的圆形平面跨度 122 m 的全运会济南体育馆(图 1.38),是当前世上跨度最大的弦支网壳[29];2010 年建成矩形平面 28 m×43 m 柱网双向多跨连续的深圳北站无站台柱雨篷(图 1.39),覆盖建筑面积为 6.8 万 m^2,是世界首创矩形平面弦支圆柱面网壳结构[30]。

图 1.38　济南奥体中心体育馆

图 1.39　深圳北站无站台柱雨篷

1.2.1 弦支穹顶结构的形式与分类

弦支穹顶结构从 20 世纪 90 年代提出至今不过二十几年的时间,但其发展速度惊人,各种新型弦支穹顶结构不断地应用于工程实践,并获得了良好的效益。国内对弦支穹顶结构的研究开展较早,文献[31]提出了 3 种弦支穹顶结构体系的分类方法,分别是按照上弦杆件刚接、铰接划分,按照下弦拉索的类型划分以及按照上层单层网壳形式划分。对肋环型、施威德勒型、联方型、凯威特型、三向网格型、短程线型以及组合型等各种弦支穹顶结构形式进行了结构特性分析。文献[32-36]针对各种常见弦支穹顶形式的力学性能进行了详尽的分析;文献[36]总结了前人的研究成果,对弦支穹顶结构进行了详细分类。总体而言,弦支穹顶结构形式主要可以从上部单层网壳网格划分形式、下部索杆体系的布置形式两方面划分。按照上部单层网壳网格划分形式分类方法与单层网壳分类相同，在此不再赘述；按照下部索杆体系布置形式分类主要有图 1.40 所示 6 种基本形式，各种索杆布置形式之间相互组合又可得到多种索杆混合布置的弦支穹顶，如图 1.41 所示。

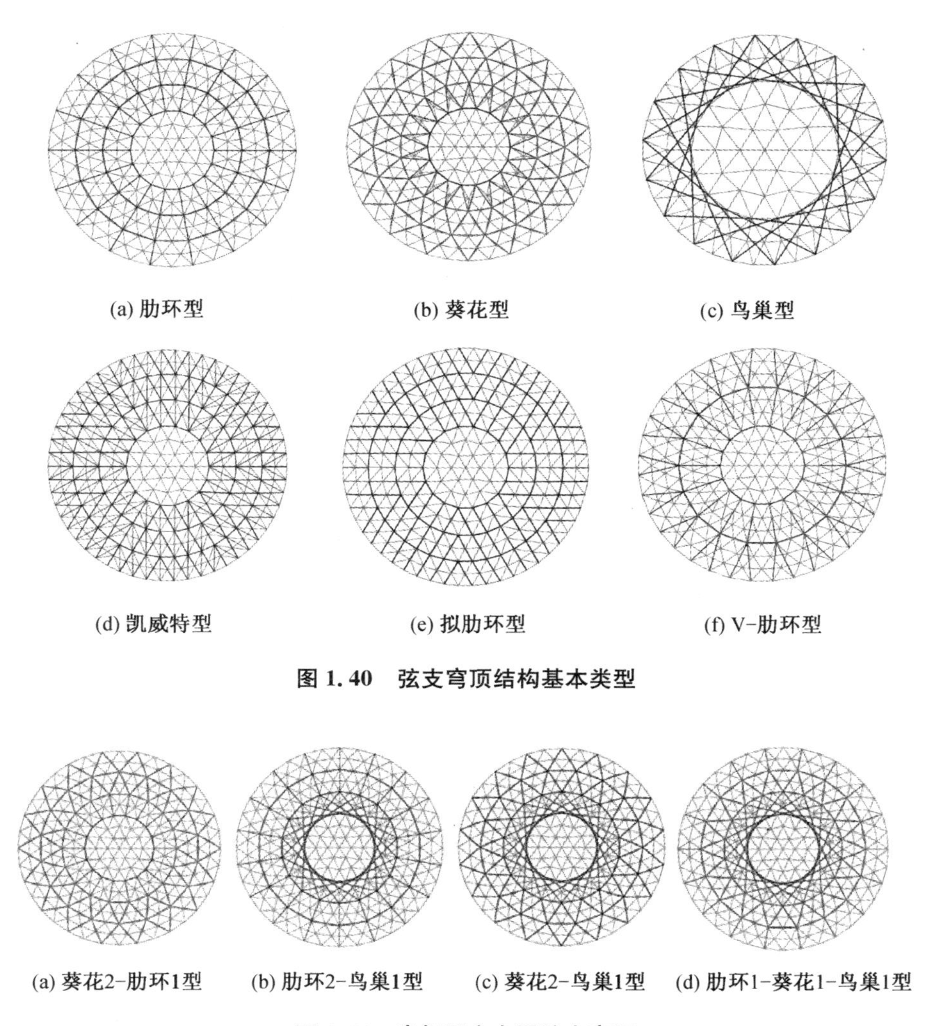

(a) 肋环型　(b) 葵花型　(c) 鸟巢型

(d) 凯威特型　(e) 拟肋环型　(f) V-肋环型

图 1.40　弦支穹顶结构基本类型

(a) 葵花2-肋环1型　(b) 肋环2-鸟巢1型　(c) 葵花2-鸟巢1型　(d) 肋环1-葵花1-鸟巢1型

图 1.41　索杆混合布置弦支穹顶

1.2.2　弦支穹顶结构的力学性能及施工分析

文献[37]以跨度 200 m、矢高 30 m 的假想弦支穹顶结构为例，对其在拉索预拉力和静荷载作用下的静力反应进行了理论分析，并将下部索杆弦支系统施加了预应力与没有施加预应力这两种情况下的弦支穹顶与相应单层球面网壳的杆件内力进行了比较。文献[38]对聚会穹顶进行了地震反应分析，与相应单层球面网壳进行比较，结果表明二者的水平地震反应基本相同，但在竖向地震荷载作用下，弦支穹顶的杆件动内力明显小于后者。

天津大学从 1999 年开始对弦支穹顶进行初步研究[39, 40]，随后，清华大学[33]、哈尔滨工业大学[34]、浙江大学[35, 36]等高校也对弦支穹顶结构展开了深入的研究。文献[39]在分析提出背景和力学原理的基础上，简述了国内外对弦支穹顶结构形态分析、优化设计、静动力性能和施工控制理论等方面的研究现状，并对其各种研究方法的特点进行了分析总结；介绍了天津保税区商务中心大堂屋盖、2008 奥运会羽毛球馆、济南奥体中心体育馆等典型弦支穹顶工程应用；提出了温度效应研究、考虑索撑节点滑移摩擦的动力反应分析、索力的测试及其补偿技术、超大跨度弦支穹顶设计理论等 4 项亟待解决的关键课题。文献[40]概述了弦支穹顶结构产生的背景和结构原理，归纳了弦支穹顶结构体系的研究现状，分析了预应力和矢跨比的影响。同时介绍了弦支穹顶在国内外工程实践中的应用，并提出了需要深入研究的一些关键课题。文献[33]采用非线性有限元方法研究了 Kiewitt 型弦支穹顶结构的弹性极限承载力，分析了撑杆高度、拉索截面积、拉索预应力、拉索周数等参数对其稳定承载力的影响；文献[41]系统研究了弦支穹顶下部索杆体系布置方式对整体结构稳定性能的影响，研究表示结构对初始几何缺陷较为敏感，结构的稳定性与下部索杆中撑杆的布置数量与位置有较大的关系，而与斜索的具体布置形式关系不大，且半跨荷载对结构更为不利；文献[42]针对弦支穹顶施工过程预应力的引入等问题进行了详细的研究，运用 NSGA-Ⅱ优化算法进行预应力多目标优化，提出了张力修正法和位移补偿计算法两种预应力分析方法，并提出了用变索原长法解决模拟考虑摩擦影响的连续索在节点处滑移问题。对考虑施工滑移索摩擦影响的葵花型弦支穹顶结构性能进行了研究，分析了结构静力、动力及稳定性能，并提出了两种新型节点形式。计算结果表明，环索与节点间的摩擦会导致结构环索及斜索张力重分布，致使同圈索力分布不均匀，使部分网壳杆件轴向应力和节点位移增大，对结构的静力性能影响最大，而对动力和稳定性能基本没有影响。

1.2.3 弦支穹顶结构的试验研究

1994 年日本的 Kawaguchi 教授提出弦支穹顶结构概念之后，采用两个相同的弦支穹顶模型和一个单层网壳模型进行了理论分析与试验研究，结果表明，弦支穹顶上部网壳较单层球面网壳中杆件的内力均有不同程度降低，其中径向杆件内力减少将近一半，两个弦支穹顶的失稳临界荷载均超过单层球面网壳失稳临界荷载的 1.5 倍，破坏时的变形明显小于单层球面网壳，屈曲位置则比后者靠近穹顶中心[37]。国内天津大学陈志华[43, 44]、浙江大学的郭佳民[36]、北京工业大学的张爱林[45]针对弦支穹顶的静动力性能进行了实物加载试验；浙江大学的张国发[42]、哈尔滨工业大学的叶垚[46]和东南大学的郭正兴[47]都做了弦支穹顶的张拉成型模型试验。

1.3 空间结构分析方法概述

空间结构分析方法的发展与空间结构本身的发展是密不可分的，早期的空间结构形式较少，构件单一，在结构受力并不复杂的情况下普遍采用结构力学、材料力学、弹性力学方法分析也能得到令工程满意的结果。随着网架网壳结构的兴起，早期在有限单元法理论发展尚未完善未能得到普及应用之前，国内外学者积极探索各种结构分析方法，针对这两种空间结构形式人们提出了多种有针对性的分析方法，例如交叉梁系力法是主要适用于由两向平面桁架系组成的网架的一种计算方法；拟板法是把网架结构等代为一块正交异性或各向同性的普通平板，按经典的平板理论求解，可适用于由平面桁架系组成的网架及大部分由四角锥体组成的网架计算；拟夹层板法是把网架结构等代为一块由上下表层与夹心层组成的夹层板，以一个挠度、两个转角共三个广义位移为未知函数，采用非经典的板弯曲理论来求解；拟壳法是一种针对扁网壳提出的简化连续分析方法，它将空间扁网壳等代成扁壳，利用扁壳理论进行求解[19]。但是这些方法有很大的局限性，需要针对不同结构形式作出相应的近似假设。近现代空间结构的形式和组成越来越复杂多样，结构的非线性性能也表现得很突出。对这些新型空间结构的非线性分析需要新的方法和手段，随着有限元方法、迭代技术和计算机科学的发展，进行大型的有限元计算成为可能。结构分析也从最初的小变形线弹性逐渐进入到大位移弹塑性的全过程分析。各种迭代方法如 Newton-Rapson 法[48]、弧长法[49]等非线性求解方法的提出，使得各种屈曲问题的全过程分析成为可能。

有限元法的基本思想起源于 Courant[50]在 1943 年尝试利用在一系列三角形区域上定义的分片连续函数和最小位能原理相结合来求解 St. Venant 扭转问题。随着计算机技术的出现和发展，有限元法才得到了真正的发展和应用。1956 年 Turner 和 Clough[51]等人将刚架分析中的位移法推广到弹性力学平面问题，并用于飞机结构的分析。1960 年 Clough[52]进一步求解了平面弹性问题，并首次提出了“有限单元法”的名称，随后有限单元法逐渐成为了结构分析中的重要方法和手段。近几十年以来，国内外学者对有限元法进行了深入的研究，出版了大量有限元法的专著[53-59]。基于有限元法的结构分析软件也随之出现，其中较有代表性的通用软件包括 NASTRAN、MARC、ANSYS、ADINA 等。

早期主要用于天体运动观测的牛顿力学即向量力学在结构分析中遇到庞大的计算量时往往无能为力，所以人们在向量力学的基础上引入了连续体的概念，以数学模型来描述物体的运动模式，使结构问题通过微分方程的形式表达出来，这就是分析力学的本质。但随着计算工具和手段的飞速发展，向量力学在结构分析中的优势越来越引起我们的重视，美国普渡大学 Ting 教授提出并发展了向量式结构与固体力学[60]，并在此理论基础上进一步提出了向量式有限元法[61-65]。向量式有限元不形成刚度矩阵，对刚体运动、大变形、大变位、碰撞、断裂等强非线性问题有较强的适用性，在结构分析领域有很大的潜力。Tung-Yueh Wu[66]等人编写了 4 节点膜单元向量式有限元程序，将向量式有限元应用于膜结构大变形分析，得到了满意的结果；Wang R. Z[67]等人利用向量式有限元对空间桁架结构的弹塑性大变形进行了分析；喻莹[68]将向量式有限元方法引入结构领域，并提出了有限质点法的概念，对结构连续倒塌进行了深入研究；向新岸[69]利用向量式有限元对索膜结构进行了断索失效分析。

1.4 本书研究背景

叉筒网壳是通过圆柱面相贯的方式创造出的一种造型新颖的网壳结构形式，它能营造丰富多样的建筑外形和空间效果。顾磊[70-72]较早地系统研究了叉筒网壳的建筑造型、布置形式、静力性能及结构支承方式，并初步探讨了设置于支座间的预应力拉索和辐射状预应力拉索对单层叉筒网壳的作用及稳定性能等方面的内容；陈联盟[73]对单层脊线式叉筒网壳的结构性能进行了系统研究，包括在对称与非对称荷载作用下的静力性能，不同矢跨比和不同屋面荷载作用下的结构自振特性，并比较了不同矢跨比结构在地震作用下的水平地震内力和竖向地震内力；贺拥军[74, 75]等分析了不同起坡度条件下结构的静力性能，并对不同矢跨比和起坡度条件下的脊线式叉筒网壳结构进行了稳定性分析，包括失稳模态、极限荷载、屈曲全过程及一系列参数分析；赵淑丽[76]等研究了点支承两向叉筒单层网壳在地震荷载作用下的动力稳定性能；林郁[77, 78]、吴卫中[79, 80]等研究了具有代表性的叉筒网壳的抗风性能，得到了一些有用的结论。

叉筒网壳结构传力路径简捷，容易产生应力集中现象，且支座处推力较大，综合以上原因，本书提出了弦支叉筒网壳结构并对其进行了分类，讨论了多种对叉筒网壳施加预应力的布索方式及其组合扩展，并针对谷线式弦支叉筒网壳和脊线式弦支叉筒网壳的静动力、稳定性能做了较为全面的分析。

随着拉索在预应力结构中的普及和应用，断索问题也受到了国内外学者的关注，拉索的破断有可能导致结构局部破坏甚至连续倒塌[81-83]。近年来，随着几起著名的连续倒塌事件的发生[84-87]，结构连续倒塌分析逐渐成为了结构分析中的热点问题。不断发生的连续倒塌事件带来的后果是严重的，其影响也是深远的，结构工作者们针对连续倒塌问题做了大量工作，试图在进行结构设计的同时充分考虑结构的抗连续倒塌能力，设计出能够在极端情况下有效抵抗连续倒塌的结构。连续倒塌分析大都是基于传统有限元法进行的，目前最主要的方法是多荷载路径法(Alternate Path Method，即 AP 法)，主要步骤就是移除结构中的一根或几根构件，考察剩余结构的连续倒塌性能。虽然经过几十年的发展，传统有限元法已经成功地应用于广泛的工程领域，逐渐成为结构分析的主要手段和方法，但是传统有限元需要求解非线性方程组并形成刚度矩阵，当遇到刚体运动、大变形、大变位、碰撞、断裂等强非线性问题时将产生很大的困难。近年来，国内外学者针对这一系列问题，虽然提出了很多有针对性的解决方法和改进措施，但是这些方法大多仍是基于传统有限元的理论，由于传统有限元法固有的缺陷，其适用范围有限，计算效率不高，且操作过于繁琐。由美国普渡大学丁承先教授提出的向量式有限元法为结构分析另辟蹊径，其理论基础是向量式结构力学。向量式有限元由运动方程推导而来，不需求解非线性方程组，不形成刚度矩阵，对刚体运动、大变形、大变位、碰撞、断裂等强非线性问题有较强的适用性，但其在结构领域的应用尚处于探索阶段，本文首次将向量式有限元方法应用于弦支结构体系的断索失效分析，较传统有限元方法得到了更加符合实际、更加准确的结果。

1.5 本书主要研究内容

本书首次提出了弦支叉筒网壳结构体系的概念，给出了该体系的形式与分类，并探讨了对叉筒网壳结构施加预应力的布索形式及其在平面内的组合扩展；其次，分别以谷线式弦支叉筒网壳和脊线式弦支叉筒网壳两种结构为研究对象，从静动力性能、稳定性能分别进行了全面的理论分析；然后结合新兴的向量式有限元方法进行了弦支叉筒网壳结构静力及断索失效分析；最后通过对一个八边形谷线式弦支叉筒网壳结构的模型试验对理论分析结果进行了验证。

(1) 针对叉筒网壳的结构特点和形式提出了一种全新的结构体系——弦支叉筒网壳结

构。系统归纳和总结了该体系的结构形式，提出了五种不同的分类方法，进一步讨论了叉筒网壳施加预应力的布索方式及其作为空间结构单元进行组合扩展，建成大面积屋盖结构的构思和设想，尤其适用于现代火车站的大跨度无站台柱雨篷结构和多波多跨连续的工业厂房。

(2) 以十二边形谷线式和脊线式弦支叉筒网壳为例，利用通用有限元软件 ANSYS 进行了结构静动力性能分析；并对谷线式弦支叉筒网壳的预应力水平、杆件截面、竖杆长度、矢跨比和倾角等主要参数进行了分析；最后比较了谷线式、脊线式弦支叉筒网壳及弦支穹顶等三种弦支网壳结构的静力性能。

(3) 分别对谷线式和脊线式弦支叉筒网壳进行了结构稳定性能分析；并通过改变谷线式弦支叉筒网壳的预应力水平、杆件截面、竖杆长度、矢跨比和倾角等主要参数系统地研究了各参数对谷线式叉筒网壳结构整体稳定性能的影响；最后比较了谷线式、脊线式弦支叉筒网壳及弦支穹顶等三种弦支网壳结构的稳定性能。

(4) 介绍了向量式有限元法的基本原理及其计算流程，给出了杆单元的内力计算公式；推导了预应力作为初始内力直接参与计算的两点式预应力直线索单元及两点式抛物线索单元的内力公式，并通过数值算例验证了其正确性；最后将向量式有限元法引入复杂空间结构的计算中，通过基于 MATLAB 的自编向量式有限元程序分析了谷线式弦支叉筒网壳结构的静力性能，并与 ANSYS 结果进行对比，验证了向量式有限元法在复杂空间结构分析中的有效性和可行性。

(5) 空间结构通过高强度拉索施加预应力可以有效改善结构的受力性能，提高材料的利用率，但同时也存在着拉索失效等问题。在高强度预应力结构体系中一旦拉索发生破断失效，带来的动力响应不容忽视，后果可能十分严重甚至出现连续倒塌现象。因此，对具有较高预应力的弦支体系进行断索分析是十分必要的。由于向量式有限元在大变形、大位移等几何非线性分析中具有较大的优势，本文将其引入到弦支叉筒网壳的断索失效分析中，得到了一些有用的结论。

(6) 由于弦支叉筒网壳结构的理论研究尚属空白，为了验证理论分析结果并进一步了解该结构的静力性能，本文设计并制作了一个跨度为 6 m 的八边形谷线式弦支叉筒网壳结构模型，针对该模型进行了施工张拉模拟试验、全跨及半跨静力加载试验和断索(杆)试验。

第2章　弦支叉筒网壳结构体系的形式与分类

2.1　引言

网壳结构以其优美的建筑造型、简洁合理的结构形式成为近代空间结构较普遍被利用的结构形式之一。通过一组圆柱面相交得到的叉筒网壳是一种比常规网壳更具活力和造型特点的结构形式，具有特殊的受力性能。事实上，叉筒结构很早就得到了应用，例如图 2.1 所示为早期的十字拱砌体结构，可视为叉筒的雏形；图 2.2 中的佛罗伦萨圣玛丽大教堂穹顶是由四个圆柱面相贯得到的脊线式叉筒；图 2.3 为英国伦敦第三国际机场丝丹斯戴德航空港内景，它是由四边形脊线式叉筒网壳扩展而成的；图 2.4 为建于 1989 年的朝鲜平壤五一体育场远景图，它是由八组圆柱面壳相贯得到的十六边形谷线式叉筒，总建筑面积达20.7万多平方米，可容纳 15 万名观众，为现今世界第二大体育场。近年来，国内学者对于叉筒网壳也进行了一定的研究工作。顾磊[70-72]、陈联盟[73]、贺拥军[74,75]等较早地系统研究了叉

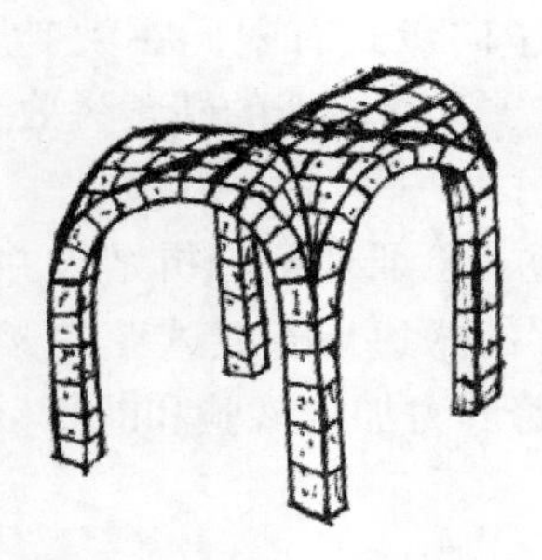

图 2.1　十字拱结构

图 2.2　佛罗伦萨圣玛丽大教堂

图 2.3　英国伦敦丝丹斯戴德航空港

图 2.4　朝鲜平壤五一体育场

筒网壳的建筑造型、结构布置形式、结构支承方式、预应力、静力及稳定性能等方面的内容；赵淑丽等[76]研究了典型叉筒网壳的动力性能；林郁[77,78]、吴卫中[79,80]等研究了具有代表性的叉筒网壳的抗风性能。

20世纪末，日本学者Kawaguchi[16]依据张拉整体思想首次提出了弦支穹顶的概念，将索杆预应力结构与刚性网壳结合，充分发挥材料受力特性，达到了结构优化的目的。根据这一思想，将具有独特造型与良好受力特性的叉筒网壳与柔性索杆体系结合，本书首次提出了一种新型的空间结构体系——弦支叉筒网壳，并给出了按照上部刚性网壳结构和下部柔性索杆体系两方面共五种不同的分类方法，即按网格划分形式分类、按叉筒网壳类型分类、按叉筒网壳层数分类、按平面投影形状分类和按布索形式分类，该分类方法较全面地概括了弦支叉筒网壳的结构形式，讨论了叉筒网壳施加预应力得到预应力叉筒网壳的方法，并提出了将预应力叉筒网壳作为结构单元进行组合扩展、构建大面积结构的设想，使其成为覆盖面积较大的结构，尤其适用于现代火车站的大跨度无站台柱雨篷结构和多波多跨工业厂房。

2.2　弦支叉筒网壳结构体系的形式与分类

弦支叉筒网壳结构是由刚性的叉筒网壳结构与柔性的预应力索杆体系组合而形成的一种新型杂交空间结构体系。根据其组成特点，可以从两方面来认识：一方面为上部刚性叉筒网壳结构施加预应力，提供弹性支座，改善脊线或谷线处应力分布，并减小支座反力，提高整体极限承载能力；另一方面将弦支穹顶结构上部的穹顶换成叉筒网壳，改善其受力性能，减少支座数量，同时也增大了空间利用率，使结构空间开阔并易于组合扩展。弦支叉筒网壳结构体系可以分成上下两部分，上部为叉筒网壳结构，下部为预应力索杆体系，因此对于弦支叉筒网壳的分类也可以从这两部分考虑，共有以下五种分类方法。

2.2.1　按网格划分形式分类

叉筒网壳是由若干个圆柱面网壳相贯组合而成，其网格划分形式与圆柱面网壳一样，可分为联方型、正交正放型、单斜杆型、双斜杆型、三向网格Ⅰ型、三向网格Ⅱ型、米字网格型等七类基本形式。因此，根据上部叉筒网壳网格划分形式对弦支叉筒网壳进行分类也可大致分为这七类，如图2.5～图2.11所示。网格形式的选择应结合施工条件，尽量简化节点构造，保证焊接质量。当相贯圆柱面单元较多时，应尽量选择使叉筒中心节点相交杆件数较少的网格布置形式，例如联方型(图2.5)、三向网格Ⅰ型(图2.9)等。

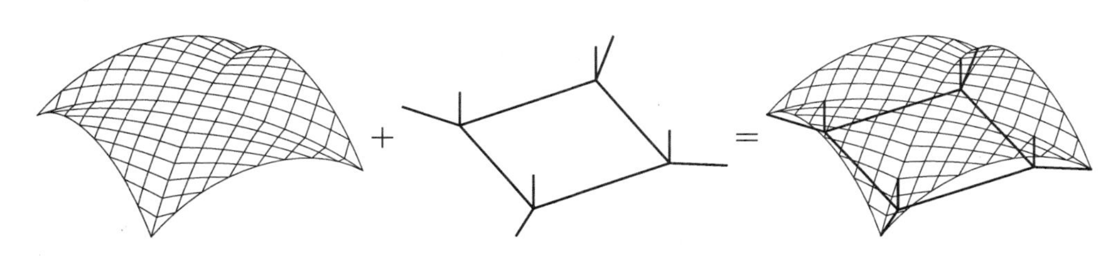

图2.5　联方型弦支叉筒网壳

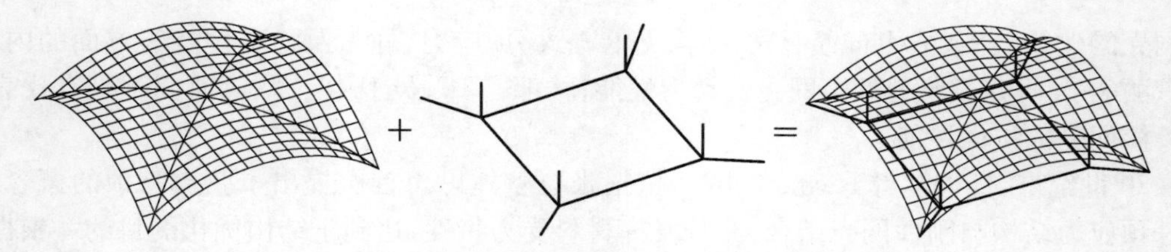

图 2.6　正交正放型弦支叉筒网壳

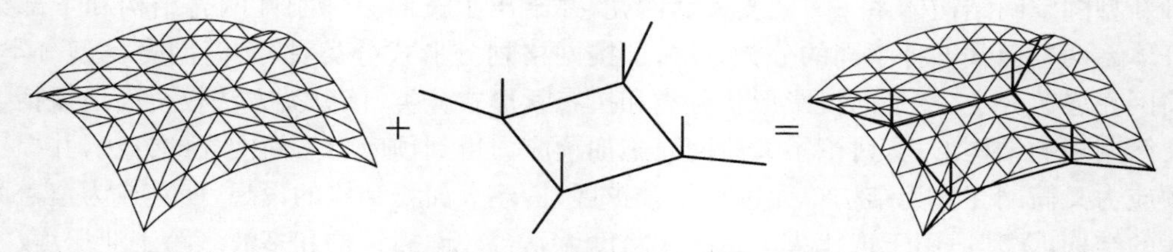

图 2.7　单斜杆型弦支叉筒网壳

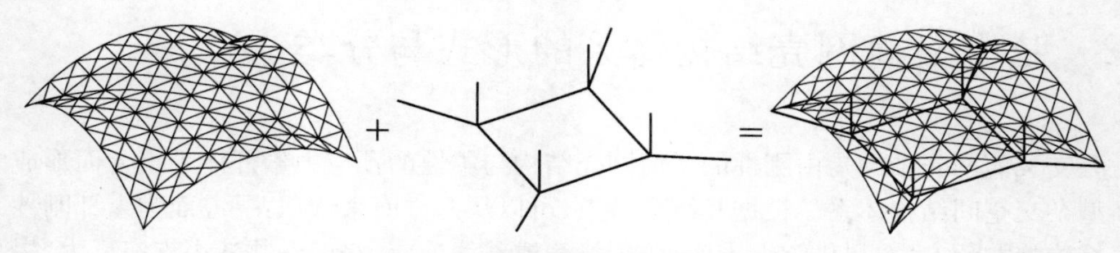

图 2.8　双斜杆型弦支叉筒网壳

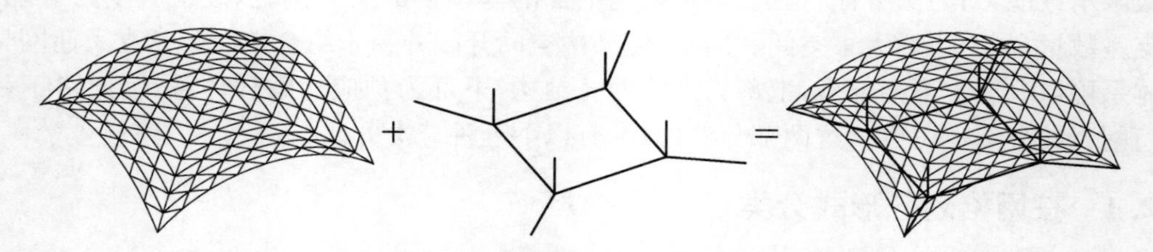

图 2.9　三向网格Ⅰ型弦支叉筒网壳

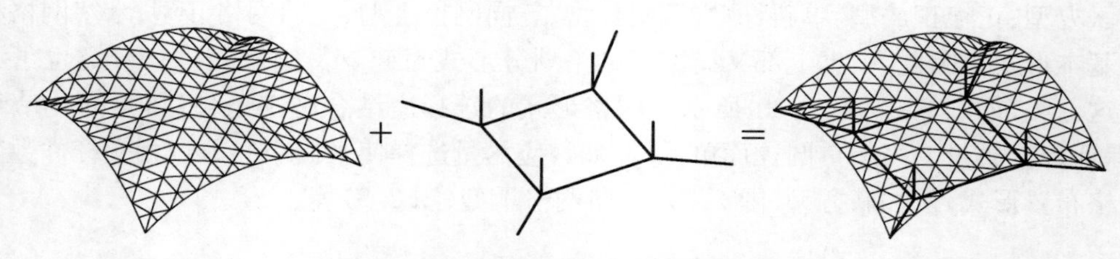

图 2.10　三向网格Ⅱ型弦支叉筒网壳

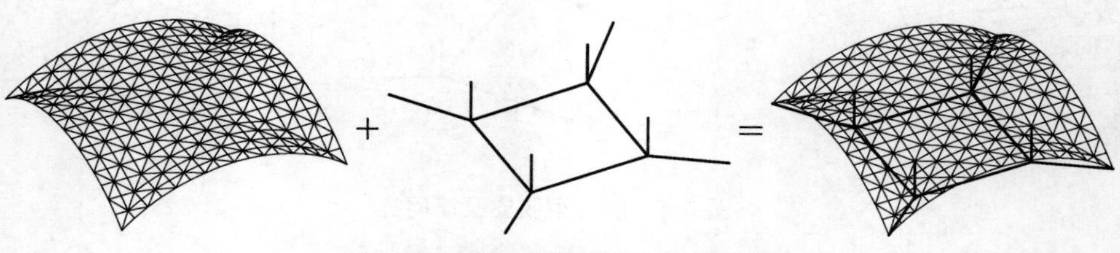

图 2.11　米字网格型弦支叉筒网壳

2.2.2　按叉筒网壳类型分类

由于叉筒网壳的构造原因，其矢高受到跨度的限制，假设叉筒矢高为 H，边长为 L，跨度为 f，平面投影为 n 边形，则各参数之间存在如下关系：

$$L = f \cdot \sin\left(\frac{\pi}{n}\right) \tag{2.1}$$

$$0 < H \leqslant L \tag{2.2}$$

可知矢高受跨度的影响，

谷线式叉筒：
$$0 < H \leqslant \frac{f \cdot \sin\left(\frac{\pi}{n}\right)}{2} \tag{2.3}$$

脊线式叉筒：
$$0 < H \leqslant \frac{f \cdot \cos\left(\frac{\pi}{n}\right)}{2} \tag{2.4}$$

若圆柱面与水平面成一角度相贯，形成锥形或凹形叉筒曲面，具有向上或向下的倾角 θ，则构成了有倾角的叉筒网壳，不仅可以满足建筑构形及内部空间的要求，也可以改善结构受力性能，极大地提高承载能力。根据圆柱面相贯的方式和角度可以将叉筒网壳分为无倾角脊线式(图 2.12)、有倾角脊线式(图 2.13)、无倾角谷线式(图 2.14)和有倾角谷线式(图 2.15)。脊线式叉筒网壳边缘处于同一水平面，均可落地，与一般凯威特型穹顶类似，但传力路径和受力特点不同；谷线式叉筒网壳边缘起拱，需采用点支承或边缘桁架支承，谷线处受力较明显，为传力的主要路径。

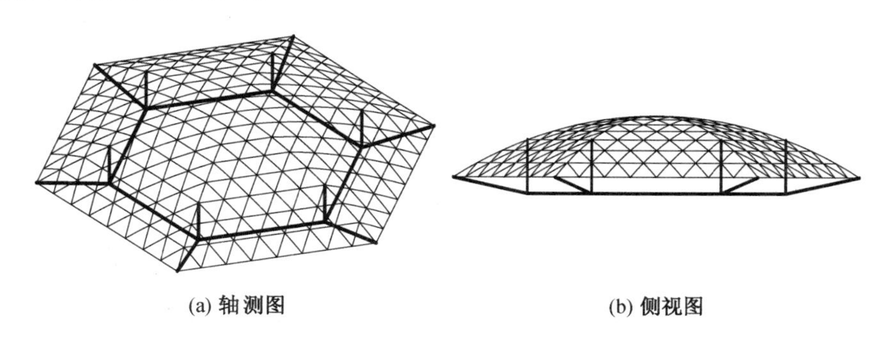

(a) 轴测图　　(b) 侧视图

图 2.12　无倾角脊线式弦支叉筒网壳

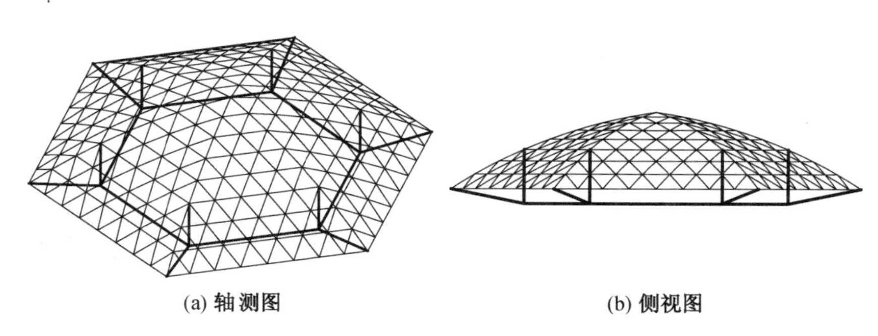

(a) 轴测图　　(b) 侧视图

图 2.13　有倾角脊线式弦支叉筒网壳

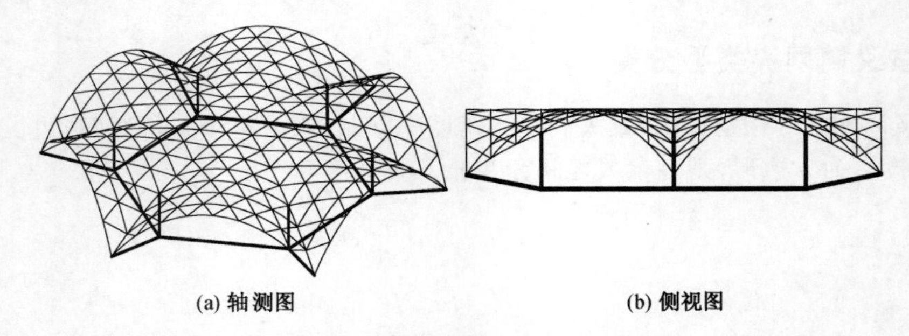

(a) 轴测图　　(b) 侧视图

图 2.14　无倾角谷线式弦支叉筒网壳

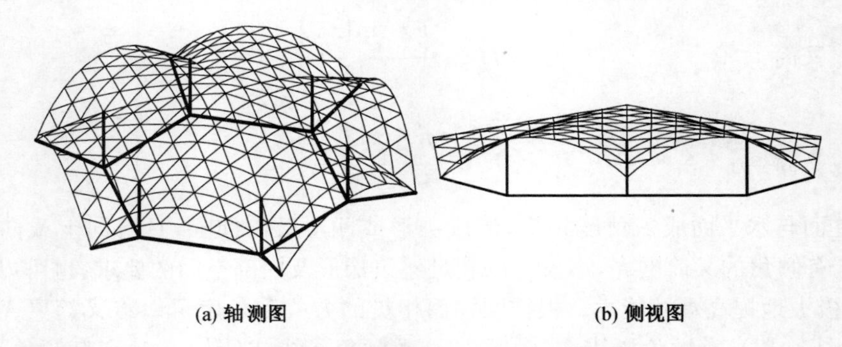

(a) 轴测图　　(b) 侧视图

图 2.15　有倾角谷线式弦支叉筒网壳

2.2.3　按叉筒网壳层数分类

单层叉筒网壳虽然构造简单，施工方便，但随着网壳跨度的增加一味增大构件截面或通过网格划分的方式来增大结构刚度往往事倍功半，如果采用双层（局部双层）或多层网壳形式则可以大大改善其受力性能。因此，按照上部叉筒网壳的层数可将弦支叉筒网壳分为单层弦支叉筒网壳（图 2.16）、双层弦支叉筒网壳（图 2.17）、局部双层弦支叉筒网壳（图2.18）、多层弦支叉筒网壳。

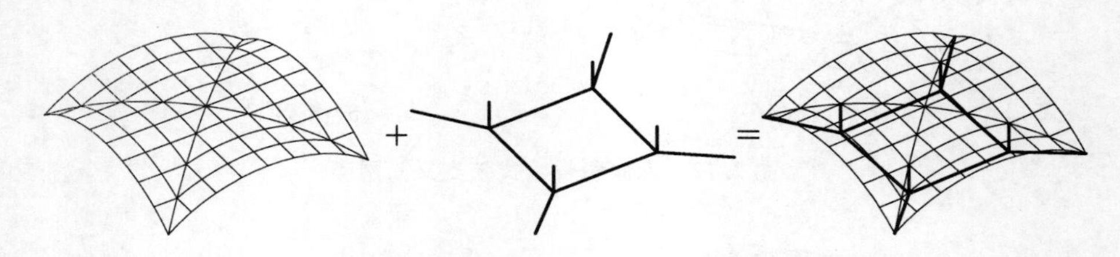

图 2.16　单层弦支叉筒网壳

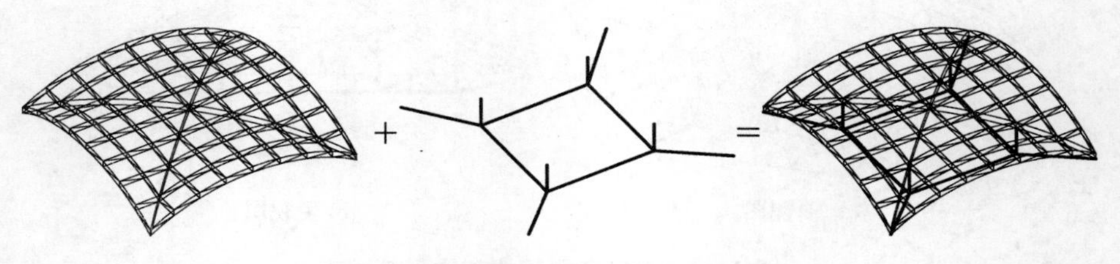

图 2.17　双层弦支叉筒网壳

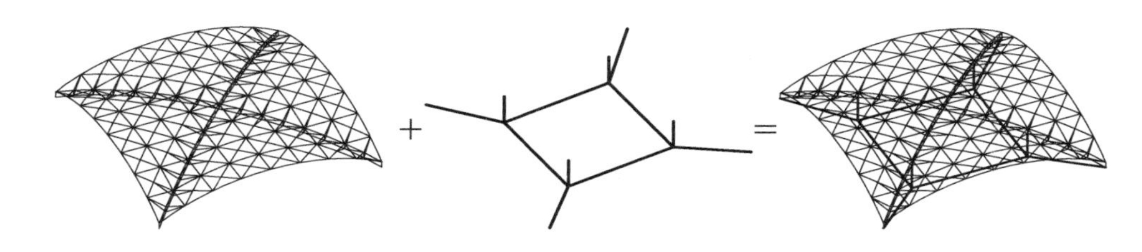

图 2.18　局部双层弦支叉筒网壳

2.2.4　按平面投影形状分类

按平面投影形状分类，可以有多种形式的弦支叉筒网壳，适用各种不同的建筑要求，如图 2.19 列出了几种典型的不同平面投影形状的弦支叉筒网壳。

三角形、四边形、六边形弦支叉筒网壳由于支承点较少，适用于跨度较小的结构，但易于扩展，例如四边形弦支叉筒网壳可在跨向及波向扩展，且两方向刚度一致，支座较弦支柱面网壳[88]易于处理。八边形、十二边形及环形预应力叉筒网壳适用于中大跨度结构。其中环形叉筒网壳中间需加设压力环，或改变网格划分使得中间环杆处于同一水平面形成压力环。将若干个矢跨比相等的柱面网壳相贯得到的叉筒网壳克服了柱面网壳波向和跨向两个方向刚度存在差异的缺点。

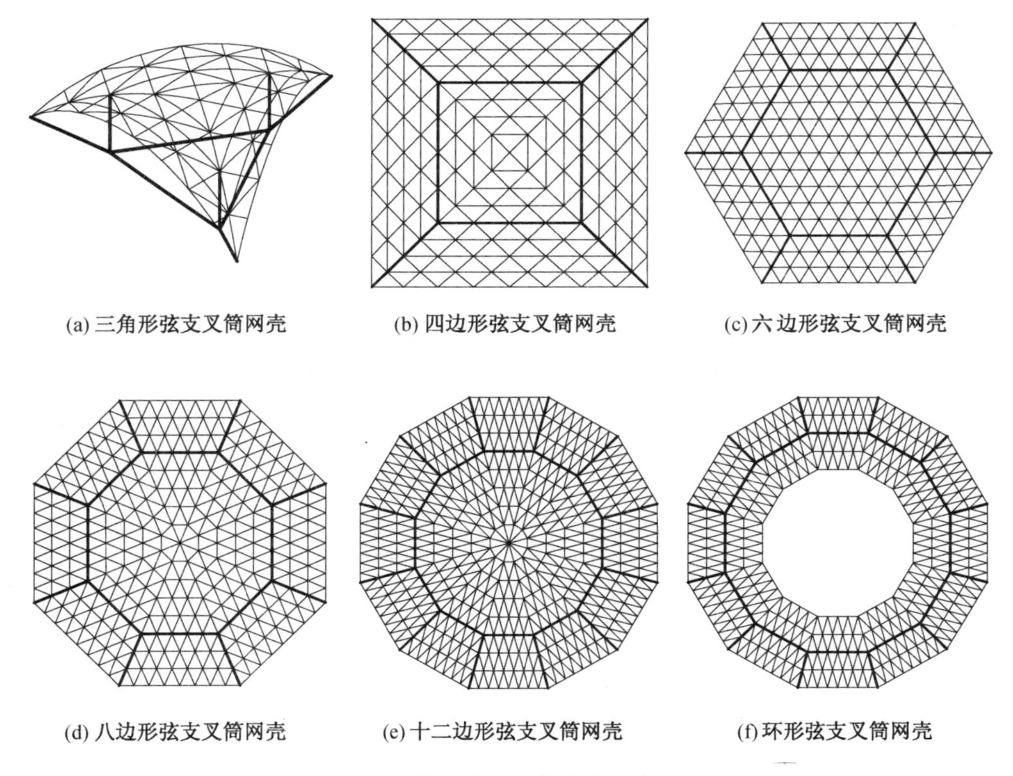

图 2.19　按投影形状分类的部分弦支叉筒网壳

2.2.5 按布索形式分类

弦支式叉筒网壳又可按下部索杆体系布置形式分为肋环型、葵花型、凯威特型和混合型，如图 2.20～图 2.23 所示。

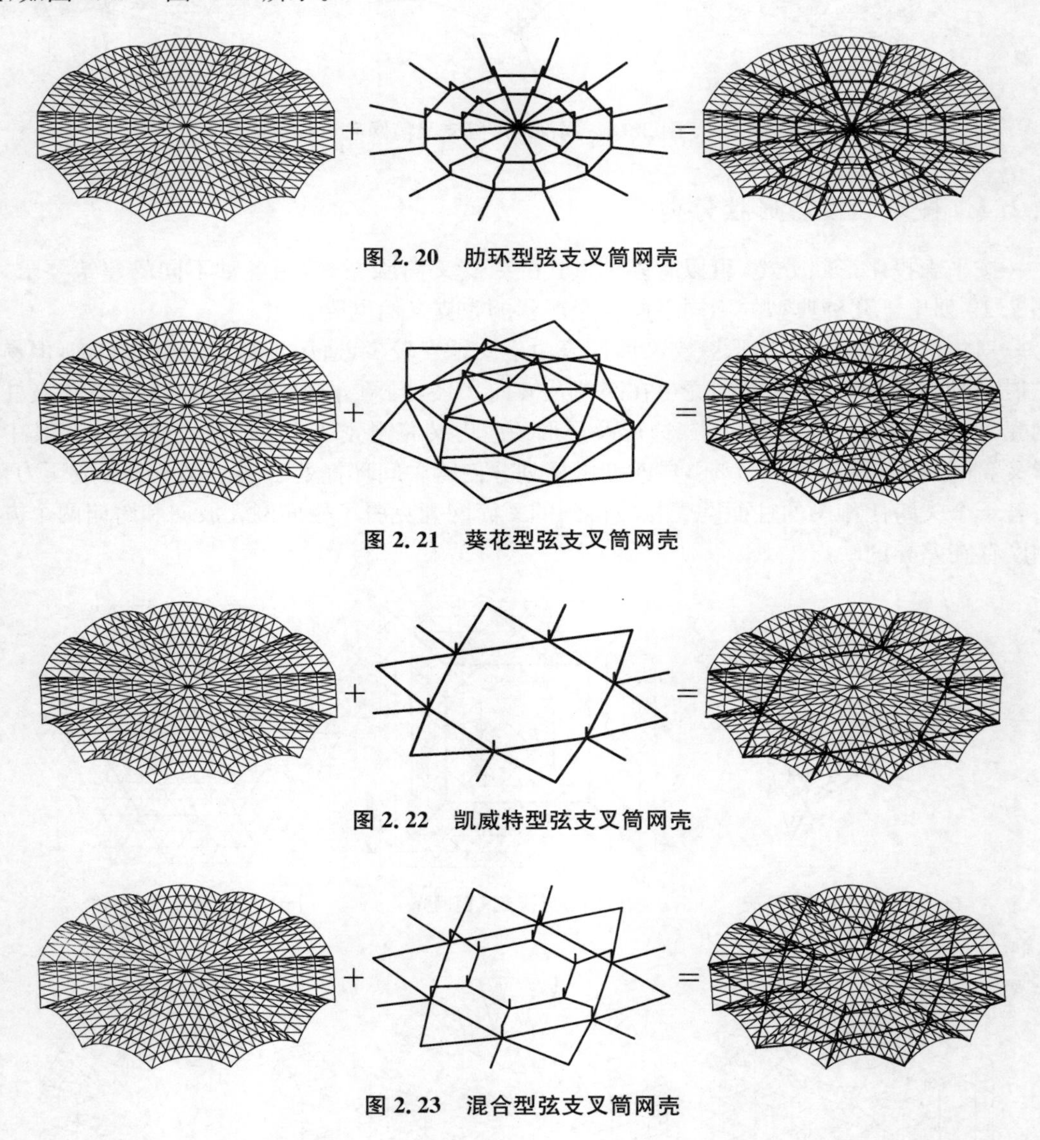

图 2.20 肋环型弦支叉筒网壳

图 2.21 葵花型弦支叉筒网壳

图 2.22 凯威特型弦支叉筒网壳

图 2.23 混合型弦支叉筒网壳

2.3 预应力叉筒网壳结构布索形式的探讨

2.3.1 拉索式布置

拉索式即是在叉筒网壳的下部布置一根或多根预应力拉索，达到改善其力学性能的目的。这种施加预应力的方式简单明了，拉索利用率高，可以直接平衡结构对支座的水平力，降低支座的刚度要求，如图 2.24 所示为部分拉索式叉筒网壳。

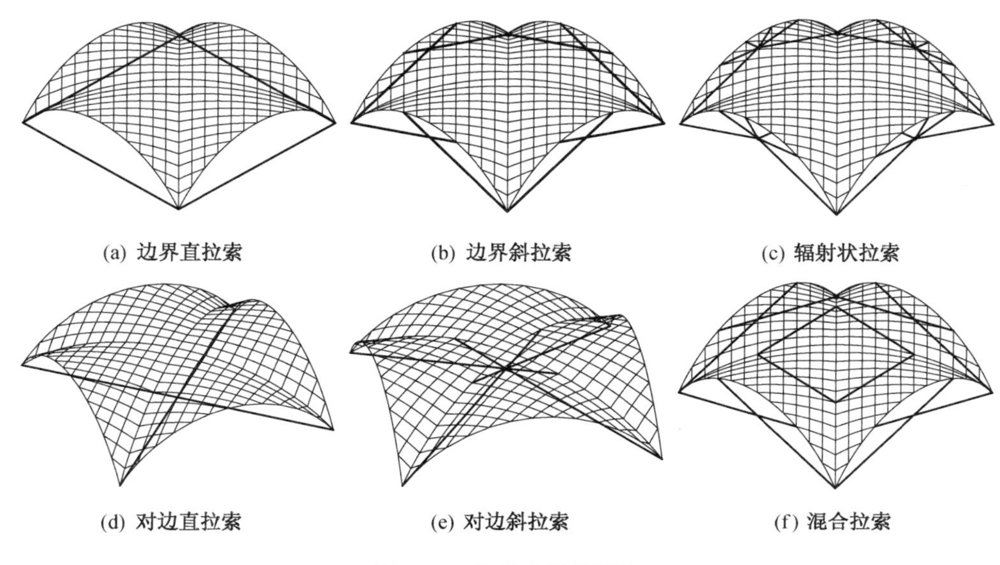

(a) 边界直拉索　(b) 边界斜拉索　(c) 辐射状拉索

(d) 对边直拉索　(e) 对边斜拉索　(f) 混合拉索

图 2.24　拉索式叉筒网壳

2.3.2　张弦式布置

张弦式叉筒网壳是将张弦梁的理论引入空间结构，在结构的部分区域形成张弦结构，与张弦梁结构类似，在节点处提供弹性支承，达到改善受力性能的目的。张弦叉筒网壳结构较适用于屋盖结构，如图 2.25、图 2.26 中所示为两种常规的张弦方式。

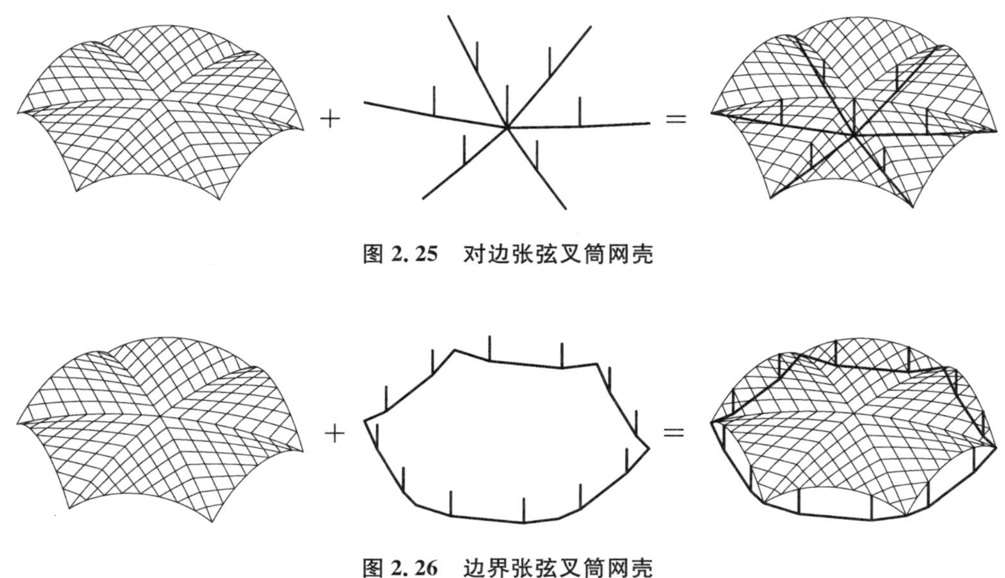

图 2.25　对边张弦叉筒网壳

图 2.26　边界张弦叉筒网壳

2.3.3　弦支式布置

弦支穹顶将网壳和索穹顶结构的优势结合起来，以其合理的受力性能，在现代大跨度空间结构中得到了广泛的应用。类似的，在叉筒网壳下部加上弦支体系，改善上部叉筒网壳受力状况，就得到了弦支叉筒网壳。弦支体系布索合理，可与上部网格划分融合，保持外形美观和一定的空间利用率。图 2.27、图 2.28 分别给出了两种典型的弦支叉筒网壳结构形式。

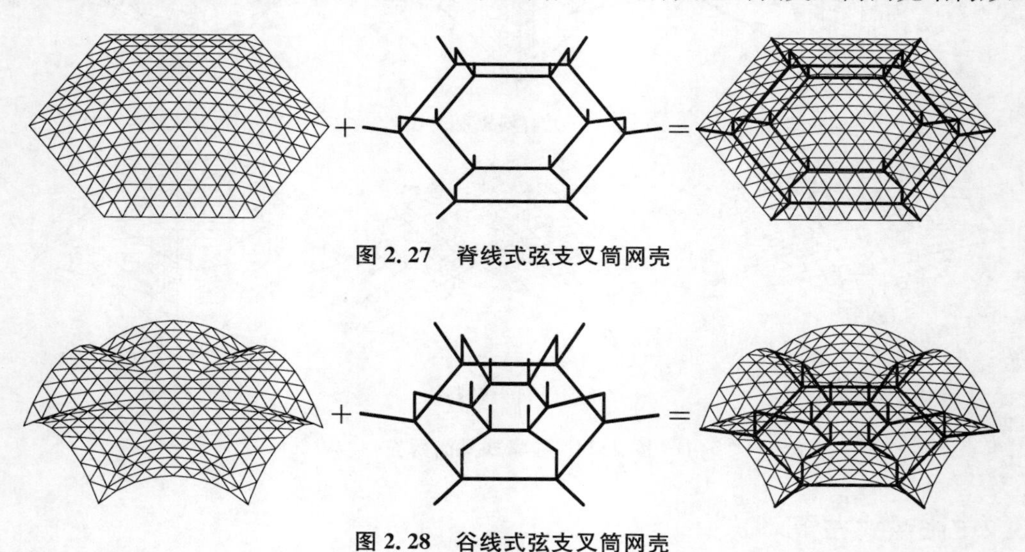

图 2.27　脊线式弦支叉筒网壳

图 2.28　谷线式弦支叉筒网壳

2.3.4　混合式布置

如图 2.29 所示为拉索和张弦混合式预应力叉筒网壳，边缘由单根拉索施加预应力可平衡支座受到的水平面推力，叉筒中部张弦体系改善上部网壳受力状态，提高承载能力。依此类推，亦可有拉索和弦支混合式、张弦和弦支混合式和拉索、张弦与弦支混合式等多种布索方式。

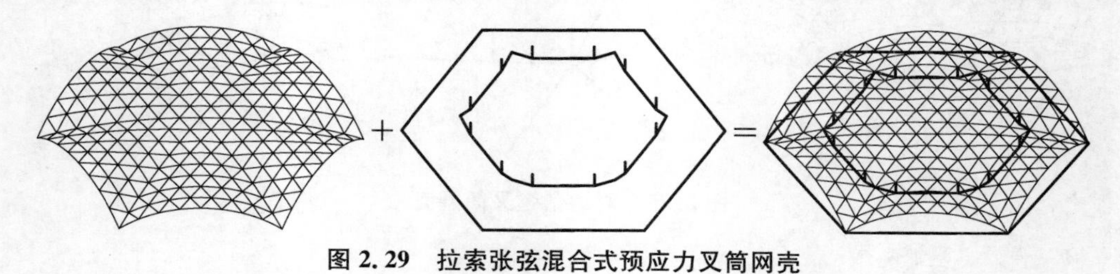

图 2.29　拉索张弦混合式预应力叉筒网壳

2.4　预应力叉筒网壳结构形式的推广

叉筒网壳一般适用于中小跨度结构，施加预应力虽然可以改善其受力性能，增加跨度范围，但要应用于大跨度结构时，最好的方法就是将叉筒网壳进行组合拼接，将上述各种形式的预应力叉筒网壳任意一种作为结构单位在平面上扩展，可以构造出形式多样的建筑造型，如图 2.30～图 2.33 所示。这种组合后的大跨度结构，覆盖面积大大增加，空间受力性能优势明显，且便于管道铺设与排水处理，尤其适合于现代火车站站台雨篷等需要较大覆盖面积的空间结构。

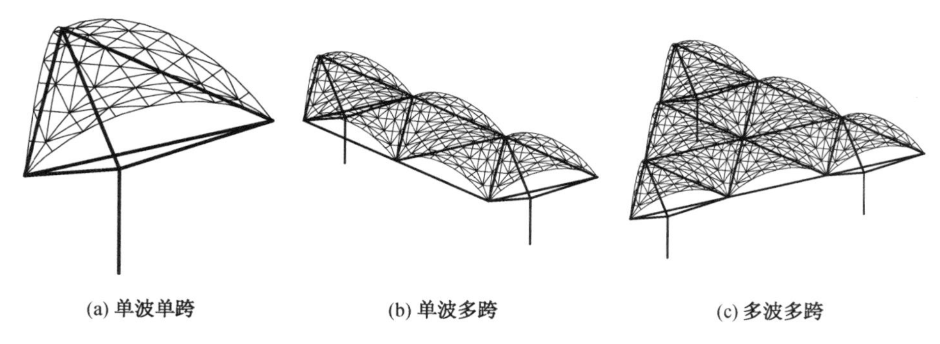

(a) 单波单跨　(b) 单波多跨　(c) 多波多跨

图 2.30　三角形谷线式拉索叉筒网壳的扩展

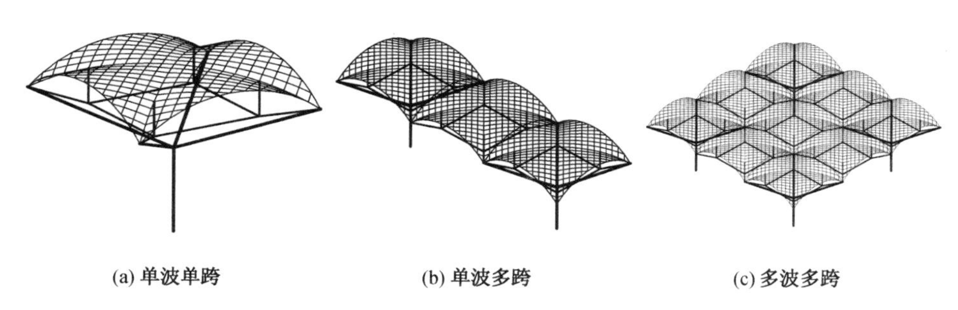

(a) 单波单跨　(b) 单波多跨　(c) 多波多跨

图 2.31　四边形谷线式弦支叉筒网壳的扩展

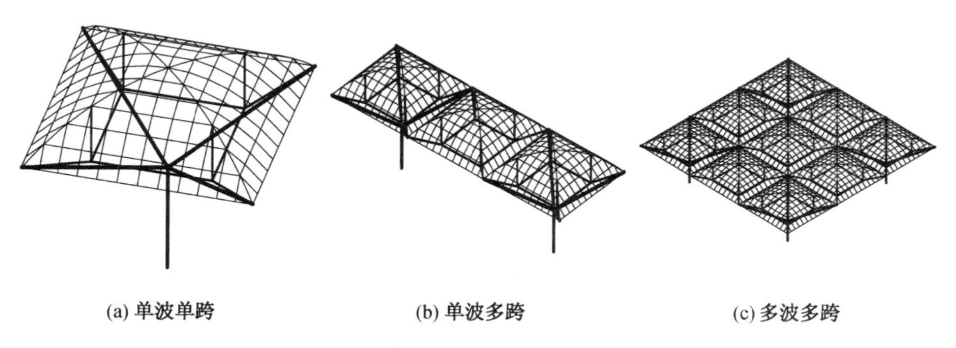

(a) 单波单跨　(b) 单波多跨　(c) 多波多跨

图 2.32　四边形脊线式弦支叉筒网壳的扩展

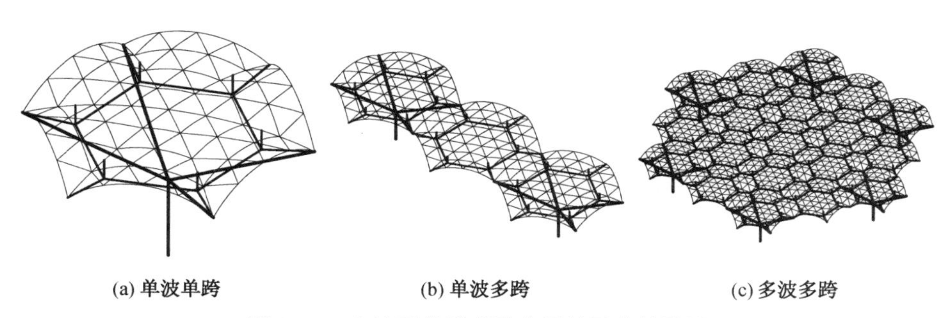

(a) 单波单跨　(b) 单波多跨　(c) 多波多跨

图 2.33　六边形谷线式弦支叉筒网壳的扩展

2.5 本章小结

本章首次提出了弦支叉筒网壳的概念及其形式与分类，讨论了预应力叉筒网壳的布索形式，并提出以预应力叉筒网壳为单元，构建具有良好空间受力性能的大面积结构的设想。本章得到如下结论：

(1) 根据弦支叉筒网壳上下两部分，提出了五种不同的分类方法：按网格划分形式分类、按叉筒网壳类型分类、按叉筒网壳层数分类、按平面投影形状分类和按布索方式分类。工程中应根据建筑外形、支承条件、节点构造和受力性能等要求选用不同的结构形式。

(2) 预应力叉筒网壳结构体系下部布索形式丰富多样，但主要可分为四大类，即拉索式、张弦式、弦支式和混合式，通过引入预应力可以实现受力性能的优化。

(3) 以预应力叉筒网壳为组合单元在结构平面内扩展，可以构造出更加丰富多样的建筑结构形式。

叉筒网壳传力路径明确，空间性强于圆柱面网壳，空间利用率高，便于铺设管道，且易于组合扩展，适合作为多波多跨大面积建筑的结构单元应用。预应力叉筒网壳继承了叉筒网壳的优点，进一步改善了其受力性能，达到充分利用材料特性的目的。

第 3 章　弦支叉筒网壳结构的静动力性能研究

3.1　引言

叉筒网壳是一种由若干组圆柱面网壳相贯得到的空间结构，具有独特的建筑造型与良好的受力性能。由于叉筒网壳传力路径简捷，受力集中，对边界约束要求较高，一定程度限制其应用和发展，难以应用于大跨度的空间结构。为了改善叉筒网壳的受力性能，本文提出一种由上部叉筒网壳结构与下部索杆体系组合的新型空间结构体系——弦支叉筒网壳结构。该结构既可充分利用下部预应力索杆体系轻质、高效的特点，又可发挥叉筒网壳本身的优势，保持叉筒网壳的独特造型。灵活布置预应力索杆体系可以为上部叉筒网壳提供高效的弹性支撑，克服谷线或脊线应力集中的缺点，进一步扩大结构的应用范围。

由第二章的讨论可知，尽管弦支叉筒网壳的种类繁多，但有两类代表性的结构：谷线式弦支叉筒网壳和脊线式弦支叉筒网壳。为进一步研究这种新型结构体系的受力性能，本章分别选取这两种结构形式为计算模型，分析了结构在均布荷载作用下的内力、位移及其动力特性，并对影响结构性能的主要参数进行了分析。

3.2　谷线式弦支叉筒网壳结构静力性能分析

3.2.1　计算模型

模型上部采用三角形网格划分，下部为肋环型弦支体系，弦支叉筒网壳十二个边界点三向铰接支承，如图 3.1 所示。上部叉筒网壳杆件截面均为 $\phi425\ \mathrm{mm}\times10\ \mathrm{mm}$，弹性模量 $2.06\times10^{11}\ \mathrm{N/m^2}$，密度为 $7.85\times10^3\ \mathrm{kg/m^3}$；竖杆 G1、G2、G3 长度分别为 9.8 m、7.3 m、

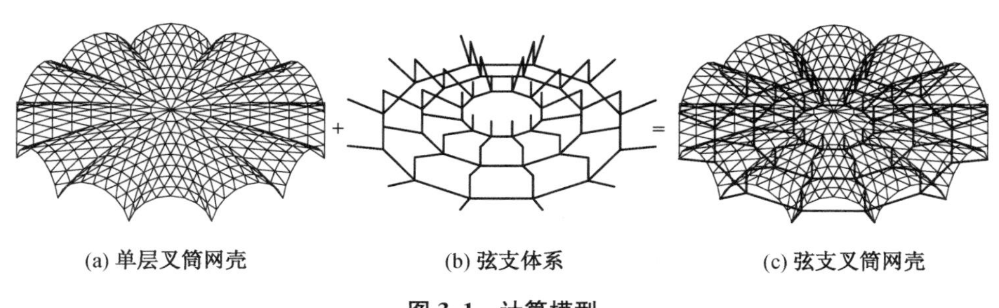

(a) 单层叉筒网壳　　(b) 弦支体系　　(c) 弦支叉筒网壳

图 3.1　计算模型

6 m,截面积均为 50 cm^2;拉索截面积为 100 cm^2,弹性模量为 1.8×10^{11} N/m^2,密度为 6.55×10^3 kg/m^3。结构承受除自重外,还有 0.5 kN/m^2 的附加恒荷载、0.5 kN/m^2 的活荷载,采用 1.2 倍恒载+1.4 倍活载作为荷载设计值。利用 ANSYS 分析软件对其进行静力分析,模型采用 Beam188 单元模拟梁单元,Link8 和 Link10 单元分别模拟杆单元和索单元,通过初始应变法引入预应力。

模型尺寸见图 3.2(a),跨度为 100 m,矢高为 10 m,为了解结构受力性能及方便与叉筒网壳进行对比,选取叉筒网壳 12 个节点[图 3.2(b)]、8 个径向单元和 8 个环向单元[图 3.2(c)]。

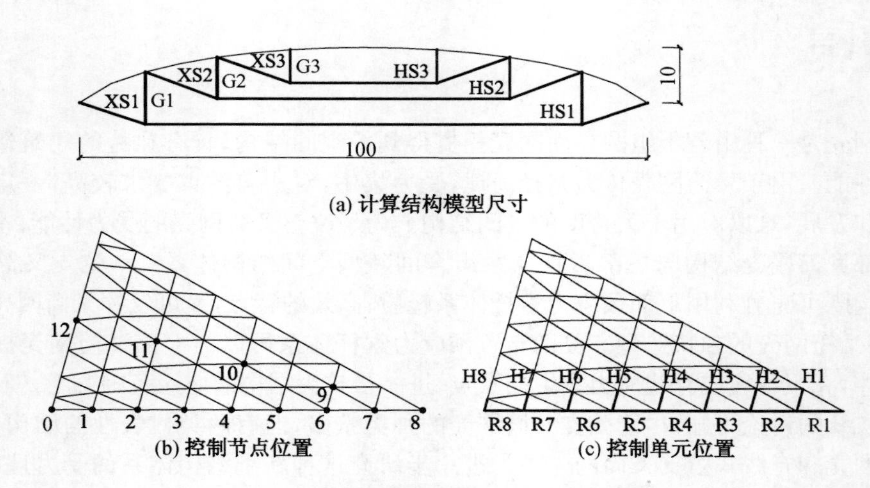

(a) 计算结构模型尺寸

(b) 控制节点位置

(c) 控制单元位置

图 3.2 模型尺寸及控制节点、单元位置示意图

3.2.2 预应力设计

预应力设计一般包括两方面内容,即预应力分布和预应力水平。本文将各圈环索的预应力大小之比定义为预应力分布,最外圈环索预应力大小定义为预应力水平。文献[36,89]借鉴了斜拉桥结构中确定初始索力的刚性索法[90, 91],提出了应用于弦支穹顶结构预应力分布确定的弹性支座法。本文采用弹性支座法和找力相结合的预应力设计方法来设计弦支叉筒网壳的预应力。

(1) 将下部索杆体系的弹性模量放大 500 倍,在一定荷载工况作用下得到各圈环索的内力比。

(2) 由图 3.3 所示的几何关系可知:

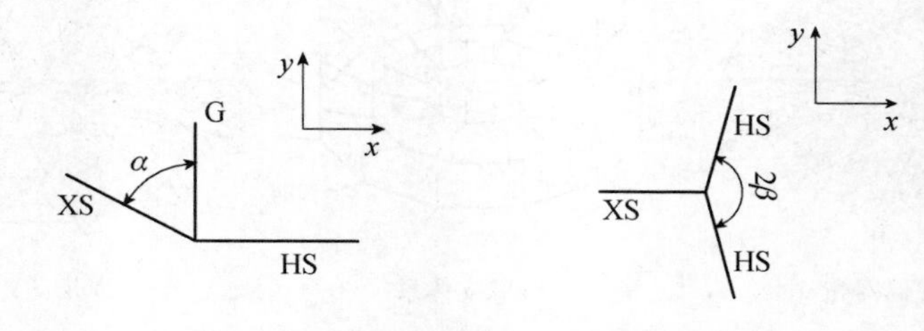

图 3.3 预应力计算简图

$$F_{XS} = 2F_{HS}\cos\beta/\sin\alpha \tag{3.1}$$

$$F_G = F_{XS}\cos\alpha = 2F_{HS}\cos\beta\cot\alpha \tag{3.2}$$

(3) 保持以上预应力分布，以最外圈环索初始预应力为设计预应力水平。预应力水平的优化有多种方法，本文采用在设计荷载作用下水平支座反力等于零为目标，利用 ANSYS 的 APDL 语言编程进行预应力优化。表 3.1 为预应力设计所得弦支叉筒网壳模型各索杆初始预应力分布。

表 3.1　结构模型的初始预应力

杆件编号	HS1	HS2	HS3	XS1	XS2	XS3	G1	G2	G3
轴力/kN	2 200	883	412	1 212	487	227	−396	−152	−68

3.2.3　全跨均布荷载作用下的静力性能

图 3.4、图 3.5 分别为弦支叉筒网壳环向和径向杆件轴力分布图，叉筒网壳环向杆件最大轴力值为 956.8 kN，径向杆件最大轴力值为 3 047.7 kN；弦支叉筒网壳环向杆件轴力最大值为 945.1 kN，径向杆件轴力最大值为 1 368.3 kN。弦支叉筒网壳的环向杆件与径向杆件轴力均有所减小，且轴力分布更加均匀，尤其是谷线上的径向杆件由于是上部网壳传力的重要路径，其轴力较大，弦支叉筒网壳谷线上的杆件有下部竖杆提供弹性支承，因而得到了较大的改善。而环向杆件没有直接受到竖杆的弹性支撑，轴力实际上是通过谷线杆件传递到支座处，谷线杆件形成的十二条落地拱成为了结构的骨架，受力仍然集中于径向杆件，因此环向杆件的受力变化较小。正因为这样，下部索杆体系提供的向上的弹性支撑发挥了较高的效率。值得注意的是，在叉筒网壳结构中环向杆件 H8 由于结构整体的变形特点产生了拉力，而弦支体系为结构整体提供了足够的支撑，使其不再受拉。

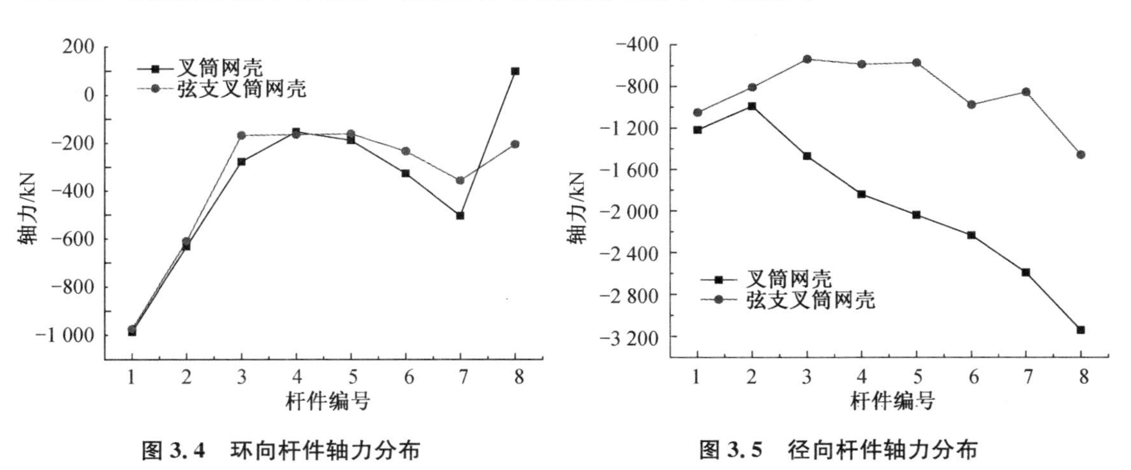

图 3.4　环向杆件轴力分布　　**图 3.5　径向杆件轴力分布**

图 3.6 为水平支座反力曲线，由图可知两种结构的水平支座反力均随荷载线性变化，不同的是，叉筒网壳的水平支座反力随着荷载增大而不断增大，最终将达到 2 617 kN，而根据预应力设计的要求，弦支叉筒网壳支座反力随着荷载增大而减小，最终降为零。

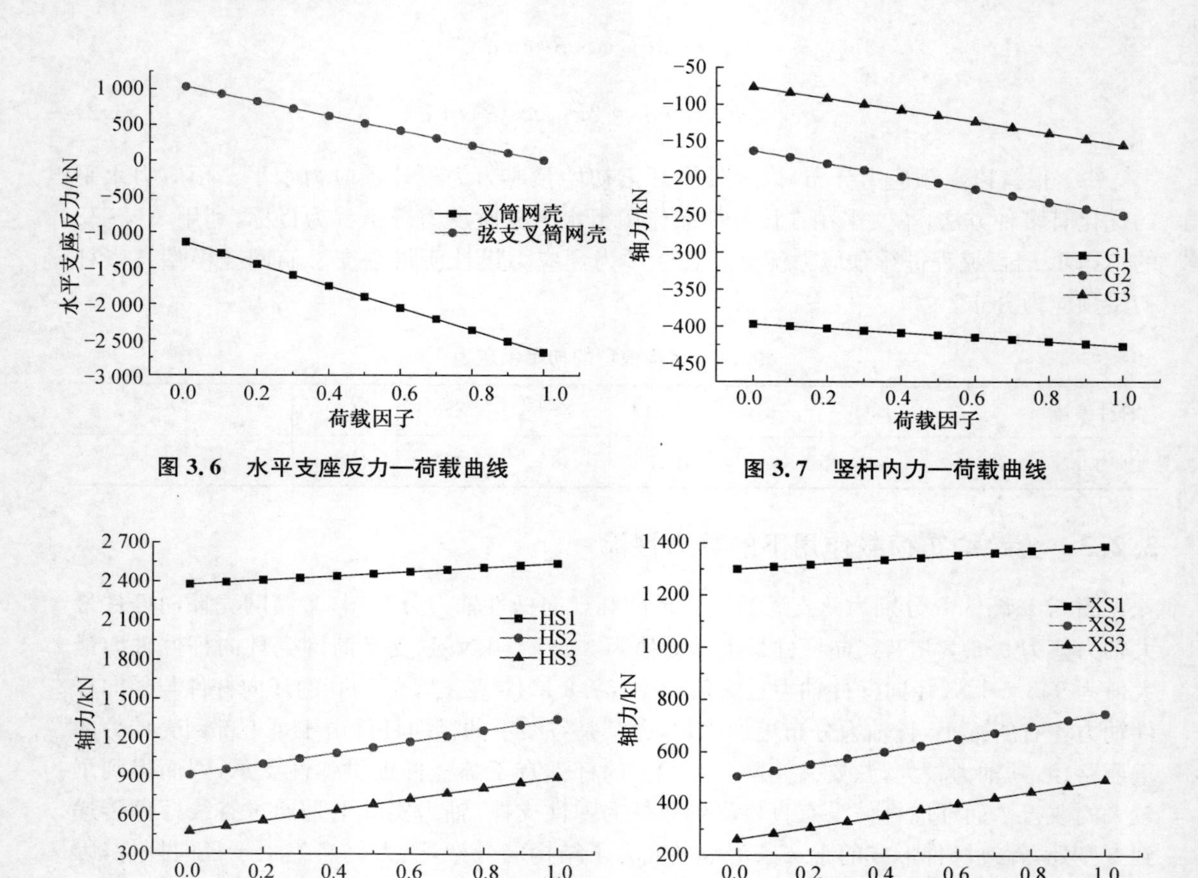

图 3.6　水平支座反力—荷载曲线

图 3.7　竖杆内力—荷载曲线

图 3.8　环索内力—荷载曲线

图 3.9　斜索内力—荷载曲线

图 3.7～图 3.9 为弦支叉筒网壳竖杆、环索及斜索轴力变化曲线，其值均随着荷载增大而线性增大，各圈竖杆、环索及斜索对结构刚度都有较大贡献，尤其是最外圈索杆内力水平较高，在改善结构受力集中、降低水平支座反力及减小竖向位移方面作用较为突出。索杆体系为上部叉筒网壳提供了良好的支承作用。

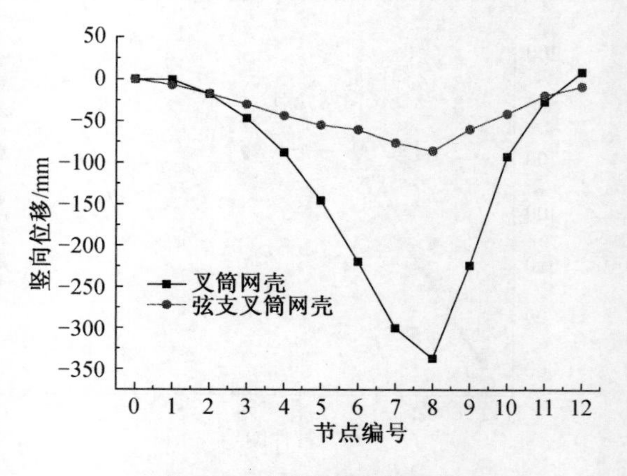

图 3.10　竖向位移分布

图 3.10 为谷线式弦支叉筒网壳各节点竖向位移分布图，由图可知由于下部索杆体系为叉筒网壳结构提供了良好的弹性支承，弦支叉筒网壳相对于叉筒网壳来说，不仅大大减小了竖向位移大小，而且改善了位移的分布，叉筒网壳和弦支叉筒网壳两种结构位移变化最大的都是中心节点 8，分别达到 336.8 mm和 85.7 mm，弦支叉筒网壳仅为叉筒网壳的 1/4 左右。

3.3　参数分析

影响弦支叉筒网壳结构静力性能的主要参数有初始预应力水平、杆件截面、竖杆长度、矢跨比和倾角等，本节对结构静力性能进行参数分析。

3.3.1　预应力水平

保持上部杆件截面、下部索杆体系预应力分布等其他参数条件不变，预应力水平分别取初始预应力水平的0.8倍、0.9倍、1.0倍、1.1倍、1.2倍，研究预应力水平对弦支叉筒网壳结构静力性能的影响。

图3.11、图3.12分别为不同预应力水平下弦支叉筒网壳环向杆件和径向杆件轴力分布图。由图可知预应力水平的变化对环向杆件轴力影响很小，对径向杆件轴力有一定影响，随着预应力水平的提高而增大，且增大的幅度基本一致。究其原因，是由谷线式叉筒网壳的受力特点决定的，环向杆件轴力最终通过径向杆件传导至支座，竖杆的支承作用直接影响的是径向杆件。

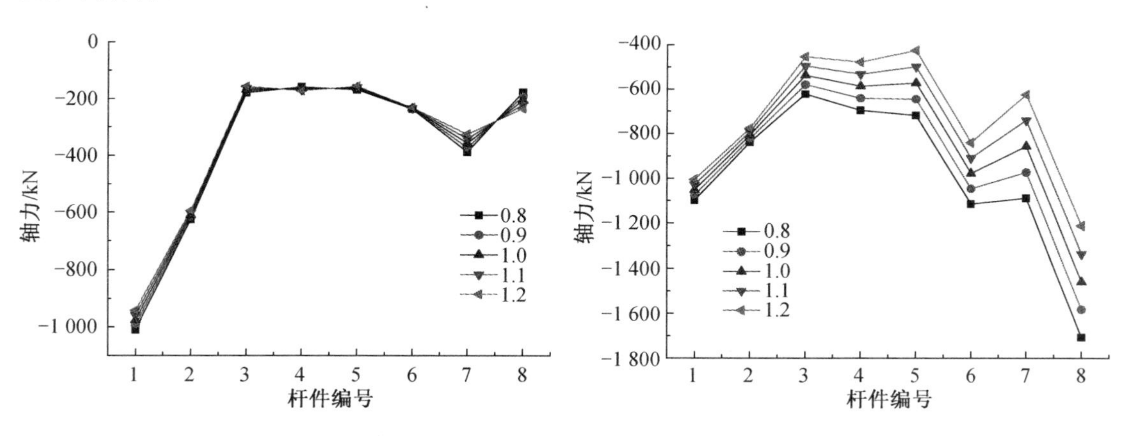

图3.11　不同预应力水平环向杆件轴力分布　　**图3.12　不同预应力水平径向杆件轴力分布**

图3.13为不同预应力水平下水平支座反力随荷载变化曲线。由图可知，各预应力水平下支座反力均随荷载的增大线性减小。由于环索预应力大小在支座水平方向的分量直接与水平支座反力平衡，因而预应力水平的高低对水平支座反力有较大的影响。

图3.14～图3.16分别为下部索杆体系中受力较大的最外圈竖杆G1、环索HS1及斜索XS1轴力随荷载变化曲线。由图可知随着荷载增加各轴力值均线性增大，且不同预应力水平下的XS1、HS1及XS1轴力曲线斜率基本一致，上部结构的刚度变化不大，索杆体系的效率基本不变。

图3.17为不同预应力水平下节点竖向位移分布对比图，五种预应力水平作用下，结构的竖向位移分布基本一致，最大竖向位移均发生在结构中心节点8，预应力水平的变化对结构竖向位移大小影响较为显著，随着预应力水平的提高，竖向位移逐渐减小，且各点竖向位移随预应力水平的变化幅度基本相同。

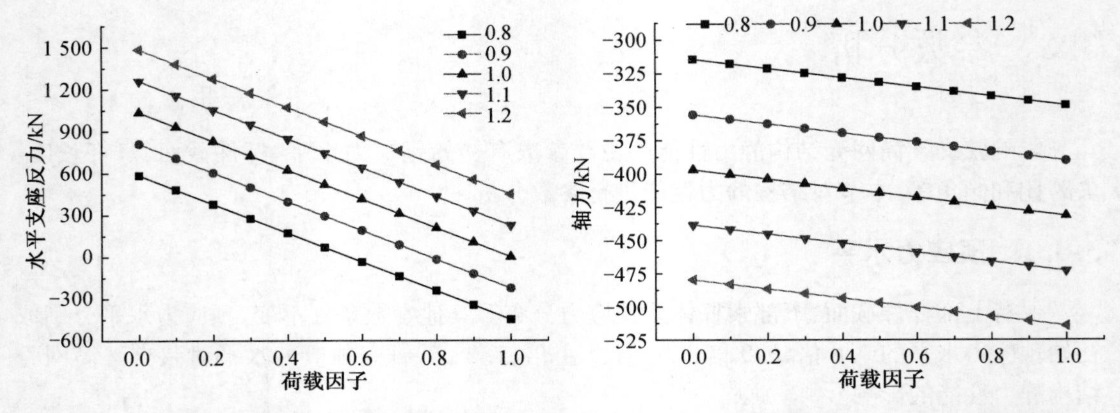

图 3.13　不同预应力水平支座反力曲线　　图 3.14　不同预应力水平竖杆 G1 轴力曲线

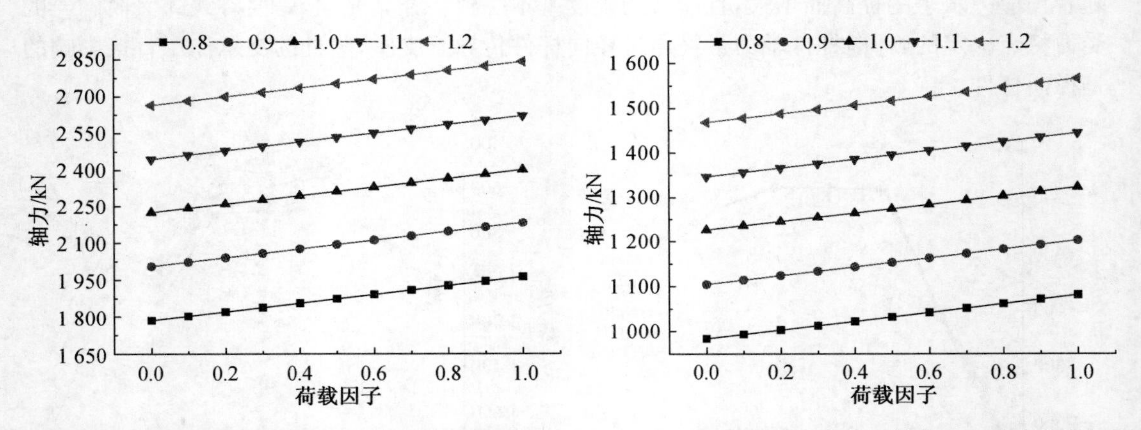

图 3.15　不同预应力水平环索 HS1 轴力曲线　　图 3.16　不同预应力水平斜索 XS1 轴力曲线

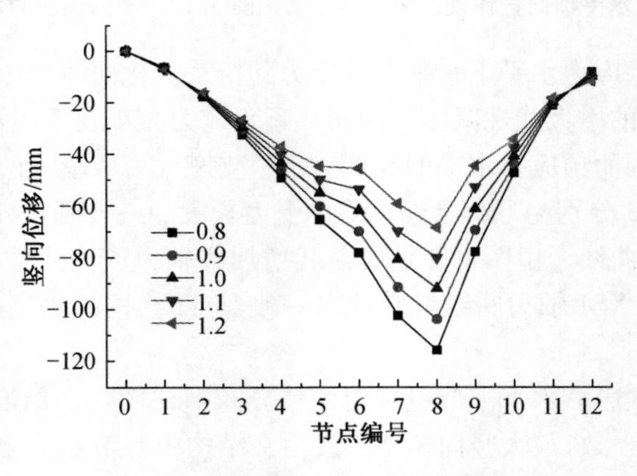

图 3.17　不同预应力水平竖向位移分布

表3.2列出了不同预应力水平下结构位移及轴力的最大值，随着预应力水平的提高，最大竖向位移值从109.64减小到62.19，变化幅度约为43.3%，环向杆件轴力最大值变化较小，幅度只有6.6%，径向杆件轴力变化幅度相对较大，达到30.6%，水平支座反力受预应力水平的影响后方向改变，由向内的推力变为向外的拉力。

表3.2　不同预应力水平结构位移、轴力及支座反力最大值

预应力水平	竖向位移最大值/mm	环向杆件轴力/kN	径向杆件轴力/kN	水平支座反力/kN
0.8	−109.64	−977.42	−1 616.20	−434.55
0.9	−97.62	−961.27	−1 492.14	−217.22
1.0	−85.71	−945.10	−1 368.29	0
1.1	−73.90	−928.93	−1 244.65	216.99
1.2	−62.19	−912.74	−1 121.20	433.86

总之，预应力水平对竖向位移及水平支座反力影响较大，对杆件轴力有一定的影响，但其影响是有限的，单纯提高预应力水平并不能合理地改善结构静力性能，反而增加施工的难度和成本，弦支叉筒网壳静力性能的提高，预应力并不是起决定作用的，归根结底是因为结构体系的变化。

3.3.2　上部网壳杆件截面

保持弦支叉筒网壳结构的其他参数不变，上部叉筒网壳的杆件分别取四组截面，如表3.3所示，研究上部叉筒网壳杆件截面对结构的影响。

表3.3　上部网壳杆件截面

截面编号	一	二	三	四
截面规格/mm	ϕ351×10	ϕ377×10	ϕ425×10	ϕ425×12
截面面积/cm²	107.128	115.296	130.376	155.697

图3.18、图3.19分别为不同杆件截面下弦支叉筒网壳环向杆件及径向杆件轴力分布图。由图可知各轴力分布不变，杆件截面的变化对环向杆件轴力影响较小，对径向杆件轴力有一定影响，轴力大小随着杆件截面的增大而增大。

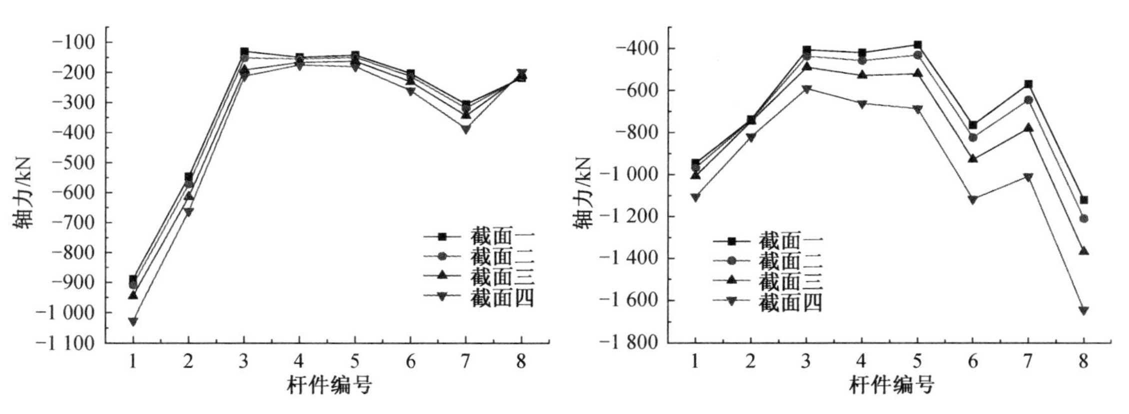

图3.18　不同杆件截面结构环向杆件轴力分布　　图3.19　不同杆件截面结构径向杆件轴力分布

图 3.20 为不同杆件截面水平支座反力随荷载的变化曲线。由图可知,各预应力水平下支座反力均随荷载的增大线性减小,其中杆件为第四组截面的结构其水平支座反力由向外的拉力变为向内的推力,这是由于预应力设计时以第三类型截面的结构支座反力等于零为目标进行找力的。各截面类型结构的水平支座反力随截面增大而增大。

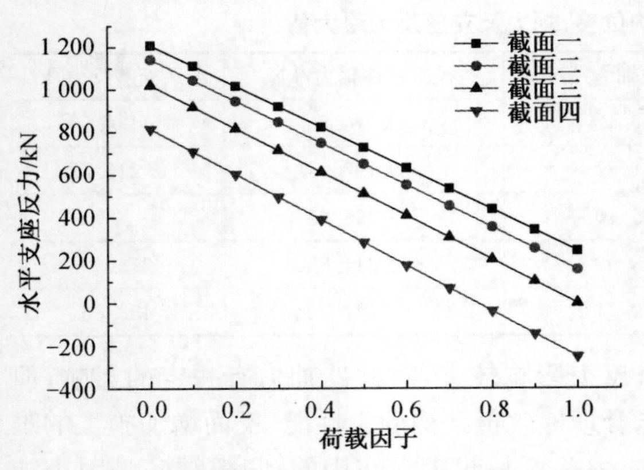

图 3.20 不同杆件截面结构水平支座反力曲线

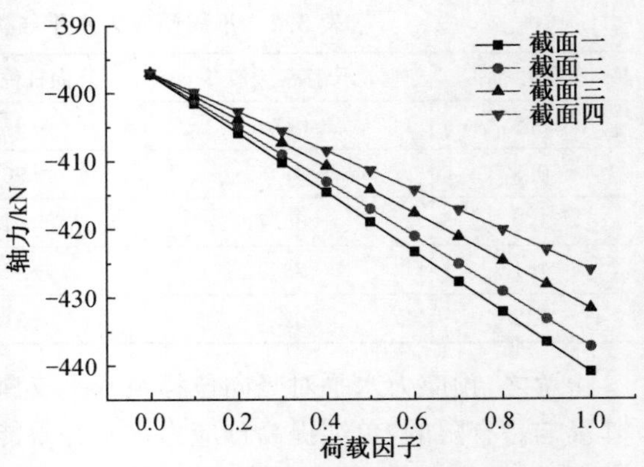

图 3.21 不同杆件截面竖杆 G1 轴力曲线

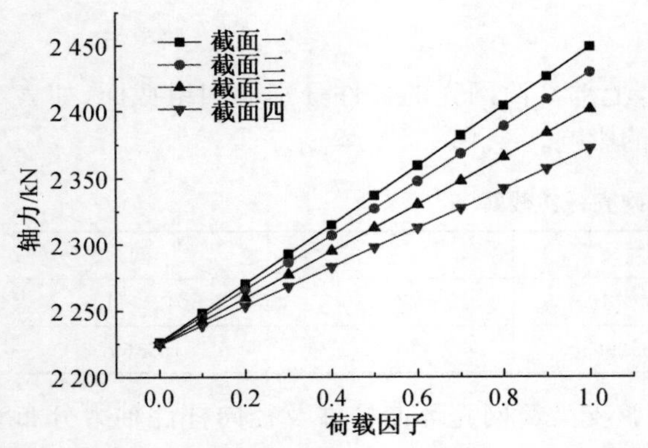

图 3.22 不同杆件截面环索 HS1 轴力曲线

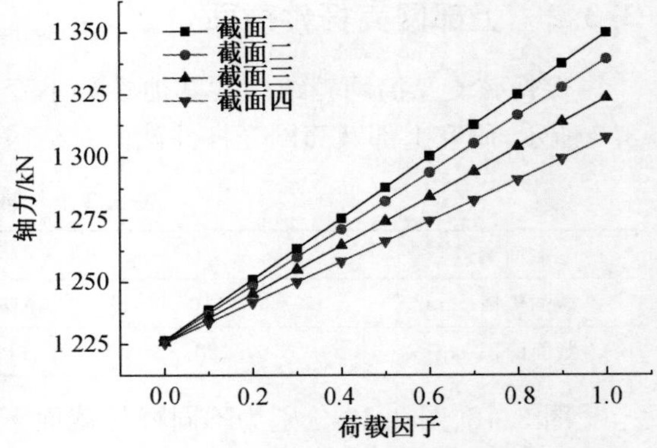

图 3.23 不同杆件截面斜索 XS1 轴力曲线

图 3.21～图 3.23 分别为下部索杆体系中受力较大的竖杆 G1、环索 HS1 及斜索 XS1 轴力随荷载变化曲线。由图可知,上部叉筒网壳杆件截面越小,上部叉筒网壳刚度越小,结构下部的索杆体系内力增加越快,表明索杆体系的作用越明显、效率越高。

图 3.24 为不同杆件截面下节点竖向位移分布对比图。四种结构的竖向位移分布基本一致,最大竖向位移均发生在结构中心节点 8,杆件截面的变化对结构竖向位移影响较小,外围的节点 1、2、3、4、10、11、12

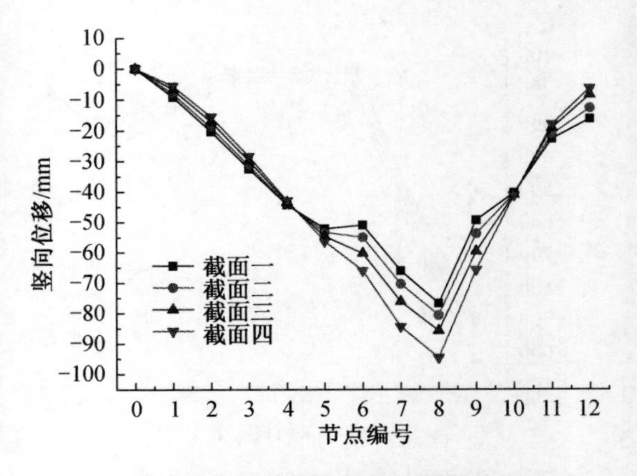

图 3.24 不同杆件截面节点竖向位移分布

随着杆件截面积的提高，竖向位移略有减小，中间区域的节点 5、6、7、8、9 竖向位移增加。截面越大，上部叉筒网壳刚度越大，但其自重也越大，从各节点位移变化的幅度可知，增加钢管直径比单纯增加钢管壁厚对结构刚度提高的作用更明显。

表 3.4 列出了不同杆件截面下结构位移、轴力及水平支座反力的最大值，随着杆件截面的增大竖向位移最大值从 76.75 增大到 94.67，变化幅度约为 23.3%，环向杆件轴力最大值变化较小，幅度只有 15.5%，径向杆件轴力变化幅度相对较大，达到 46.7%，水平支座反力受上部叉筒网壳刚度的影响方向改变，由向外的拉力变为向内的推力。

总之，上部网壳杆件截面对竖向位移、径向杆件轴力及水平支座反力影响均较小，一味增大上部网壳杆件截面并不能有效地改善结构静力性能，反而增加结构自重与经济成本。

表 3.4 不同杆件截面结构位移、轴力及支座反力最大值

截面类型	竖向位移最大值/mm	环向杆件轴力/kN	径向杆件轴力/kN	水平支座反力/kN
一	−76.75	−888.57	−1 120.28	244.27
二	−80.62	−908.73	−1 208.28	156.89
三	−85.71	−945.10	−1 368.29	0.00
四	−94.67	−1 026.62	−1 643.00	−249.85

3.3.3 竖杆长度

保持弦支叉筒网壳结构的其他参数不变，预应力大小及各圈环索预应力分布不变，竖杆长度分别取原长的 0.8 倍、1.0 倍、1.2 倍，研究竖杆长度对结构的影响，预应力分布及大小如表 3.5 所示。

表 3.5 不同竖杆长度下结构模型的初始预应力分布 单位：kN

竖杆长度	HS1	HS2	HS3	XS1	XS2	XS3	G1	G2	G3
0.8 倍	2 200	883	412	1 160	471	221	−204	−100	−48
1.0 倍	2 200	883	412	1 212	487	227	−396	−152	−68
1.2 倍	2 200	883	412	1 291	507	235	−587	−204	−87

图 3.25、图 3.26 分别为不同竖杆长度结构弦支叉筒网壳环向杆件及径向杆件轴力分布图。由图可知环向杆件轴力随着竖杆长度增加分布趋于均匀，对于中间区域的环向杆件 H1 和 H2 影响较大，径向各杆件轴力减小，但整体分布不变。

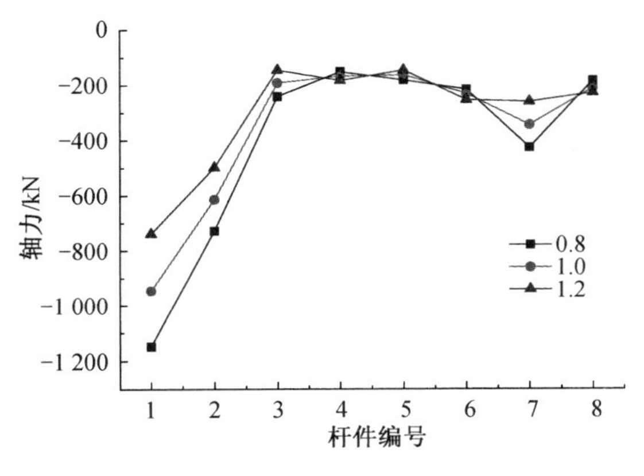

图 3.25 不同竖杆长度结构环向杆件轴力分布

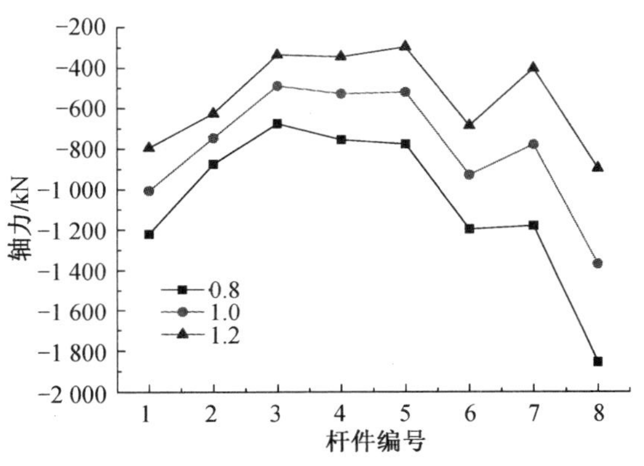

图 3.26 不同竖杆长度结构径向杆件轴力分布

图 3.27 为不同竖杆长度结构水平支座反力随荷载的变化曲线。由图可知,各支座反力均随荷载的增大线性减小,其中竖杆长度为原长 0.8 倍的结构其水平支座反力由向外的拉力变为向内的推力。这是因为虽然初始预应力水平不变,但是由于竖杆长度的变化导致各圈索杆受力角度的变化。

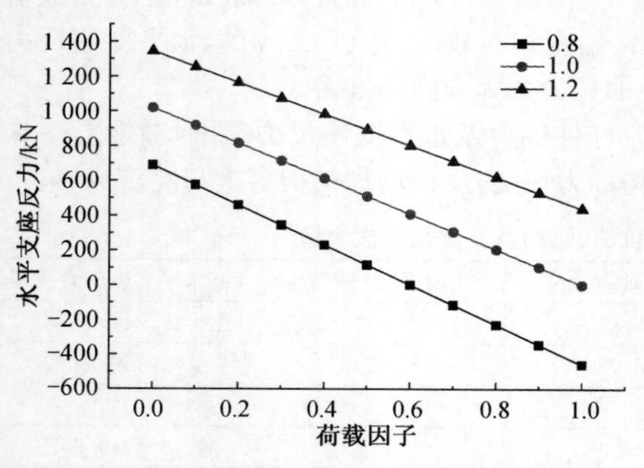

图 3.27　不同竖杆长度结构水平支座反力曲线

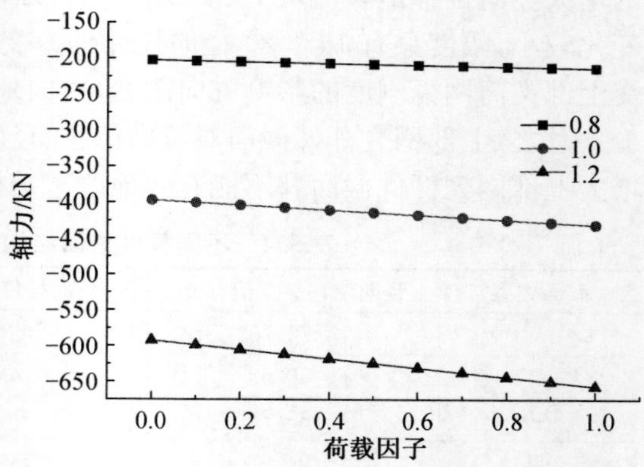

图 3.28　不同竖杆长度竖杆 G1 轴力曲线

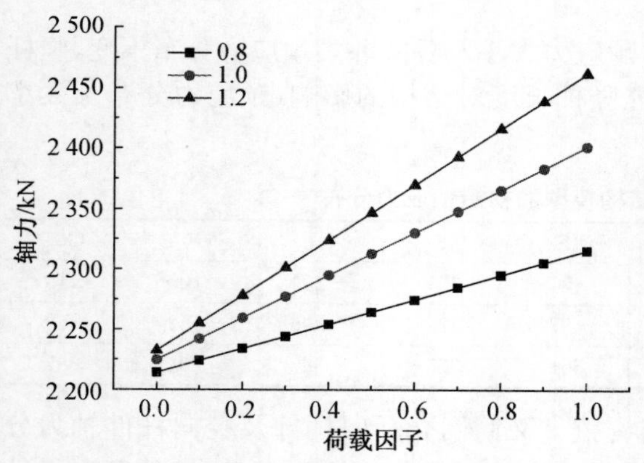

图 3.29　不同竖杆长度环索 HS1 轴力曲线

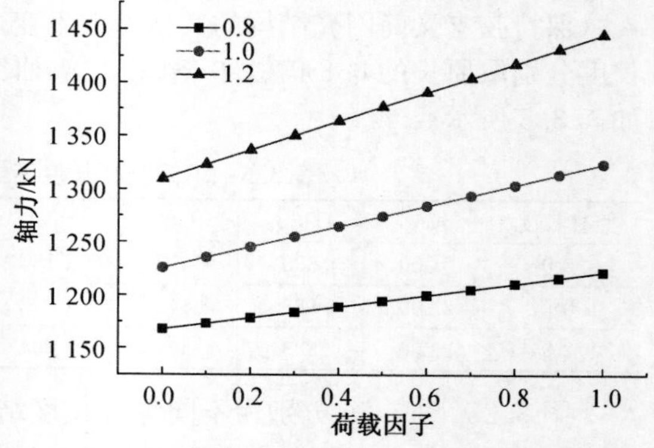

图 3.30　不同竖杆长度斜索 XS1 轴力曲线

图 3.28～图 3.30 分别为下部索杆体系中受力较大的竖杆 G1、环索 HS1 及斜索 XS1 轴力随荷载变化曲线。由图可知,竖杆越长,轴力曲线斜率越大,结构下部的索杆体系内力增加越快,表明索杆体系的作用越显著。

图 3.31 为不同竖杆长度结构节点竖向位移分布对比图。四种结构的竖向位移分布基本一致,最大竖向位移均发生在结构中心节点 8,竖杆长度对结构竖向位移影响较大,大部分节点挠度随着竖杆长度增加有较明显的减小。可竖杆越长,竖杆轴力越大,对上部叉筒网壳

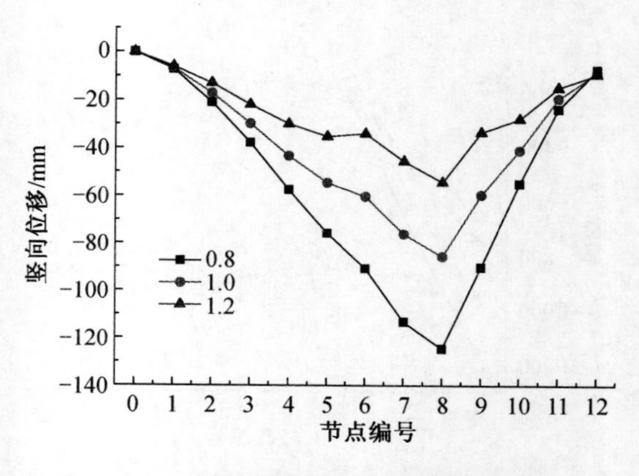

图 3.31　不同竖杆长度节点竖向位移分布

结构的支承作用越大，下部预应力索杆体系效率更高。

表 3.6 列出了不同竖杆长度结构位移、轴力及水平支座反力的最大值，随着竖杆长度的增大竖向位移最大值从 124.56 减小到 54.41，变化幅度约为 56.3%，环向杆件轴力最大值变化幅度有 35.7%，径向杆件轴力变化幅度相对较大，达到 51.7%，水平支座反力受下部索杆体系内力分布的影响，方向由向内的推力变为向外的拉力。

总之，竖杆长度对竖向位移、径向杆件轴力及水平支座反力有较大的影响，在保证索杆体系自身稳定性的前提下，增大竖杆长度能有效地改善结构静力性能。

表 3.6　不同竖杆长度结构位移、轴力及支座反力最大值

撑杆长度	竖向位移最大值/mm	环向杆件轴力/kN	径向杆件轴力/kN	水平支座反力/kN
0.8	−124.56	−1 148.42	−1 855.30	−460.04
1.0	−85.71	−945.10	−1 368.29	0
1.2	−54.41	−738.38	−896.23	436.76

3.3.4　矢跨比

分别采用 0.06、0.08、0.10、0.12 四种矢跨比建模进行分析，以研究矢跨比对结构静力性能的影响。四种矢跨比模型中，保证截面尺寸、斜索与竖杆的夹角及预应力水平等其他参数不改变。

图 3.32、图 3.33 分别为不同矢跨比弦支叉筒网壳环向杆件及径向杆件轴力分布图。由图可知随着矢跨比的提高各杆件轴力均减小，但幅度较小，矢跨比对环向杆件轴力和径向杆件轴力影响均较小。

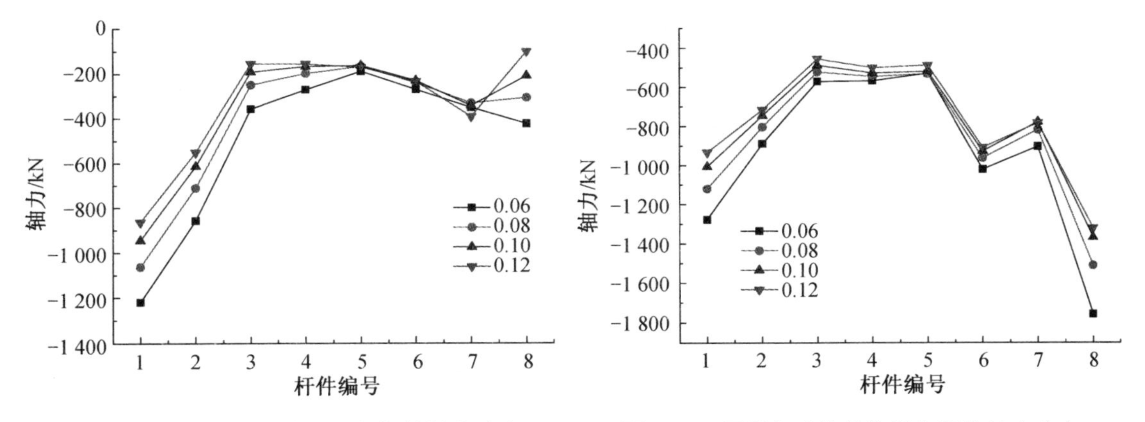

图 3.32　不同矢跨比结构环向杆件轴力分布　　**图 3.33　不同矢跨比结构径向杆件轴力分布**

图 3.34 为不同矢跨比结构水平支座反力随荷载的变化曲线。由图可知，各支座反力均随荷载的增大线性减小，矢跨比小于 0.1 时，支座水平反力最终为向内的推力，表明矢跨比越小，结构产生的向外水平推力越大。

图 3.35～图 3.37 分别为下部索杆体系中受力较大的竖杆 G1、环索 HS1 及斜索 XS1 轴力随荷载变化曲线。由图可知，矢跨比越小，轴力曲线斜率越大，结构下部的索杆体系内力增加越快，表明索杆体系的作用越显著。当矢跨比小于 0.1 时影响较大，之后渐缓。

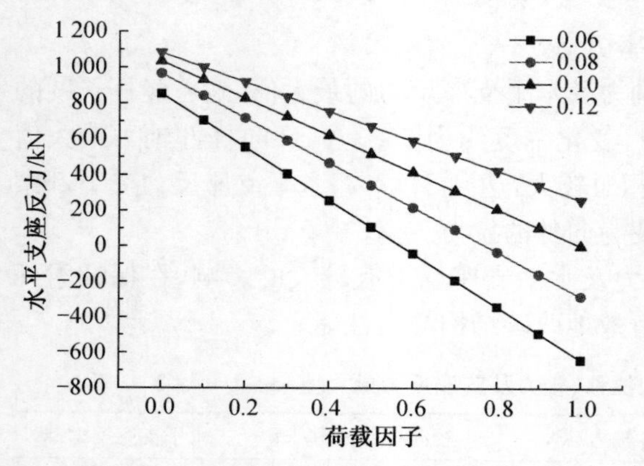

图 3.34　不同矢跨比结构水平支座反力曲线

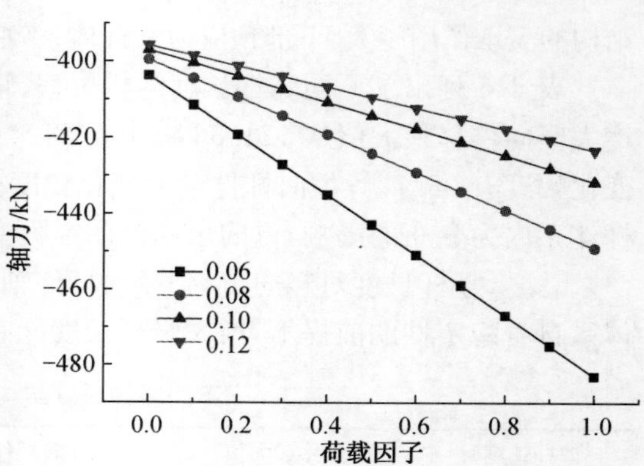

图 3.35　不同矢跨比结构竖杆 G1 轴力曲线

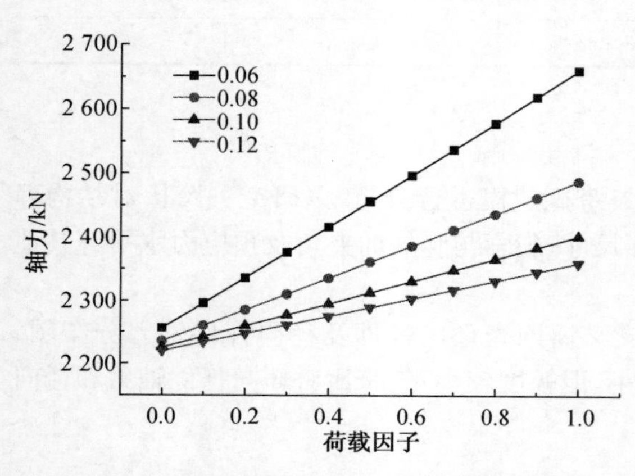

图 3.36　不同矢跨比结构环索 HS1 轴力曲线

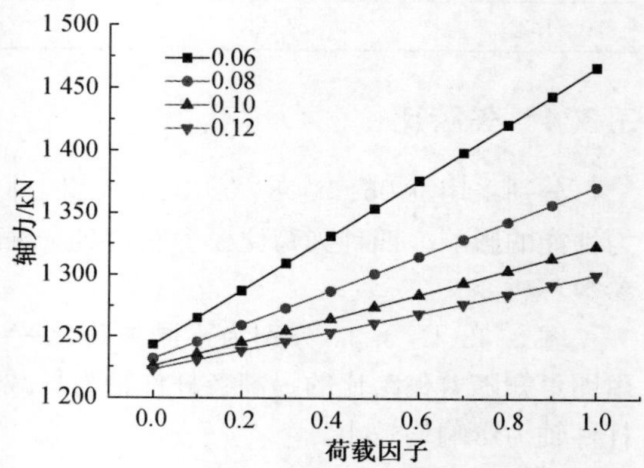

图 3.37　不同矢跨比结构斜索 XS1 轴力曲线

图 3.38 为不同矢跨比结构的节点竖向位移分布对比图。四种结构的竖向位移分布基本一致，最大竖向位移均发生在结构中心节点 8，由图可见，矢跨比对结构竖向位移影响较大，所有节点挠度均随着矢跨比的增大而减小，但当矢跨比大于 0.1 之后，这种影响减小。

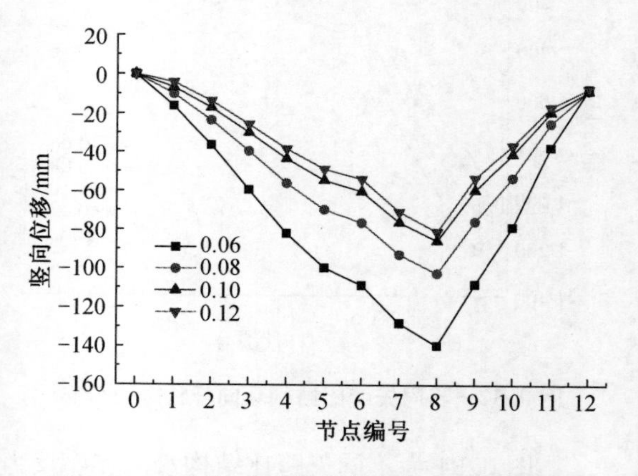

图 3.38　不同矢跨比结构节点竖向位移分布

表 3.7 列出了不同矢跨比结构节点位移、轴力及水平支座反力的最大值，随着矢跨比的增大竖向位移最大值从 139.74 减小到 81.03，变化幅度约为 42%，环向杆件轴力最大值变化幅度有 29.2%，径向杆件轴力变化幅度相对较大，达到 24.8%，随着矢跨比的增大，结构向外的推力减小，水平支座反力由向内的推力变为向外的拉力。

总之，当矢跨比小于 0.1 时，其对竖向位移、径向杆件轴力及水平支座反力有较大的影响，增大矢跨比能有效地改善结构静力性能，但大于 0.1 后对结构性能的提高有限。

表 3.7　不同矢跨比结构位移、轴力及支座反力最大值

矢跨比	竖向位移最大值/mm	环向杆件轴力/kN	径向杆件轴力/kN	水平支座反力/kN
0.06	−139.74	−1 220.45	−1 757.59	−581.12
0.08	−102.63	−1 062.63	−1 511.33	−260.86
0.10	−85.71	−945.10	−1 368.29	0
0.12	−81.03	−864.39	−1 321.00	242.13

3.3.5　倾角

分别使圆柱面网壳与水平面成 0°、2°、4°、6°、8°、10°、12°倾角相贯得到不同倾角的弦支叉筒网壳，研究倾角对结构静力性能的影响。七种不同倾角的模型中，保持截面尺寸、斜索与竖杆的夹角及预应力水平等其他参数不改变。

图 3.39、图 3.40 分别为不同倾角弦支叉筒网壳环向杆件及径向杆件轴力分布图。由图可知环向杆件的轴力分布有所变化，倾角越高，H1 轴力越小，结构中部的径向杆件受力明显减小。中心节点的抬高改变了整体结构的受力分布。

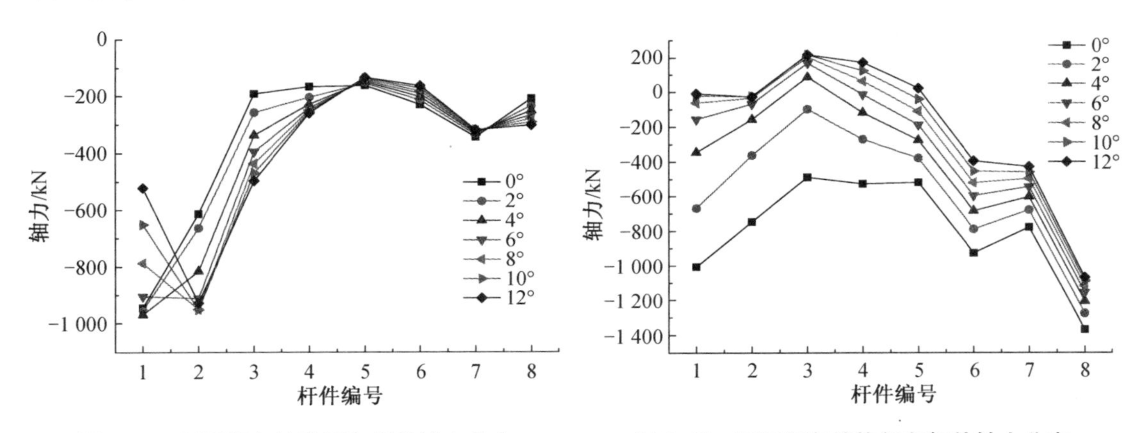

图 3.39　不同倾角结构环向杆件轴力分布　　**图 3.40　不同倾角结构径向杆件轴力分布**

图 3.41 为不同倾角结构水平支座反力随荷载的变化曲线。由图可知，各支座反力均随荷载的增大线性减小，倾角越大需要的水平推力越小。

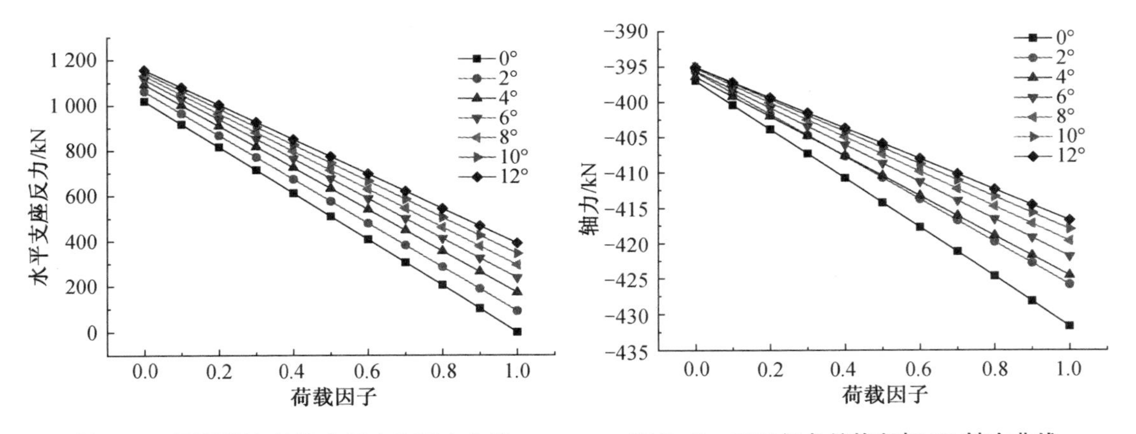

图 3.41　不同倾角结构水平支座反力曲线　　**图 3.42　不同倾角结构竖杆 G1 轴力曲线**

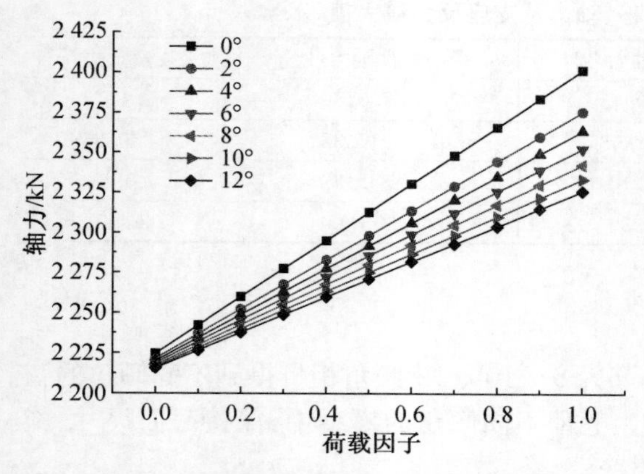

图 3.43　不同倾角结构环索 HS1 轴力曲线

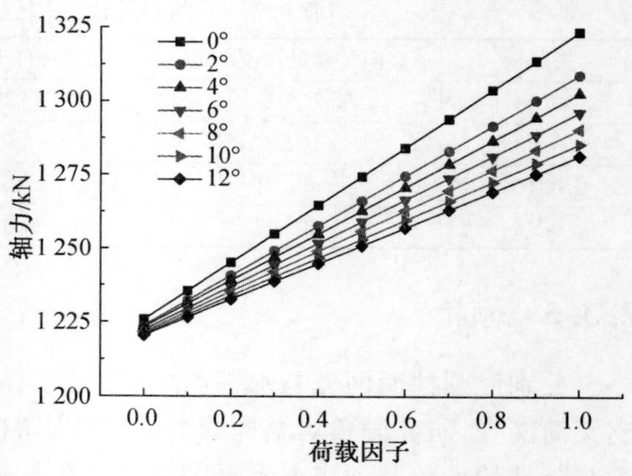

图 3.44　不同倾角结构斜索 XS1 轴力曲线

图 3.42～图 3.44 分别为下部索杆体系中受力较大的竖杆 G1、环索 HS1 及斜索 XS1 轴力随荷载变化曲线。由图可知，倾角越小，轴力曲线斜率越大，结构下部的索杆体系内力增加越快，表明索杆体系的作用越显著。倾角为零时结构的竖向刚度较多地依靠下部索杆体系提供的弹性支撑。

图 3.45 为不同倾角结构的节点竖向位移分布对比图。倾角明显改善了结构的竖向位移分布，最大竖向位移不再发生在结构中心节点 8，那是因为倾角使得结构受力更多地作用于支座，而不是将结构中心区域往下压。

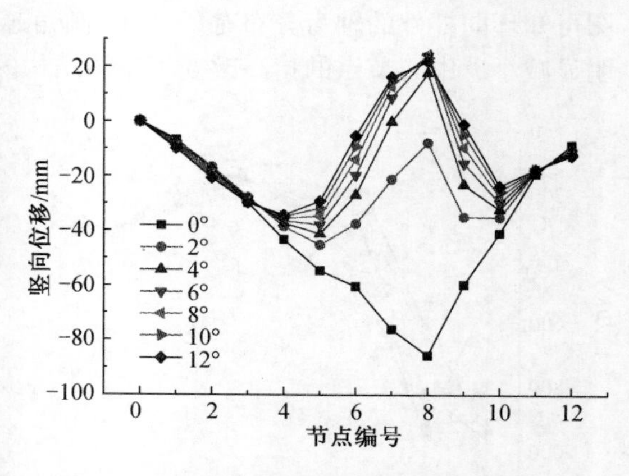

图 3.45　不同倾角结构节点竖向位移分布

表 3.8 列出了不同倾角结构节点位移、轴力及水平支座反力的最大值，随着矢跨比的增大，竖向位移最大值从 85.71 减小到 34.36，变化幅度约为 59.9%，环向杆件轴力最大值变化幅度 1.8%，径向杆件轴力变化幅度相对较大，达到 21.8%，随着矢跨比的增大，结构向外的推力减小。

表 3.8　不同倾角结构位移、轴力及支座反力最大值

倾角	竖向位移最大值/mm	环向杆件轴力/kN	径向杆件轴力/kN	水平支座反力/kN
0°	−85.71 (N8)	−945.10 (H1)	−1 368.29 (R8)	0
2°	−45.30 (N5)	−953.83 (H1)	−1 276.38 (R8)	90.72
4°	−41.29 (N5)	−969.84 (H1)	−1 207.29 (R8)	171.16
6°	−37.94 (N5)	−911.57 (H2)	−1 157.15 (R8)	236.98
8°	−35.68 (N4)	−950.80 (H2)	−1 119.22 (R8)	293.99
10°	−34.94 (N4)	−951.73 (H2)	−1 090.56 (R8)	344.83
12°	−34.36 (N4)	−928.18 (H2)	−1 070.05 (R8)	390.60

总之，抬高中心节点使得结构产生一定的倾角，对竖向位移、径向杆件轴力及水平支座

反力有较大的改善作用，改变了结构的受力分布与位移分布，但当倾角大于10°之后对结构静力性能的提高有限。

3.4 脊线式弦支叉筒网壳结构静力性能分析

3.4.1 计算模型

模型上部采用三角形网格划分，下部为葵花-肋环型弦支体系，如图3.46所示，弦支叉筒网壳所有边界点三向铰接支承。竖杆G1、G2长度分别为8.6 m、7.5 m，其余模型参数及荷载工况与前述谷线式弦支叉筒网壳模型相同，见图3.47(a)。为了解结构受力性能及方便与叉筒网壳进行对比，选取叉筒网壳12个节点[图3.47(b)]、8个径向单元和8个环向单元[图3.47(c)]。

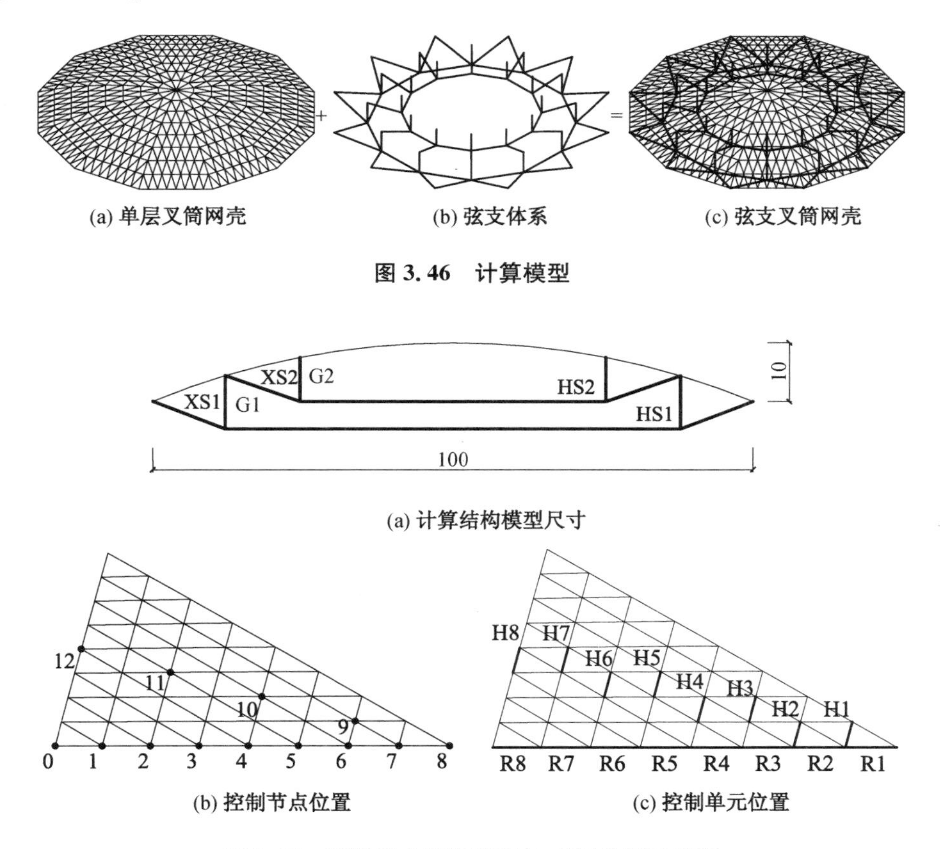

图3.46　计算模型

图3.47　模型尺寸及控制节点、单元位置示意图

3.4.2 预应力设计

本书脊线式弦支叉筒网壳的预应力分布同样采用弹性支座法确定，内外圈环索的初始预应力之比为1∶0.26。

外圈索杆为葵花型布置，其预应力分布计算简图如图 3.48 所示，根据节点平衡条件可以得到：

$$F_G = 2F_{XS}\cos\beta\cos\gamma \quad (3.3)$$

$$2F_{XS}\cos\gamma\sin\alpha = 2F_{HS}\cos\beta \quad (3.4)$$

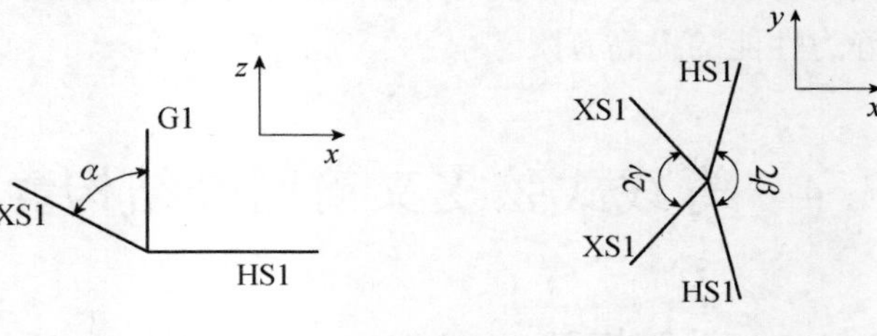

图 3.48　预应力计算简图

由此可知：

$$F_G = 2F_{HS}\cos\beta\cot\alpha \quad (3.5)$$

$$F_{XS} = F_{HS}\cos\beta/\cos\gamma\sin\alpha \quad (3.6)$$

内圈为肋环形索杆体系，其预应力分布可根据式(3.1)、式(3.2)求解。

预应力水平的优化目标为边界上位于同一直线的 9 个边界点在垂直于该边界方向的水平分量代数和等于零。经过预应力设计，可得结构模型的初始预应力如表 3.9 所示。

表 3.9　结构模型的初始预应力

杆件编号	HS1	HS2	XS1	XS2	G1	G2
轴力/kN	1 658	437	660	241	−287	−69

3.4.3　全跨均布荷载作用下的静力性能

图 3.49、图 3.50 分别为各环向杆件和径向杆件轴力分布对比图。可以看出脊线式弦支叉筒网壳的环向杆件轴力减小，且分布更加均匀，脊线式弦支叉筒网壳脊线之间的杆件因为有下部竖杆提供弹性支承，因而得到了较大的改善。径向杆件轴力有一定的增加，可知弹性支承的引入导致受力分配变化，脊线承担了更多的轴力。

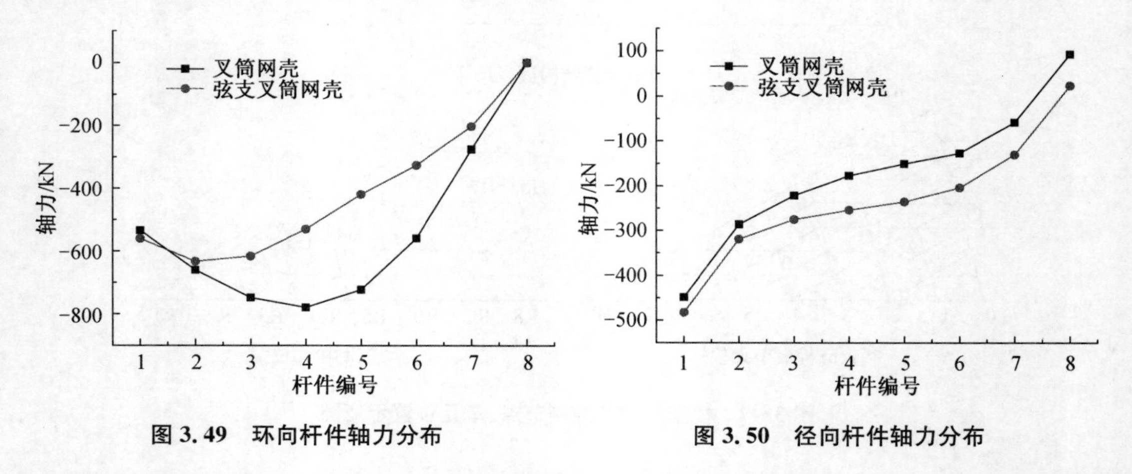

图 3.49　环向杆件轴力分布　　　图 3.50　径向杆件轴力分布

图 3.51 为叉筒网壳与弦支叉筒网壳水平支座反力随荷载的变化曲线。叉筒网壳与弦支叉筒网壳的水平支座反力均随荷载增大而线性增大，脊线式弦支叉筒网壳水平支座反力大幅降低。

图 3.52 为叉筒网壳和脊线式弦支叉筒网壳在给定荷载工况作用下，各节点竖向位移分

布对比图。可以看出预应力叉筒网壳由于引入预应力，不仅大大减小了各节点的竖向位移，而且改善了位移分布。

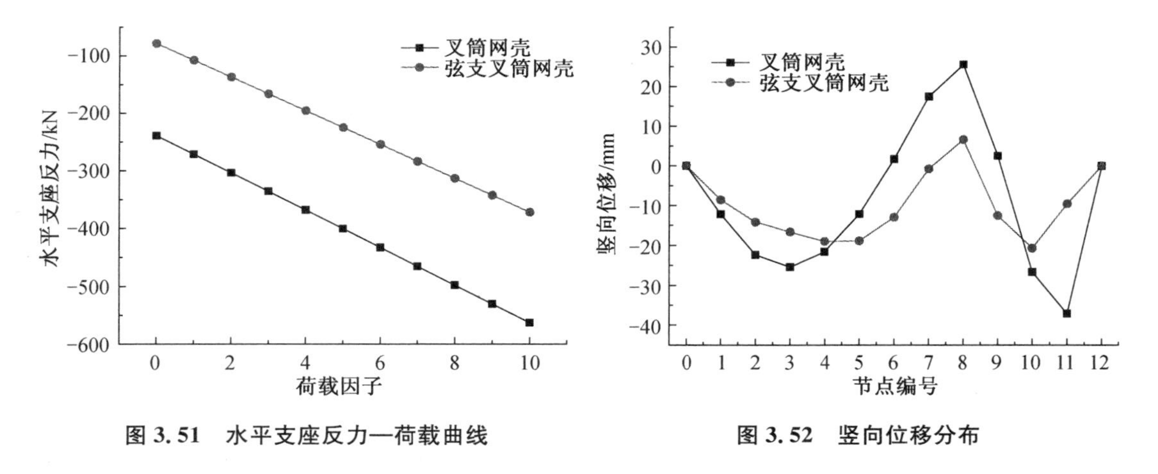

图 3.51　水平支座反力—荷载曲线　　图 3.52　竖向位移分布

3.5　谷线式弦支叉筒网壳结构动力特性分析

研究结构的抗风、抗震性能，首先要了解结构的自振特性，因为风、地震是与结构自身特性相关的作用，它们产生的效应不仅与作用本身有关，而且也与结构的特性有关。结构的固有频率和振型是动力分析的重要参数，因此自振特性研究是对结构进行抗风、抗震等动力分析的必要前提，有利于评估结构性能，全面了解结构的动力特性。本文利用 Block Lanczos 法通过 ANSYS 软件分析了两种弦支叉筒网壳的自振特性，并对谷线式弦支叉筒网壳进行了参数分析。

3.5.1　基本原理

结构的自振特性主要是指结构进行自由振动时各阶频率及其对应的振型。这是结构的固有特性，可通过运动方程得到。自振特性关系到结构对动力荷载作用的响应，因此在做动力反应分析之前，有必要对结构进行自振特性分析。

多自由度体系的运动方程为[92]

$$\boldsymbol{m}\ddot{\boldsymbol{v}}(t)+\boldsymbol{c}\dot{\boldsymbol{v}}(t)+\boldsymbol{k}\boldsymbol{v}(t)=\boldsymbol{p}(t) \tag{3.7}$$

上式表示 N 个运动方程，可以用来确定多自由度体系的反应。从式(3.7)中忽略阻尼项和作用荷载得到无阻尼自由振动体系的运动方程

$$\boldsymbol{m}\ddot{\boldsymbol{v}}(t)+\boldsymbol{k}\boldsymbol{v}(t)=\boldsymbol{0} \tag{3.8}$$

振动分析的问题即：确定在何种情况下满足式(3.8)表示的平衡条件。可假设多自由度体系的自由振动是简谐运动，方程为

$$\boldsymbol{v}(t)=\hat{\boldsymbol{v}}\sin(\omega t+\theta) \tag{3.9}$$

$$\ddot{\boldsymbol{v}}(t) = -\omega^2 \hat{\boldsymbol{v}} \sin(\omega t + \theta) \tag{3.10}$$

式中，$\hat{\boldsymbol{v}}$ 表示体系的形状，不随时间变化，只是振幅变化；θ 是相位角；$\ddot{\boldsymbol{v}}$ 是自由振动的加速度。

将式(3.9)、式(3.10)代入式(3.8)中，得

$$[\boldsymbol{k} - \omega^2 \boldsymbol{m}]\hat{\boldsymbol{v}} = \boldsymbol{0} \tag{3.11}$$

方程(3.11)表示的方式称为特征值或本征值问题，特征值 ω^2 表示自由振动频率的平方，而相应的位移向量 $\hat{\boldsymbol{v}}$ 则表示振动体系的相应振动形状，称为特征向量或振型。

方程(3.11)得到有限振幅的自由振动条件为

$$|\boldsymbol{k} - \omega^2 \boldsymbol{m}| = 0 \tag{3.12}$$

求解频率方程(3.12)可得到结构的各阶频率和振型。

3.5.2 自振特性

采用 ANSYS 软件对前述十二边形谷线式弦支叉筒网壳结构模型进行模态分析，考虑自重＋恒荷载作用，得出结构前 10 阶自振模态及频率如图 3.53 所示。叉筒网壳与弦支叉筒网壳的前 30 阶自振频率对比见图 3.54。

由图 3.53 可以看出，弦支叉筒网壳前两阶与第五阶均为下部索杆体系的局部振动，频率较小，第一阶为最内圈索杆的环向扭转，第二阶为中间索杆的环向扭转，第五阶为最外圈索杆的环向扭转，第三、四阶为上部叉筒网壳平面外反对称振型，第六、七阶为上部叉筒网壳局部的平面外振型，第八、九阶为上部叉筒网壳平面外对称振型，第十阶为叉筒网壳平面外反对称与局部复合振型。各阶出现的顺序与叉筒网壳各阶模态顺序一致。

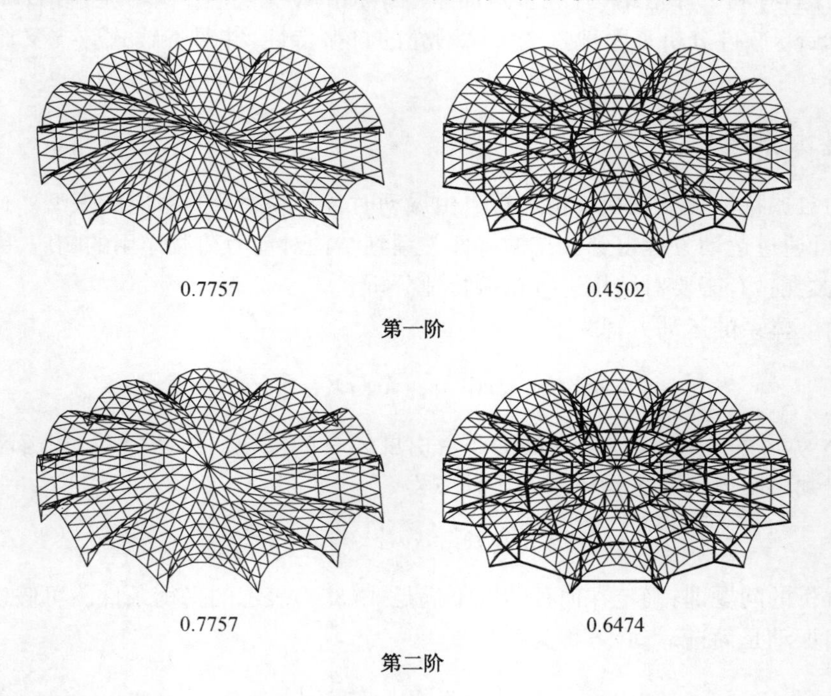

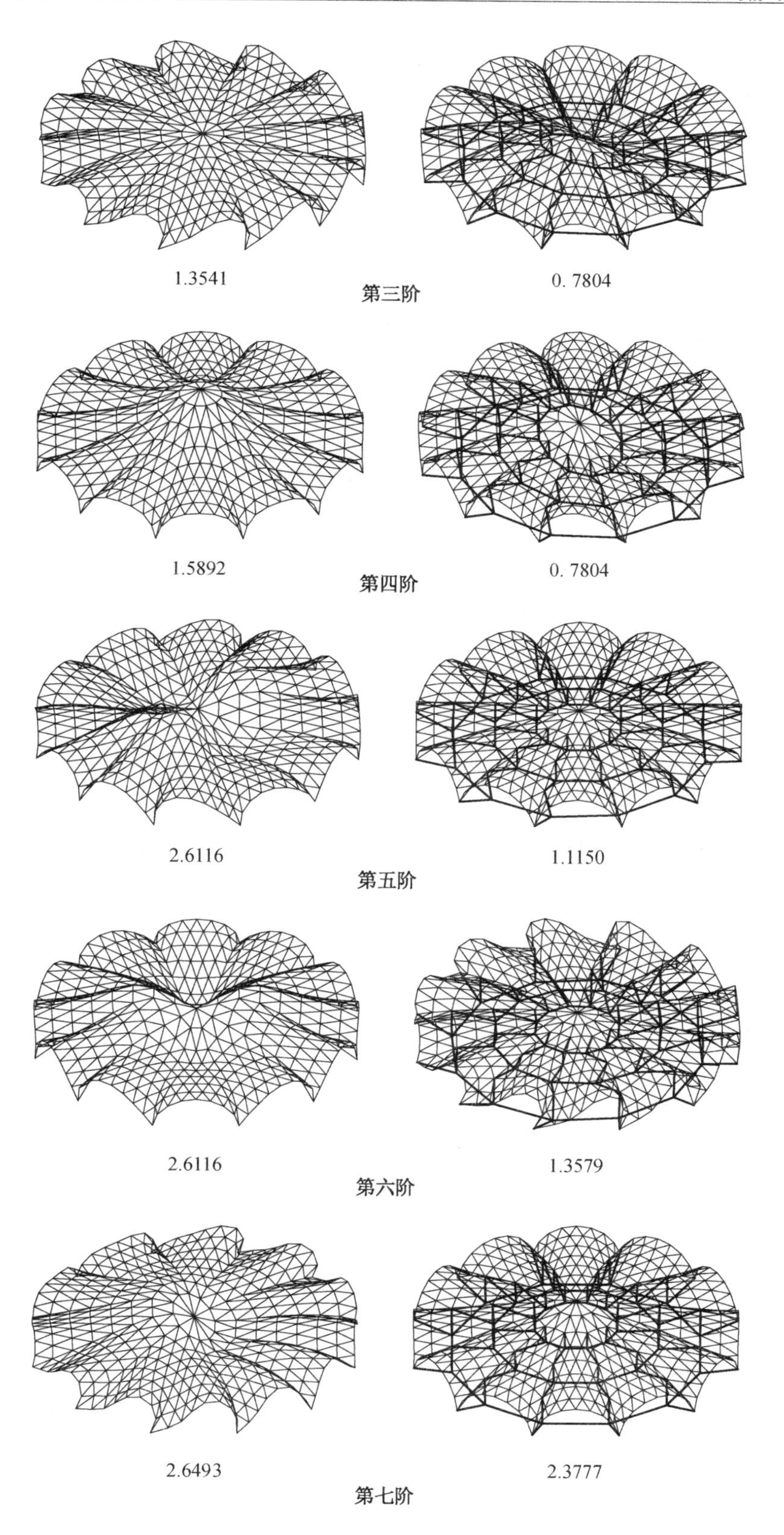

第三阶

第四阶

第五阶

第六阶

第七阶

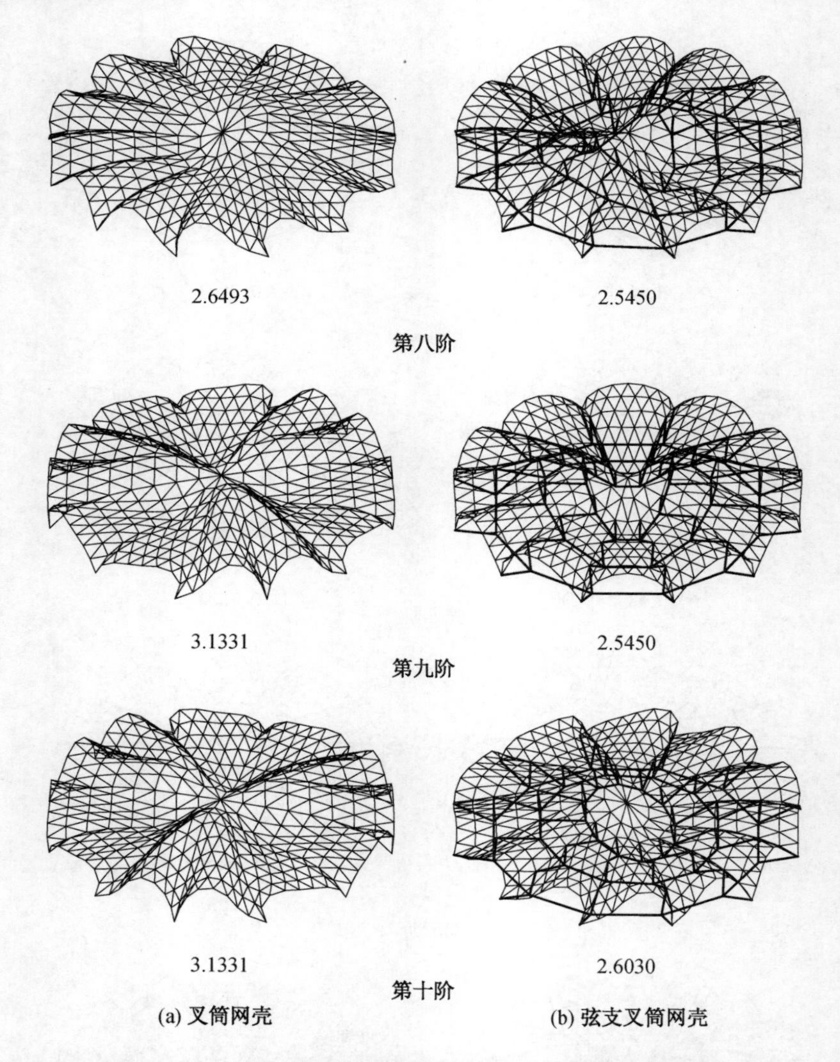

图 3.53　叉筒网壳与弦支叉筒网壳前 10 阶自振模态及频率

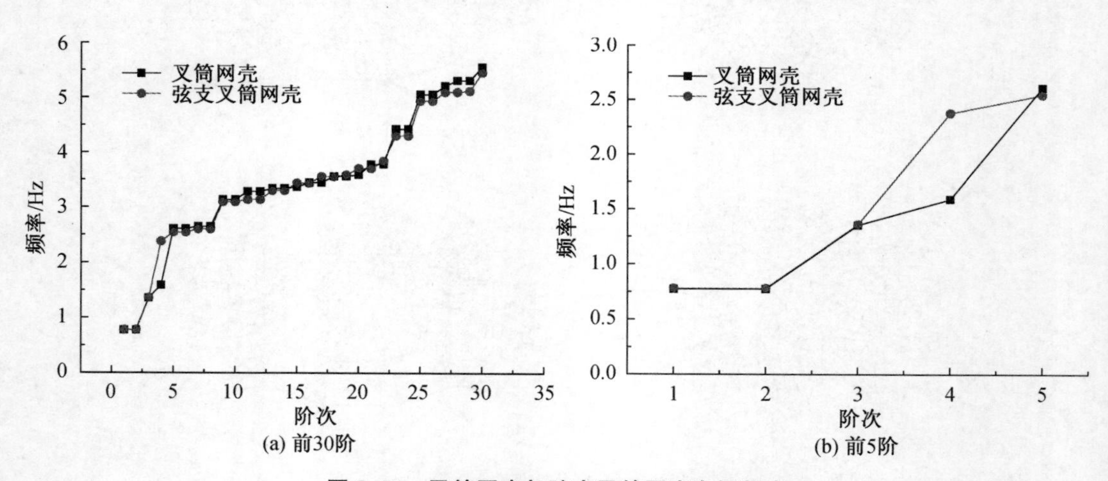

图 3.54　叉筒网壳与弦支叉筒网壳自振频率

图 3.54 是两种结构自振频率的对比图,图中为了研究方便,已将弦支叉筒网壳的索杆局部振动模态略掉。弦支叉筒网壳与叉筒网壳相比基频并没有得到明显的提高,因为边界约束较薄弱,两种结构的前 30 阶频率均较低,且呈阶梯型增大。无论叉筒网壳还是弦支叉筒网壳,由于结构的对称性,部分模态成对出现。

3.5.3　参数分析

3.5.3.1　预应力水平

以静力计算模型预应力水平为基准,分别采用 0.8 倍、0.9 倍、1.0 倍、1.1 倍、1.2 倍的预应力水平进行自振分析,其余参数保持不变。

图 3.55 为结构在不同预应力水平下的自振频率。第一、二阶与第五阶为索杆的局部振动模态,受预应力水平的影响较大,预应力水平越高索杆振动的频率越大,但对结构整体的振动频率影响很小。

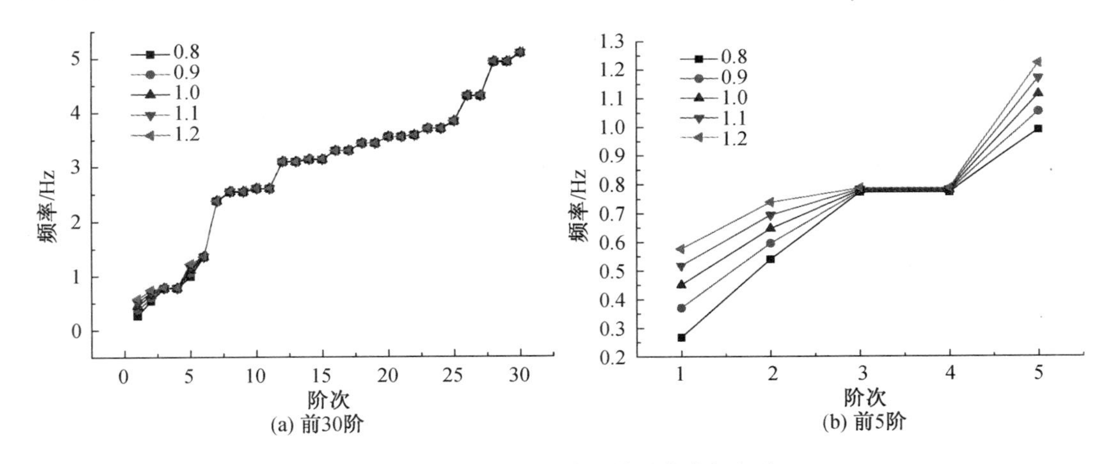

图 3.55　不同预应力水平的结构自振频率

3.5.3.2　网壳杆件截面

为了研究杆件截面对结构动力特性的影响,分别选取表 3.3 中的四组截面规格进行分析。

图 3.56 为不同截面规格弦支叉筒网壳的自振频率对比。由图可知,对于结构整体振动模态来说,频率基本随着截面的增大而增大,各阶频率分布基本一致。结构整体刚度受上部叉筒网壳杆件截面的影响较大,且对高阶频率的影响更大。

3.5.3.3　竖杆长度

为研究不同的竖杆长度对结构动力特性的影响,分别建立竖杆长度为原静力计算模型竖杆长度 0.8 倍、1.0 倍、1.2 倍的动力计算模型,保持其余参数不变,进行结构动力特性分析。

图 3.57 为不同竖杆长度结构自振频率的对比图。由图可知竖杆长度对于结构刚度基本没有影响,只是由于竖杆长度的改变,索杆体系的局部振动频率有所变化。

3.5.3.4　矢跨比

分别建立矢跨比为 0.06、0.08、0.10、0.12 的动力计算模型,保持其他参数不变,研究矢跨比对结构动力特性的影响。

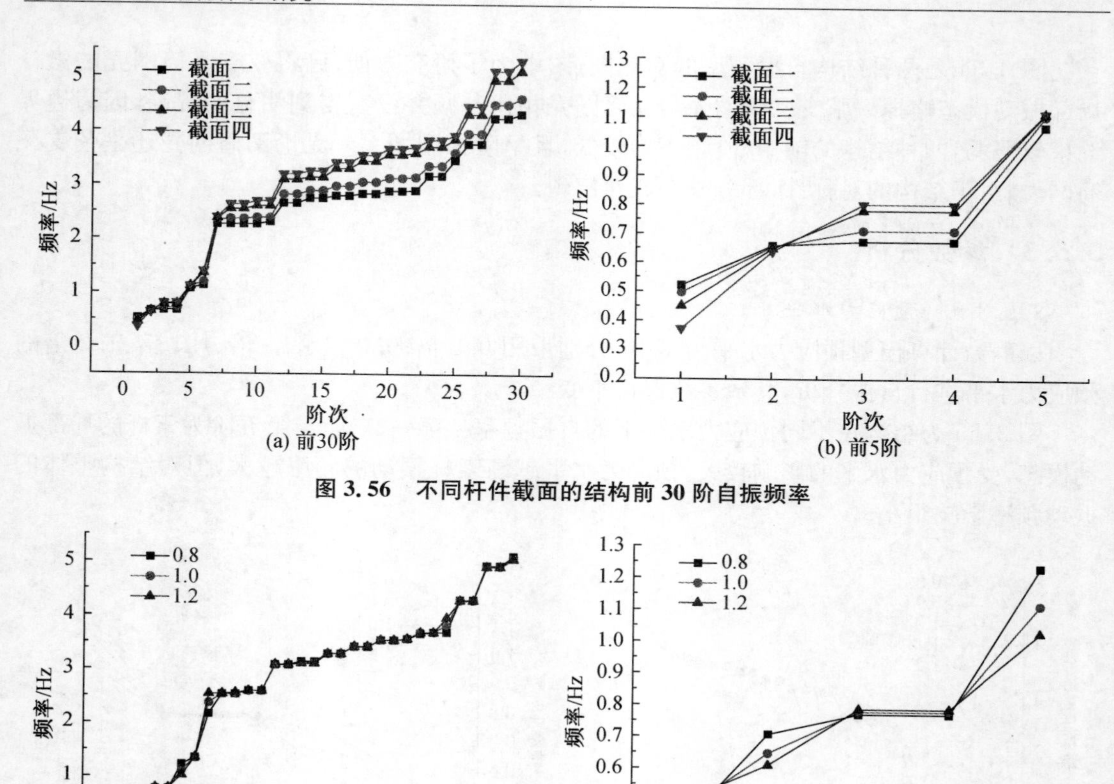

图 3.56　不同杆件截面的结构前 30 阶自振频率

图 3.57　不同竖杆长度的结构前 30 阶自振频率

图 3.58 为不同矢跨比结构自振频率分布图。由图 3.58 可知，矢跨比对结构低阶频率影响较小，而高阶频率影响较大，但矢跨比的大小对结构刚度的影响并没有明显的规律可循，与结构的振型是竖向振型还是水平振型有关。

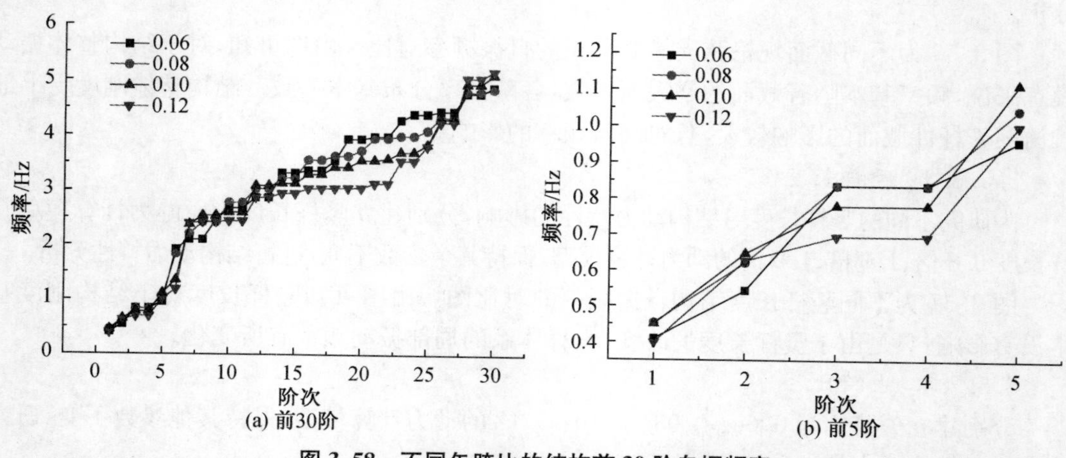

图 3.58　不同矢跨比的结构前 30 阶自振频率

3.5.3.5　倾角

为研究倾角对结构动力特性的影响，分别建立倾角为0°、2°、4°、6°、8°、10°、12°的动力计算模型，并保持各模型基本参数不变。

图3.59(a)为不同倾角结构前30阶自振频率，图3.59(b)为前5阶频率。由图可知，结构的自振频率基本随倾角的增大而增大，表明倾角对结构整体刚度有一定提高。

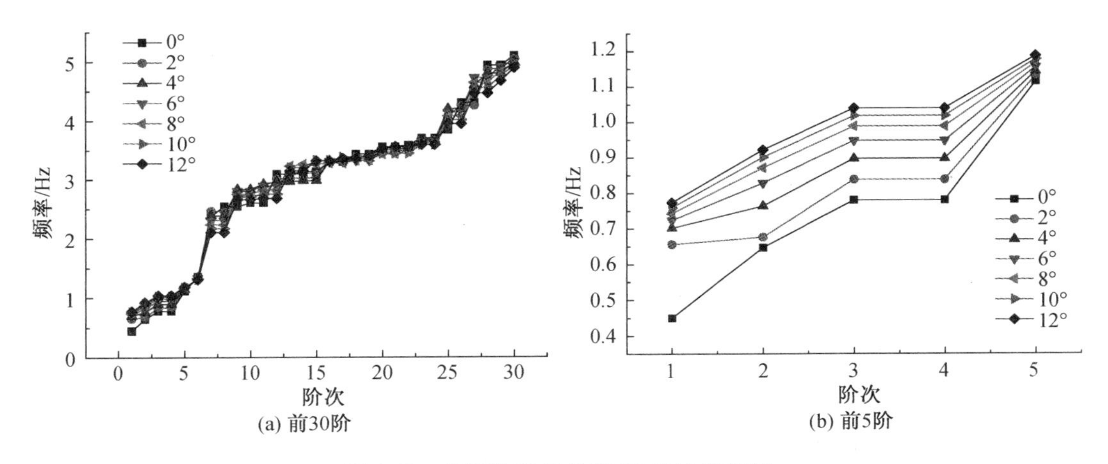

图3.59　不同倾角结构前30阶自振频率

3.6　脊线式弦支叉筒网壳结构动力特性分析

采用ANSYS软件对十二边形脊线式弦支叉筒网壳结构静力计算模型在自重+恒荷载的荷载工况下进行动力特性分析，计算结构的自振模态及频率。

图3.60为脊线式叉筒网壳与弦支叉筒网壳前10阶自振模态与频率。由图3.60可见，除第一阶外两种结构的自振频率均较高，第一阶振型为内圈肋环型索杆体系的环向扭转，而外圈葵花型索杆具有较高的稳定性，未出现局部振动。除与叉筒网壳第三阶振型对应的第六阶振型外，弦支叉筒网壳前十阶振型与叉筒网壳振型出现的顺序基本一致。

图3.61为两种结构前30阶自振频率的分布对比图。可知，弦支叉筒网壳的低阶频率略高于叉筒网壳，高阶频率略小，两种结构的频率总体均呈阶梯型增加。

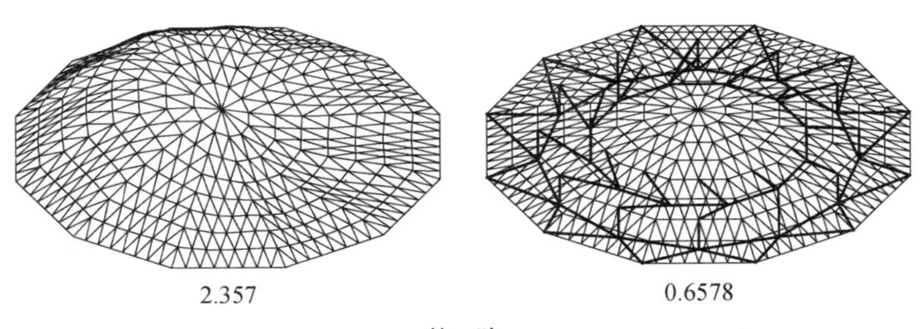

第一阶

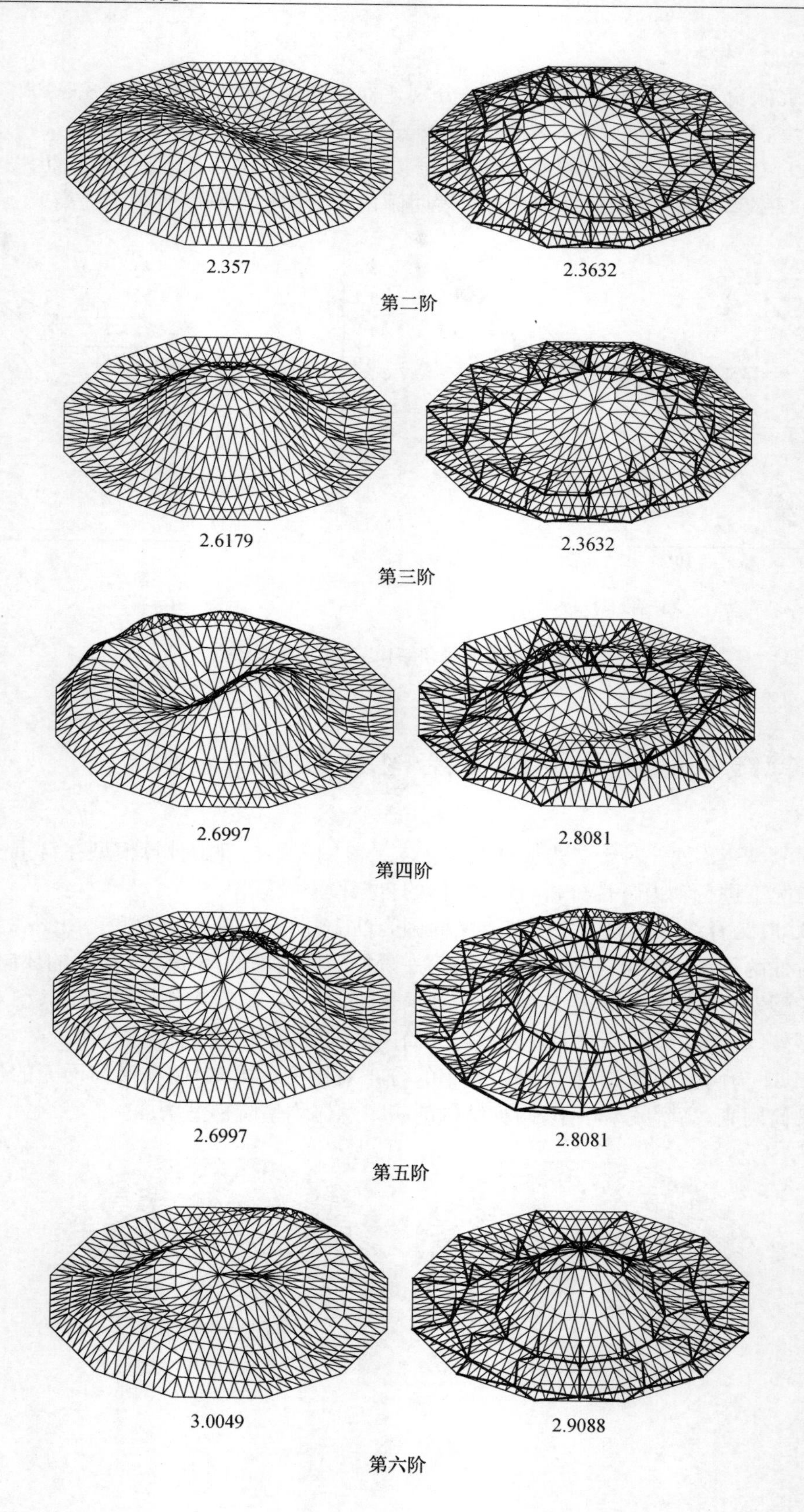
2.357
2.3632
第二阶
2.6179
2.3632
第三阶
2.6997
2.8081
第四阶
2.6997
2.8081
第五阶
3.0049
2.9088
第六阶

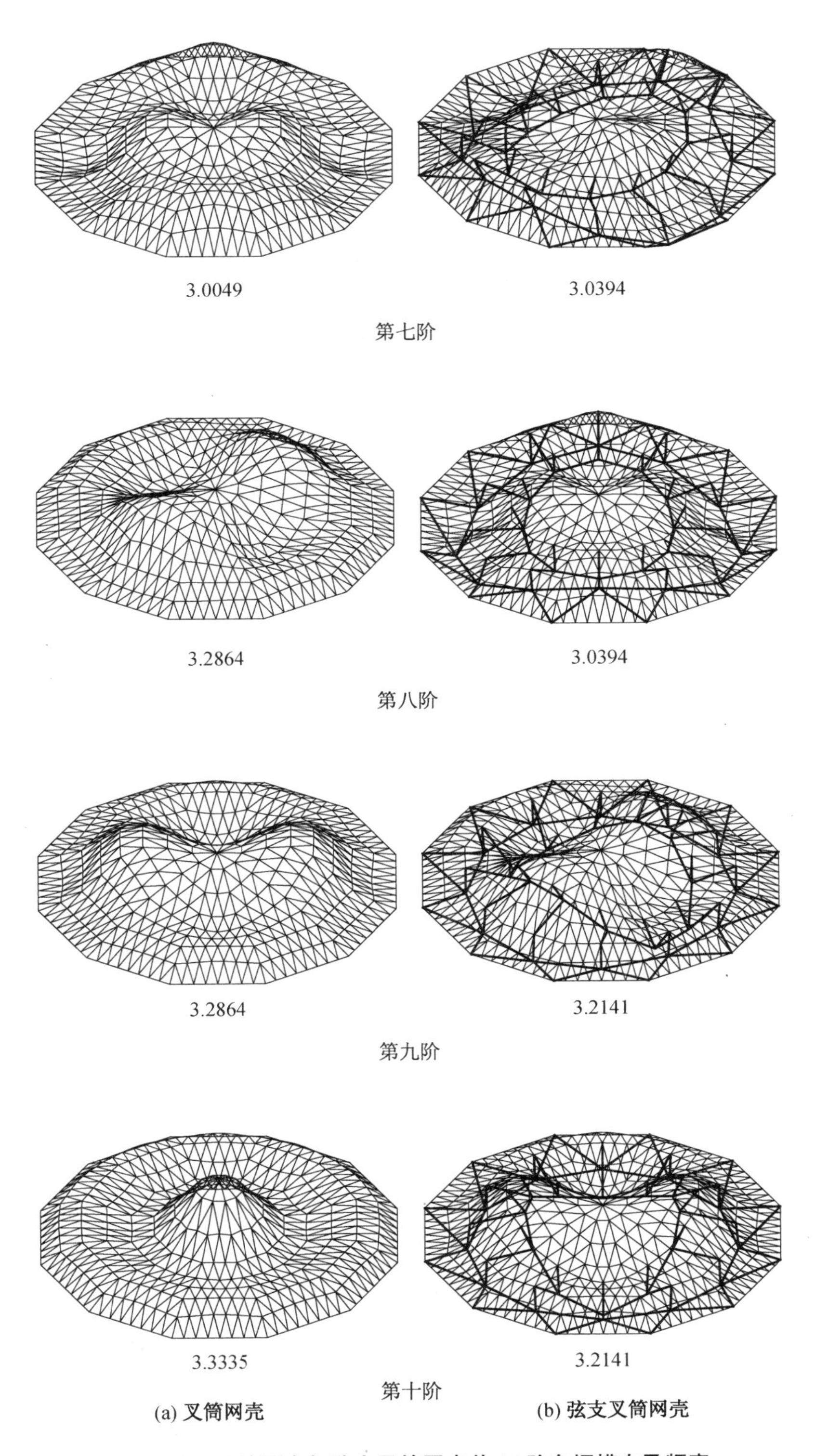

图 3.60　叉筒网壳与弦支叉筒网壳前 10 阶自振模态及频率

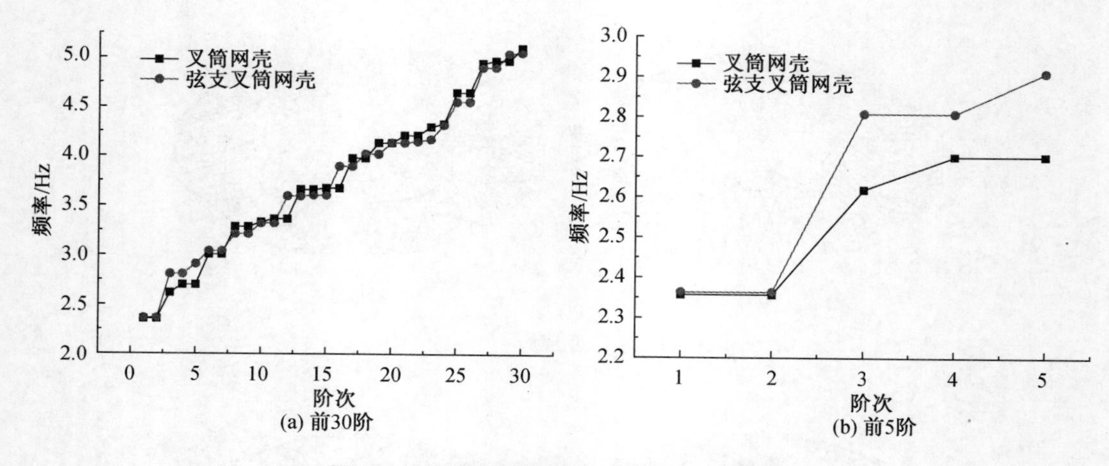

(a) 前30阶　　(b) 前5阶

图 3.61　叉筒网壳与弦支叉筒网壳自振频率

3.7　几种弦支结构静力性能的比较

谷线式和脊线式弦支叉筒网壳结构虽然都属于弦支叉筒网壳结构体系，但其造型迥异，内部空间大小各不相同，对边界条件的要求也不相同，整体受力性能也大相径庭，工程中应根据实际要求选择。本节通过前面弦支叉筒网壳静力分析模型与弦支穹顶的对比，进一步分析各结构形式的静力性能。弦支穹顶采用上部凯威特型 K12 单层网壳，下部两圈肋环型索杆布置方式，斜索与水平面夹角为 20°，预应力水平为 2 000 kN，跨度 100 m(图 3.62)。

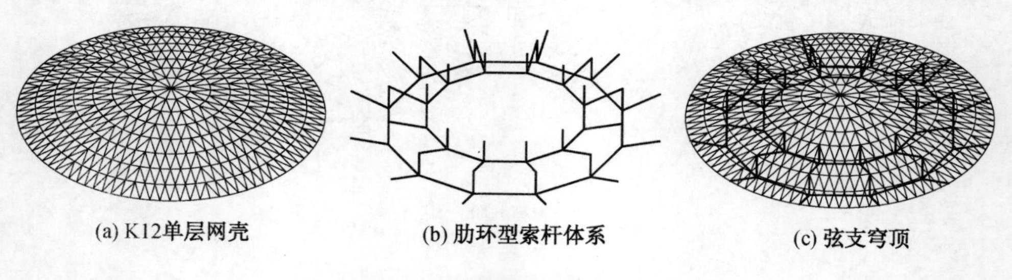
(a) K12单层网壳　　(b) 肋环型索杆体系　　(c) 弦支穹顶

图 3.62　弦支穹顶结构模型

本文定义：

$$平均值 = \frac{\sum |构件响应值|}{构件总数} \tag{3.13}$$

表 3.10 列出了三种结构的静力性能参数，表中总应力即构件轴向应力和弯曲应力总和，轴应力比为轴向应力占总应力的比重。由表 3.10 可知，谷线式弦支叉筒的应力和挠度最大值与平均值均高于脊线式弦支叉筒网壳，脊线式弦支叉筒网壳的轴应力比较高，脊线式弦支叉筒网壳静力性能要明显优于谷线式弦支叉筒网壳，但对边界约束的要求较高，且圈梁受力不均匀，各边界点受力不均匀，总体支座反力较大。由于脊线式弦支叉筒网壳边界约束

较多，其受力及变形较为均匀，应力峰值也较谷线式弦支叉筒小，因此从静力性能上来说，脊线式弦支叉筒网壳明显优于谷线式弦支叉筒网壳，与弦支穹顶相差不大。

表 3.10　三种结构形式静力性能对比

结构形式	总应力/MPa		轴应力比		挠度/mm		径向支座反力/kN	
	最大值	平均值	最大值	平均值	最大值	平均值	最大值	平均值
谷线式弦支叉筒	114.7	27.0	0.99	0.58	85.7	24.0	0	0
脊线式弦支叉筒	57.7	24.9	0.98	0.72	20.7	11.0	1 222.7	443.9
弦支穹顶	67.2	28.3	0.97	0.65	22.8	13.0	1 139.5	435.9

3.8　本章小结

本文首先以十二边形谷线式和脊线式弦支叉筒网壳为例，进行了结构静动力性能分析及参数分析，并分别与单层叉筒网壳进行了对比，得到如下结论：

(1) 在弦支穹顶预应力设计中使用的弹性支座法及找力方法在弦支叉筒网壳中仍然是有效的。

(2) 弦支叉筒网壳由于预应力的引入，改善了节点竖向位移的大小和分布，各杆件轴力也有不同程度的改善，结构的静力性能得到了显著的提高。对谷线式弦支叉筒网壳进行的参数分析表明：预应力水平、杆件截面对结构静力性能影响较小，竖杆长度、矢跨比、倾角等参数影响较大。当矢跨比大于 0.1 后影响减弱，倾角对节点竖向位移有较大的影响，是提高结构竖向刚度最为有效的方法。

(3) 由动力特性分析可知，谷线式弦支叉筒网壳频率较低，柔度较大，而脊线式弦支叉筒网壳有较高的频率。无论是谷线式弦支叉筒网壳或者脊线式弦支叉筒网壳，肋环型布索方式将导致结构的前几阶振型出现索杆环向的局部振动，实际工程中应采取适当的措施避免索杆局部振动的发生。

(4) 弦支穹顶、谷线式弦支叉筒网壳和脊线式弦支叉筒网壳三种结构造型迥异，营造的室内空间相差较大，可以满足不同的建筑造型需求。根据静力性能的比较，弦支穹顶和脊线式弦支叉筒网壳由于边界约束较多，各支座反力相差较大，对支座的要求较高，但静力性能明显优于谷线式弦支叉筒网壳。

第4章　弦支叉筒网壳结构的稳定性能研究

4.1　引言

稳定问题一直是结构最突出的问题之一，尤其是网壳结构的稳定性，国内外学者对其进行过大量深入细致的研究[93-99]。钢结构的失稳就其性质而言大致可以分为三类：平衡分岔失稳即第一类失稳；极值点失稳即第二类失稳；跳跃失稳即第三类失稳[100]。进行稳定分析时通常包括两个方面：特征值屈曲分析、非线性屈曲分析。其中，特征值屈曲分析通常作为进一步分析的参考，只在一定程度上反映结构的稳定性能，而引入初始缺陷并考虑大变形的非线性屈曲分析则是稳定分析的主要手段。网壳结构是一种缺陷敏感性结构，因此在网壳结构稳定分析时，引入初始几何缺陷的非线性稳定分析至关重要，考虑初始缺陷的稳定分析方法主要有一致缺陷模态法、随机缺陷模态法和缺陷影响函数法[101]。网壳结构的稳定性研究较早，弦支穹顶结构的稳定性分析在网壳结构的稳定分析基础上也已发展成熟，本文提出的弦支叉筒网壳结构与弦支穹顶结构类似，因此可借鉴其分析方法与经验，对弦支叉筒网壳结构体系进行稳定性分析。

本章首先对弦支叉筒网壳结构采用一致缺陷模态法进行了非线性屈曲分析，引入结构第一阶屈曲模态为缺陷分布，跨度的1/300为缺陷最大值进行非线性屈曲分析，得到结构在指定荷载工况作用下的极限承载力，并考察了参数变化对结构极限承载力的影响，最后讨论了材料非线性、缺陷分布及缺陷大小等因素对结构极限承载力的影响。

4.2　基本理论

稳定问题的计算可以采用传统的解析法，也可采用数值法求解。随着计算机技术和有限元理论的发展与应用，数值法已经成为一种主流的求解方法。

对于特征值求解方法，控制方程为

$$([K_e]+\lambda[K_g])\{\psi\}=0 \tag{4.1}$$

式中，$[K_e]$、$[K_g]$ 分别为结构线弹性刚度矩阵和几何刚度矩阵；λ 为特征值；ψ 为特征位移向量。值得注意的是，在进行特征值屈曲分析时，外力和预应力产生的刚度都将被计入几何刚度矩阵，此时求解方程(4.1)得到的特征值为外力与预应力之和的倍数，因此需通过迭代令 $\lambda=1$ 时，使所得为原预应力作用下的结构稳定荷载因子和真实屈曲模态。

非线性屈曲全过程分析可通过迭代方程(4.2)进行计算：

$$K_t \Delta U^{(i)} = F_{t+\Delta t} - N_{t+\Delta t}^{(i-1)} \tag{4.2}$$

式中，K_t 为 t 时刻切线刚度矩阵；$\Delta U^{(i)}$ 为当前荷载步的位移增量；$F_{t+\Delta t}$、$N_{t+\Delta t}^{(i-1)}$ 分别为 $t+\Delta t$ 时刻外荷载向量与杆件节点内力向量。

随着计算技术的迅速发展，针对方程(4.2)的求解，国内外学者提出了多种高效的方法，例如牛顿—拉斐逊法、弧长法、能量平衡技术、功增量法与最小残余位移法[102]，其中牛顿—拉斐逊法和弧长法较为常用。

4.3　谷线式弦支叉筒网壳非线性屈曲分析

弦支穹顶的研究表明，下部索杆体系至少有两个方面的作用：一是降低结构对支座的水平推力，二是提高结构的稳定性能。本节以静力分析时的模型为例，保持模型各参数不变，对弦支叉筒网壳进行非线性屈曲分析，分别考虑如下两种工况作用下结构的稳定性：a)1.0倍恒载+1.0倍满跨活载；b)1.0倍恒载+1.0倍半跨活载。

可以分别考虑如下四种情况结构的稳定性能：

Ⅰ：在工况 a)作用下，不考虑初始几何缺陷；

Ⅱ：在工况 a)作用下，以结构的第一阶特征值屈曲模态为初始几何缺陷分布，缺陷最大值为结构跨度的 1/300；

Ⅲ：在工况 b)作用下，不考虑初始几何缺陷；

Ⅳ：在工况 b)作用下，以结构的第一阶特征值屈曲模态为初始几何缺陷分布，缺陷最大值为结构跨度的 1/300。

一致缺陷模态法的具体计算步骤为：

① 对结构进行特征值屈曲分析，得到结构的第一阶屈曲模态及最大挠度；

② 以第一阶特征值屈曲模态为缺陷分布，缺陷的最大值取跨度的 1/300；

③ 利用 ANSYS 软件对结构进行几何非线性屈曲分析。

表 4.1 列出了谷线式叉筒网壳与谷线式弦支叉筒网壳结构在以上四种情况下的稳定系数和屈曲模态。由表 4.1 可知，叉筒网壳与弦支叉筒网壳受到荷载工况 a)作用，在无初始缺陷情况下，叉筒网壳将产生阶跃失稳，而弦支叉筒网壳不发生几何失稳，其极限承载力取决于材料的弹塑性，在有初始缺陷情况下的失稳模态均与引入的初始缺陷模态相对应。可见，在全跨荷载作用下，初始缺陷对结构稳定性影响较大；在荷载工况 b)作用下初始缺陷对稳定系数影响较小，主要由荷载决定，失稳模态均为反对称整体失稳。

总体而言，在两种荷载工况下弦支叉筒网壳的稳定系数都要远远高于叉筒网壳，特别是在无初始缺陷且均布荷载作用下，结构由于下部预应力索杆体系的引入，表现为与张弦梁类似的稳定性能，即不发生几何非线性失稳，此时结构的稳定性主要受到材料强度的控制。

表 4.1　谷线式叉筒网壳与谷线式弦支叉筒网壳结构稳定系数及屈曲模态

结构类型	荷载情况	稳定系数	初始缺陷分布	非线性屈曲模态
叉筒网壳	Ⅰ	8.5	—	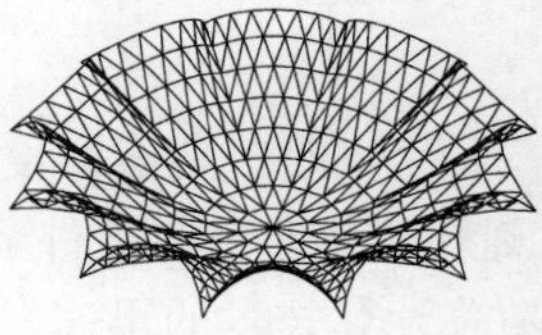
	Ⅱ	6.6	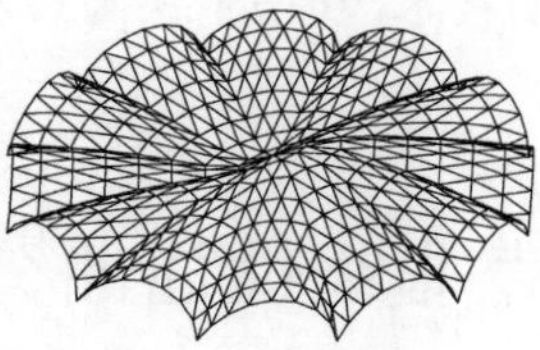	
	Ⅲ	7.5	—	
	Ⅳ	7.5	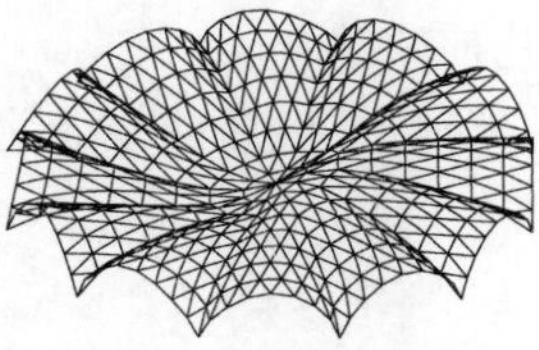	
谷线式弦支叉筒网壳	Ⅰ	—	—	—
	Ⅱ	23.8		
	Ⅲ	25.2	—	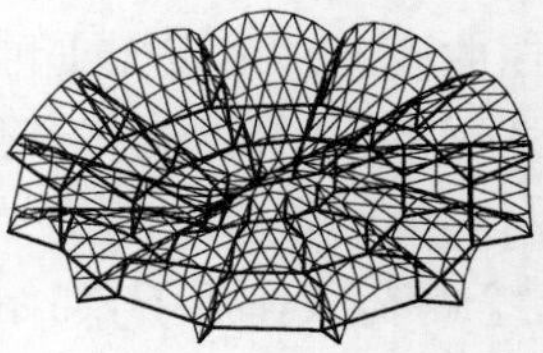
	Ⅳ	25.0	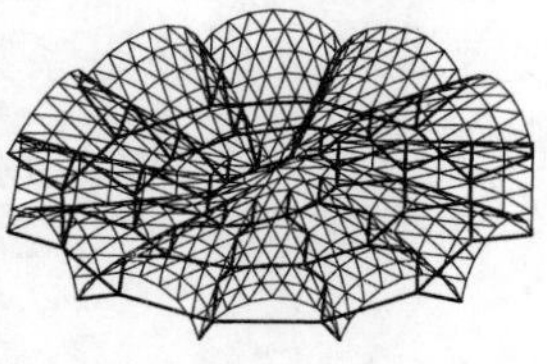	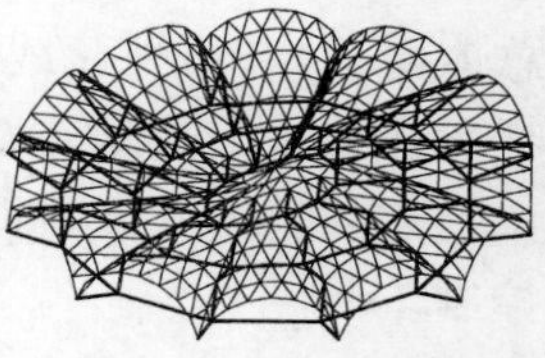

4.4　参数分析

为进一步了解弦支叉筒网壳的稳定性能，本节仍然采用上一章的静力分析模型，在荷载工况 a)作用下进行非线性屈曲分析，讨论各参数变化对结构非线性屈曲极限承载力的影响。

4.4.1　预应力水平的影响

为了研究预应力水平对谷线式弦支叉筒网壳结构稳定性能的影响，保持预应力分布及结构其他参数不变，分别令预应力水平为原结构模型预应力水平的 0.8 倍、0.9 倍、1.0 倍、1.1 倍、1.2 倍，各预应力水平下结构稳定系数与屈曲模态如表 4.2 所示。由表 4.2 可知，各预应力水平下结构的稳定系数相差无几，屈曲模态也完全一致，说明预应力水平对结构稳定性影响很小。预应力水平的提高并没有提高结构的稳定性能，那是因为随着预应力的提高会导致结构大部分内力项都相应增加，对于上部网壳梁单元的主要内力项弯矩的影响尤为显著，这是不利于结构的受力性能改善的，对结构的稳定也是不利的。弦支叉筒网壳结构稳定性能优于叉筒网壳的根本原因是下部预应力索杆的引入改变了结构体系，而与预应力的大小关系不大。

表 4.2　不同预应力水平谷线式弦支叉筒网壳结构的稳定系数及屈曲模态

预应力水平	稳定系数	屈曲模态		
		上部叉筒网壳	下部索杆体系	弦支叉筒网壳
0.8	23.8	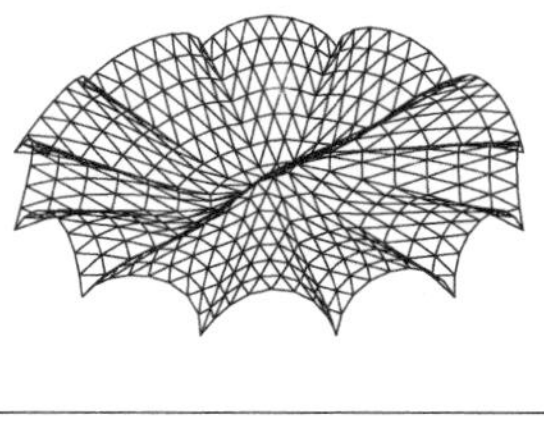	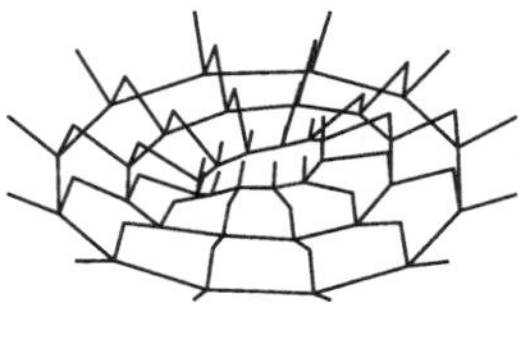	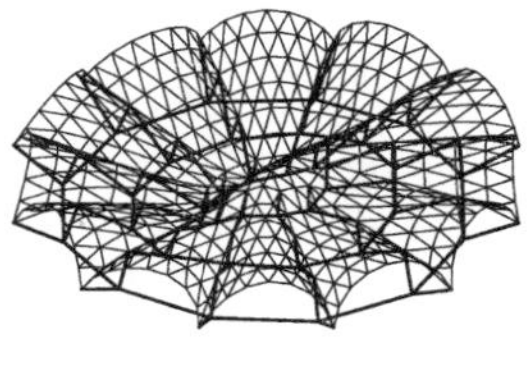
0.9	23.9	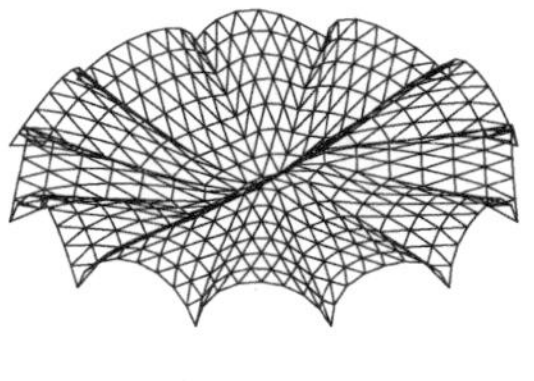	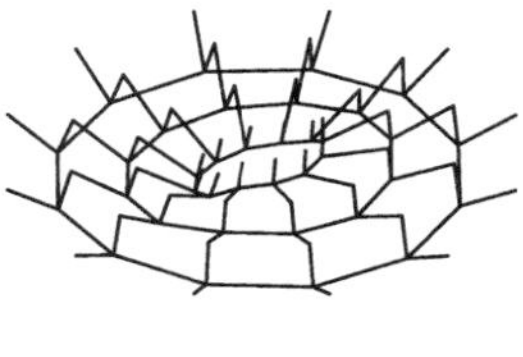	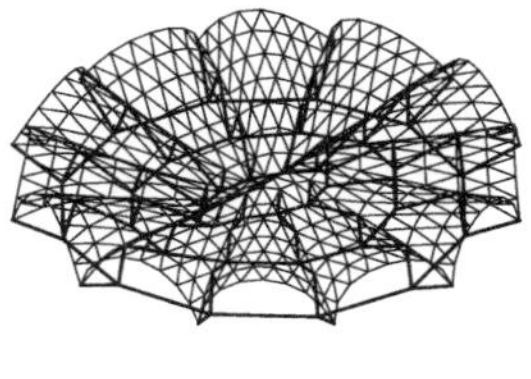
1.0	23.8	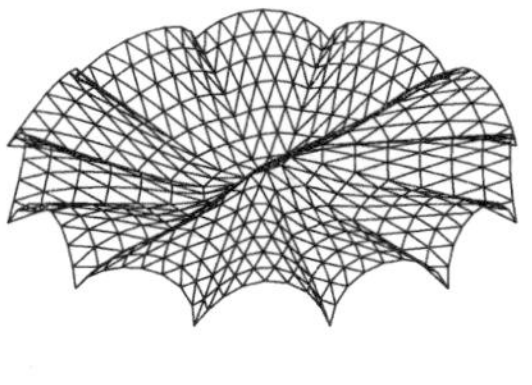	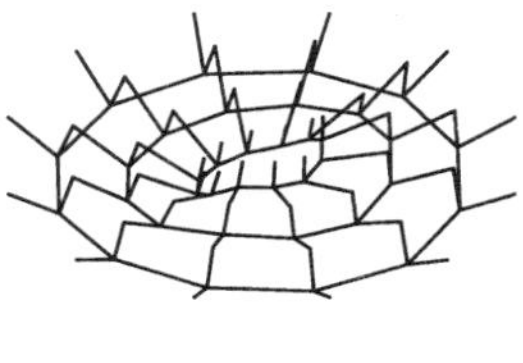	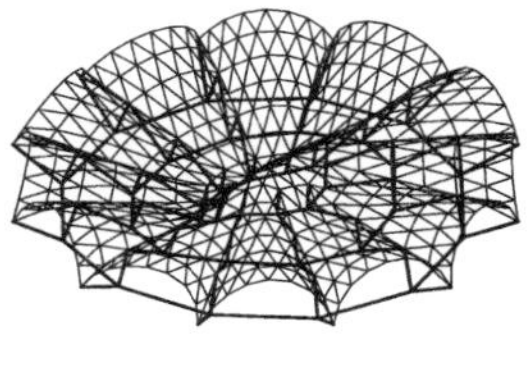

续表 4.2

预应力水平	稳定系数	屈曲模态		
		上部叉筒网壳	下部索杆体系	弦支叉筒网壳
1.1	23.6	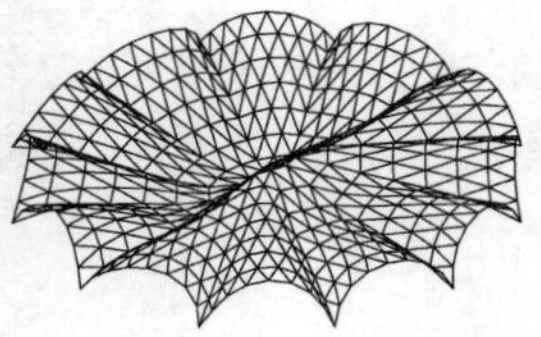	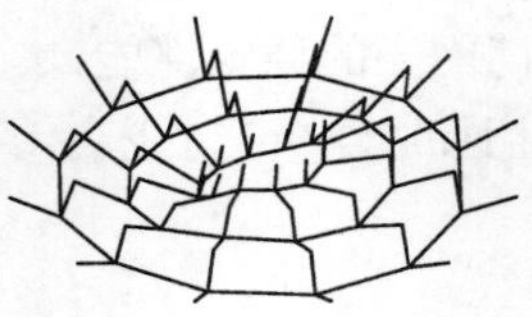	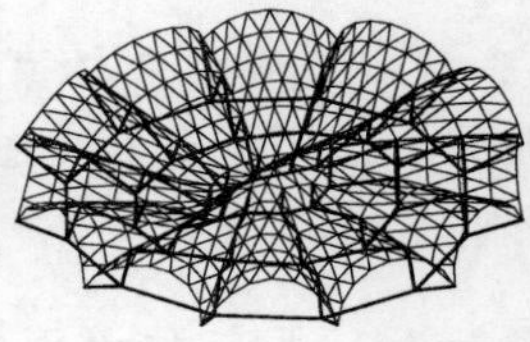
1.2	23.9	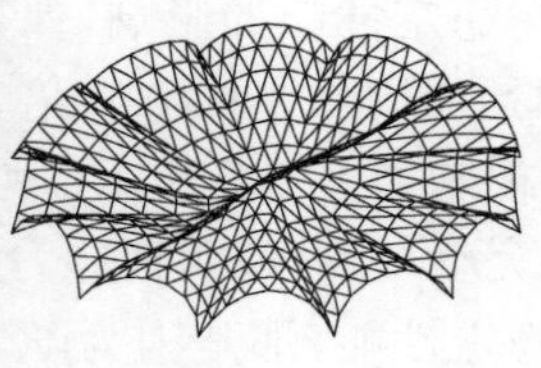	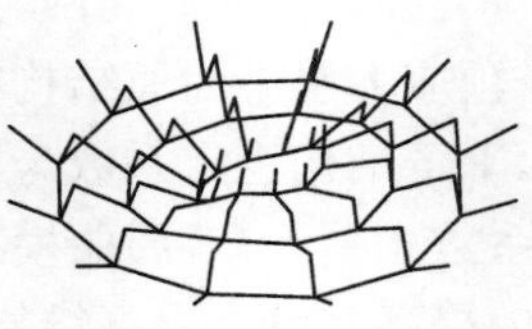	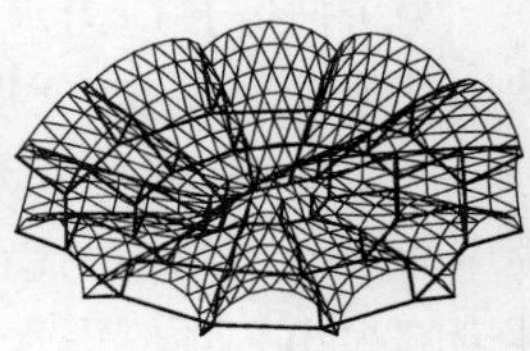

4.4.2 杆件截面的影响

为了研究杆件截面对谷线式弦支叉筒网壳结构稳定性能的影响，保持预应力分布、水平及其他参数不变，分别使上部网壳杆件取四种类型截面，如表 3.3 所示。各杆件截面结构稳定系数与屈曲模态如表 4.3 所示。由表 4.3 可知，各杆件截面结构的屈曲模态基本一致，都是与初始缺陷一样的反对称失稳，但稳定系数相差较大，说明上部网壳杆件截面对结构稳定性影响较大。截面一、截面二、截面三在钢管壁厚不变的情况下，管径逐渐增大，对应结构的稳定系数也依次增大，而截面四虽然杆件截面最大，但稳定系数不升反降，这说明影响结构稳定性能的主要是钢管的直径而非壁厚，壁厚的增大不仅不能增大结构稳定系数，反而使得结构自重增加，造成稳定性能下降。

表 4.3　不同杆件截面谷线式弦支叉筒网壳结构的稳定系数及屈曲模态

预应力水平	稳定系数	屈曲模态		
		上部叉筒网壳	下部索杆体系	弦支叉筒网壳
截面一	17.6		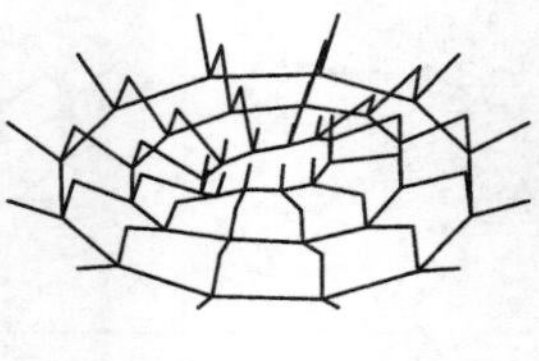	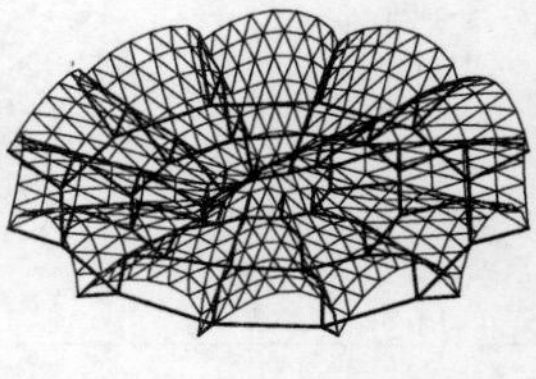
截面二	20.7	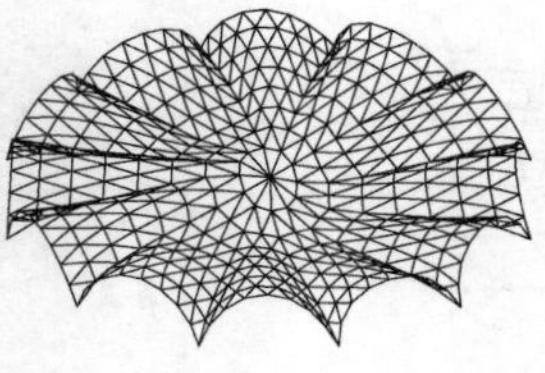	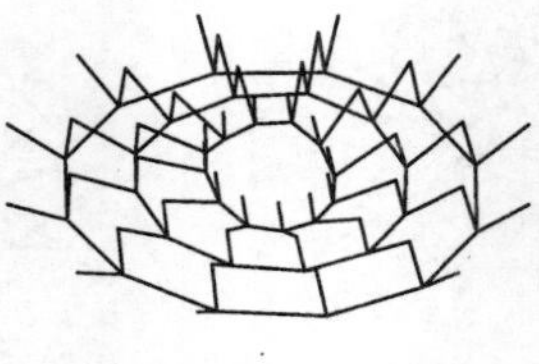	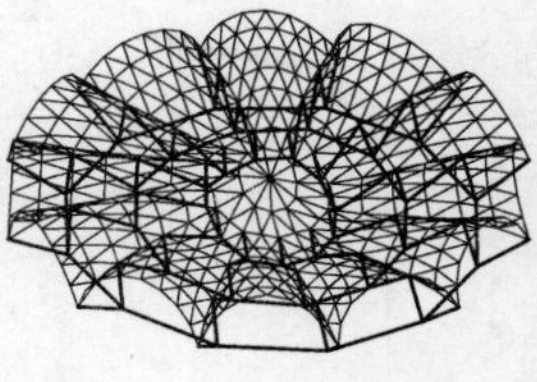

续表 4.3

预应力水平	稳定系数	屈曲模态		
		上部叉筒网壳	下部索杆体系	弦支叉筒网壳
截面三	23.8	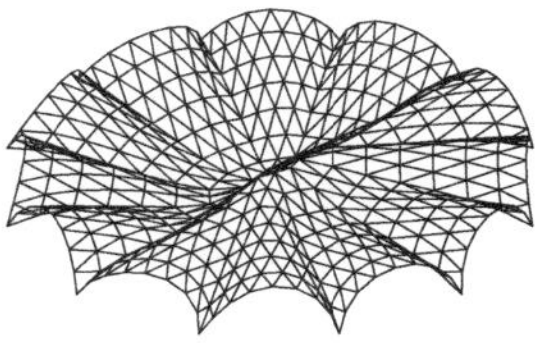	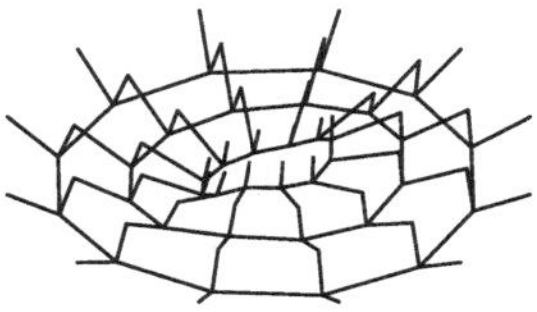	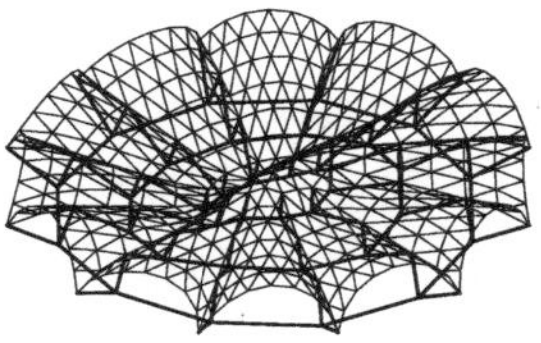
截面四	19.5	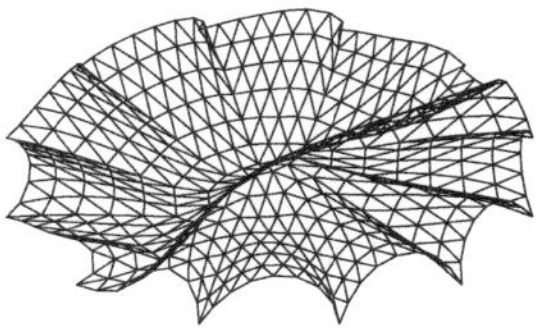	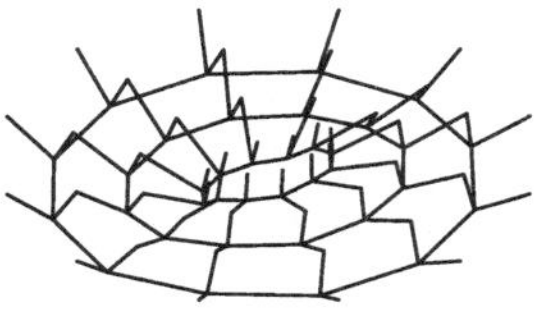	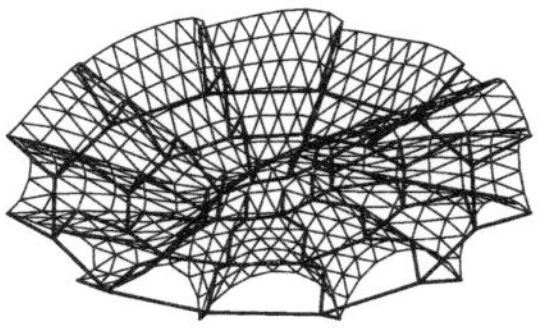

4.4.3　竖杆长度的影响

为了研究竖杆长度对谷线式弦支叉筒网壳结构稳定性能的影响，保持预应力分布、水平及结构其他参数不变，分别令竖杆长度为原结构模型的 0.8 倍、1.0 倍、1.2 倍，各竖杆长度结构稳定系数与屈曲模态如表 4.4 所示。由表 4.4 可知，各竖杆长度结构的屈曲模态一致，但稳定系数差别较大，说明竖杆长度对结构稳定性影响较大。竖杆长度增大能够提高结构的稳定性能，因为竖杆长度的增加改变了环索、斜索、竖杆之间内力的分布，竖杆越长轴压力越大，对上部网壳的支承作用越明显。

表 4.4　不同竖杆长度谷线式弦支叉筒网壳结构的稳定系数及屈曲模态

竖杆长度	稳定系数	屈曲模态		
		上部叉筒网壳	下部索杆体系	弦支叉筒网壳
0.8	16.4	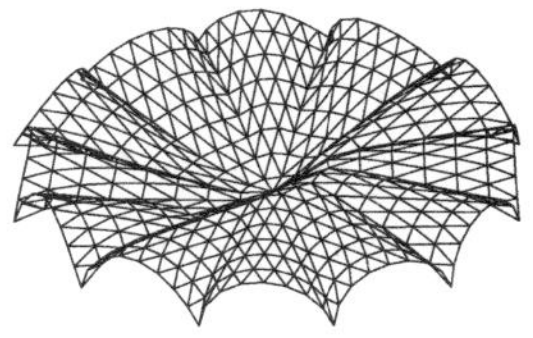	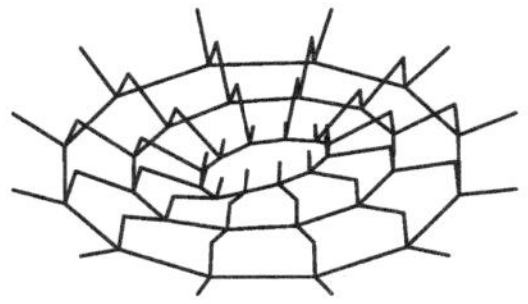	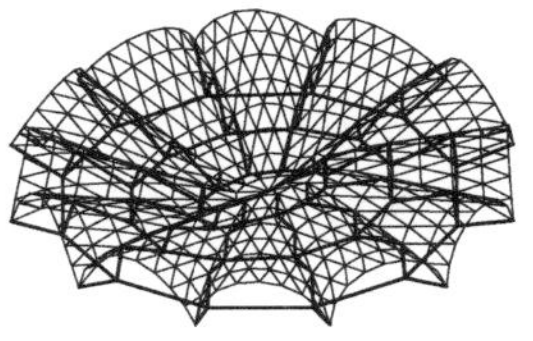
1.0	23.8	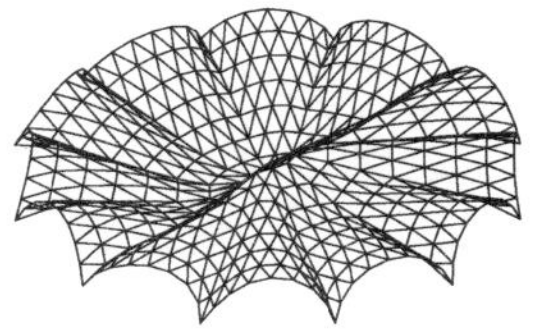	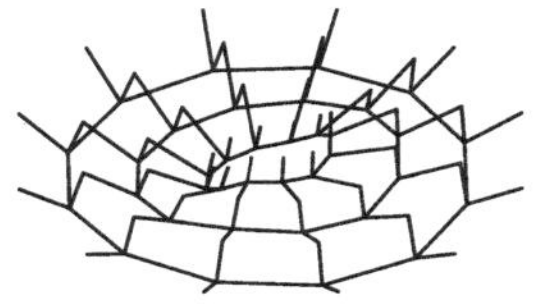	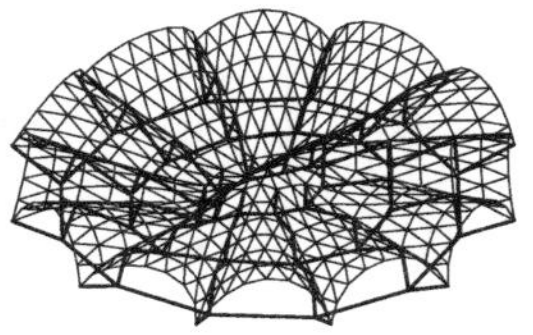
1.2	25.5	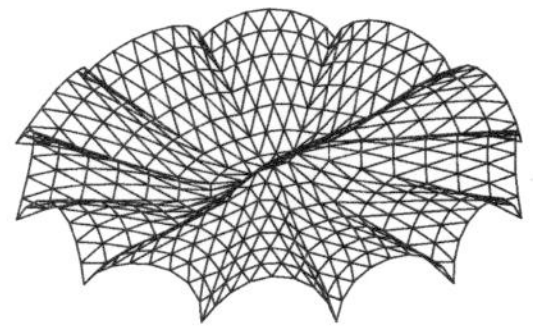	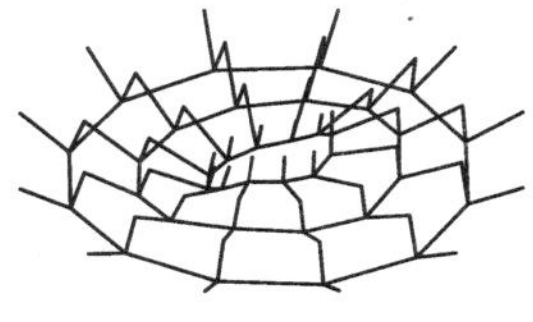	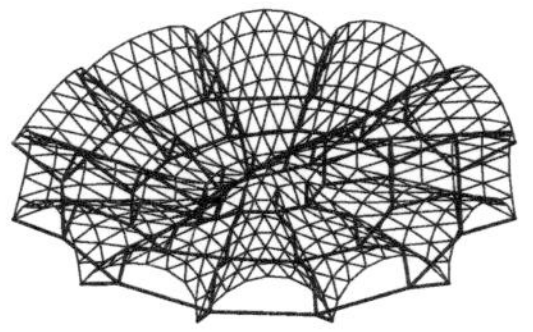

4.4.4 矢跨比的影响

为了研究矢跨比对谷线式弦支叉筒网壳结构稳定性能的影响，保持预应力及结构其他参数不变，分别建立矢跨比为0.06、0.08、0.10、0.12的结构模型进行稳定分析，各矢跨比结构稳定系数与屈曲模态如表4.5所示。由表4.5可知，矢跨比0.06和0.08时，结构的稳定系数较大，屈曲模态与其他两种矢跨比结构不一样，是中间下凹的失稳模态，其余两种矢跨比结构为反对称失稳模态。这是因为矢跨比较小时，叉筒竖向刚度较小，导致结构最终的失稳模态与其他两种矢跨比结构的失稳模态不一样。矢跨比对结构稳定性有一定影响，但当结构矢跨比增大到一定程度后，不呈现中间下凹的失稳模态，而出现反对称失稳模态，其稳定系数降低。

表4.5 不同矢跨比谷线式弦支叉筒网壳结构的稳定系数及屈曲模态

矢跨比	稳定系数	屈曲模态		
		上部叉筒网壳	下部索杆体系	弦支叉筒网壳
0.06	26.6	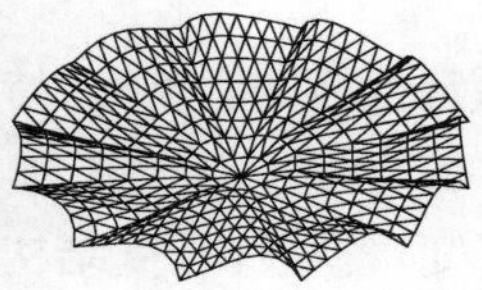	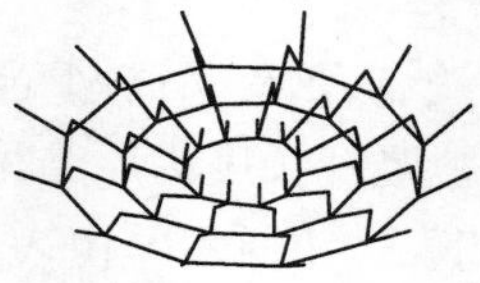	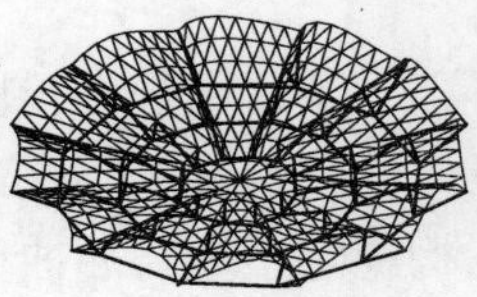
0.08	27.3	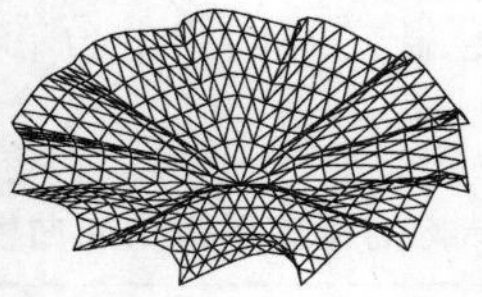	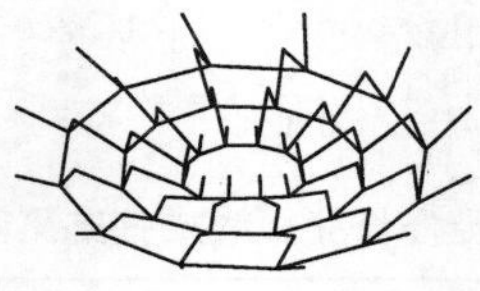	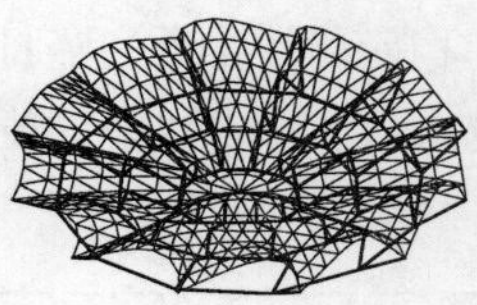
0.10	23.8		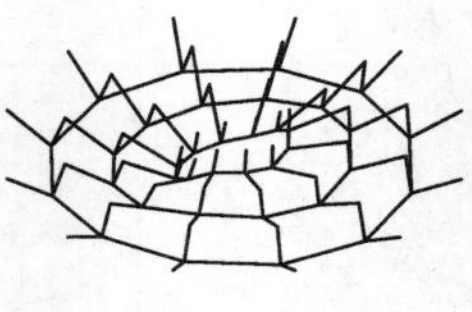	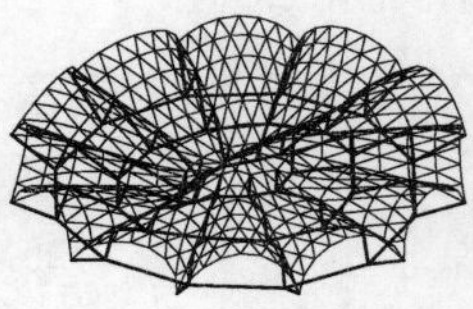
0.12	21.3		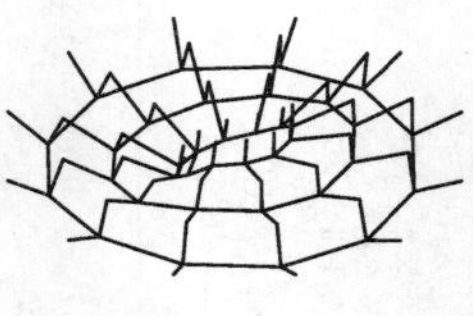	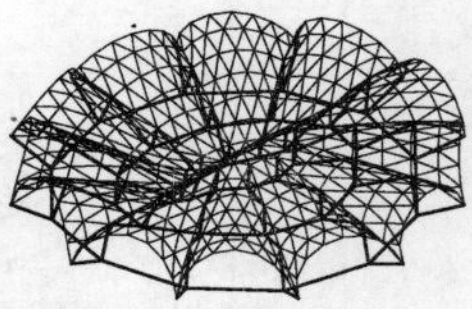

4.4.5 倾角的影响

为了研究倾角对谷线式弦支叉筒网壳结构稳定性能的影响，保持预应力分布、水平及结构其他参数不变，分别建立倾角为0°、2°、4°、6°、8°、10°、12°的结构模型，各倾角结构稳定系数与屈曲模态如表4.6所示。由表可知，除0°外其余结构的稳定系数随着倾角的增大而增大，第一阶特征值屈曲模态也发生了改变，因而屈曲模态各有不同。说明倾角对结构稳定性有较大的影响。倾角的增大改变了结构体系的受力分布及形式，提高了结构的稳定性能。但相对于无倾角结构，倾角为8°或8°以上时结构的稳定性才有较明显提高，之前稳定系数甚至有所降低。

表4.6　不同倾角谷线式弦支叉筒网壳结构的稳定系数及屈曲模态

倾角	稳定系数	屈曲模态		
		上部叉筒网壳	下部索杆体系	弦支叉筒网壳
0°	23.8	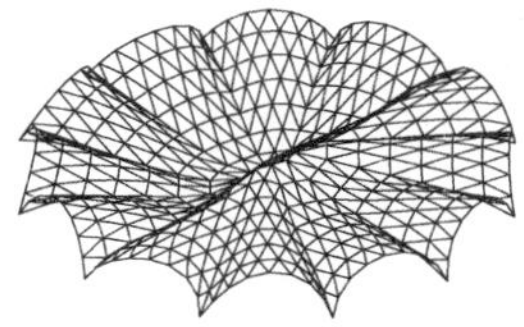	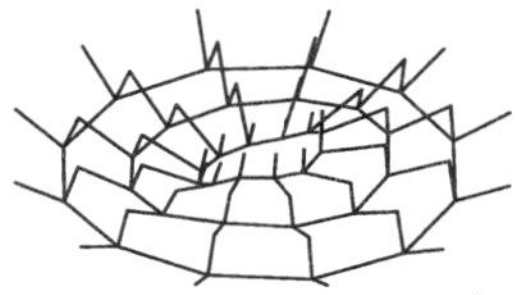	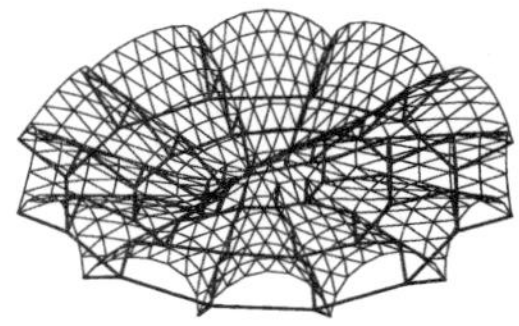
2°	20.4	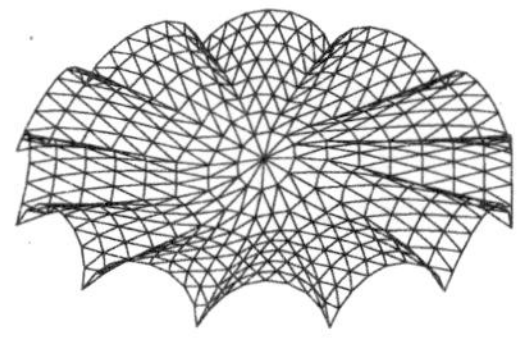	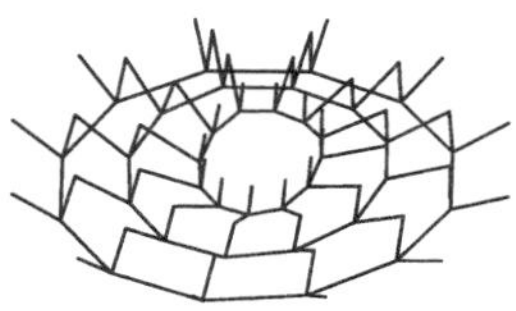	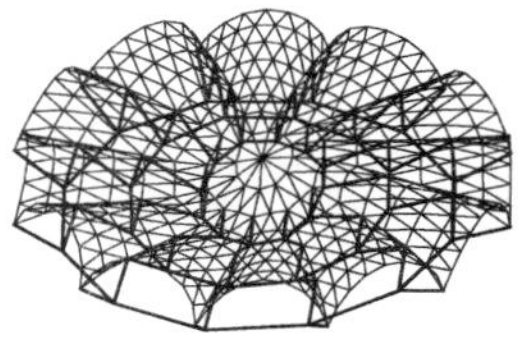
4°	20.8		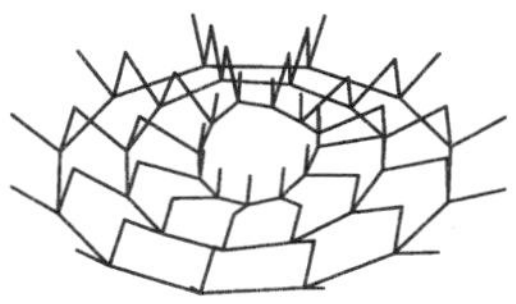	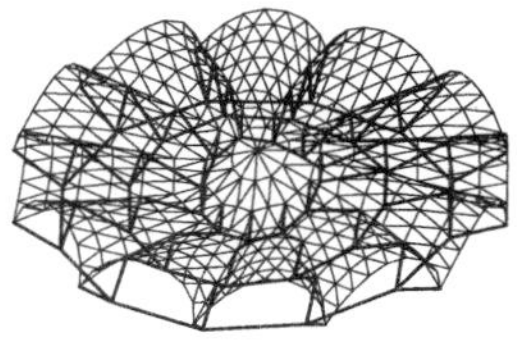
6°	22.6	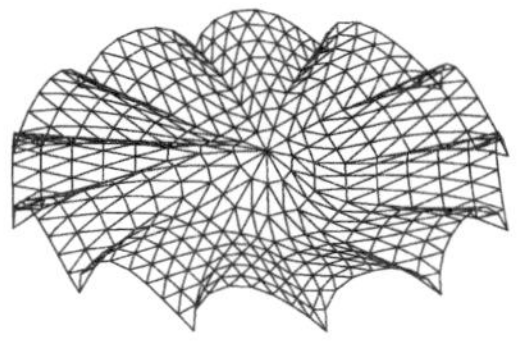	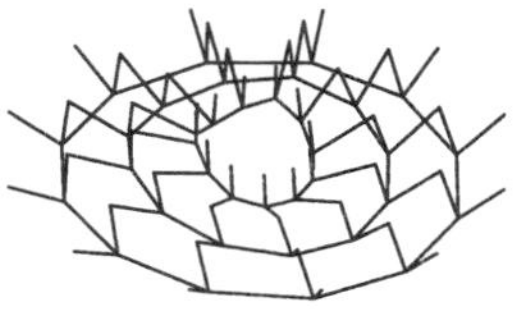	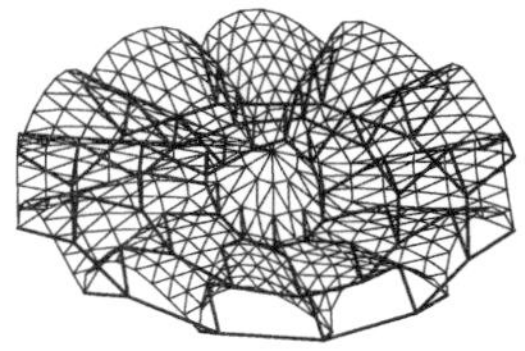
8°	25.5	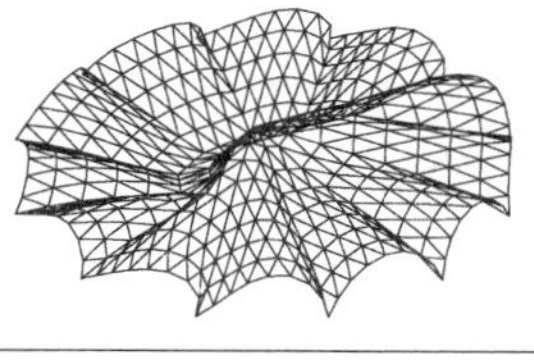		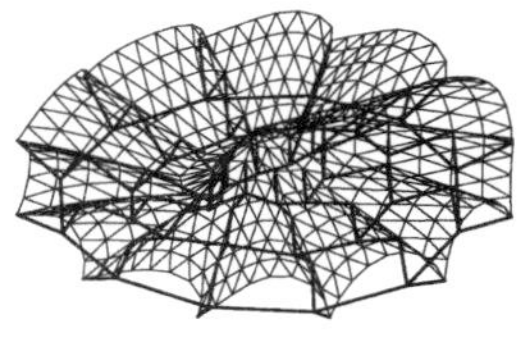
10°	29.9	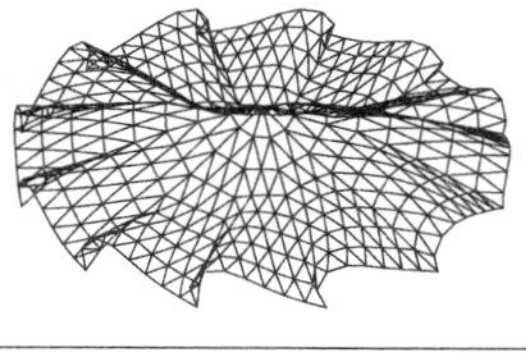	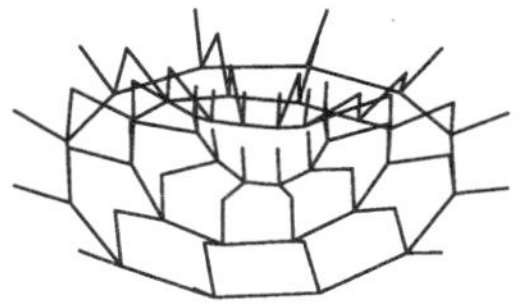	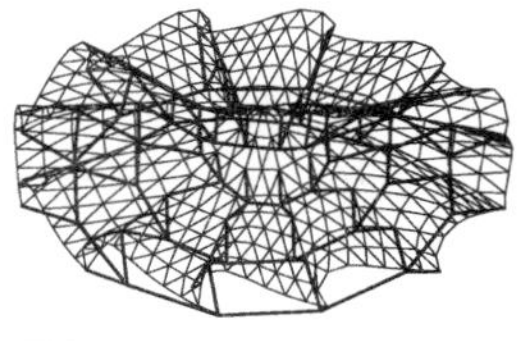
12°	39.6	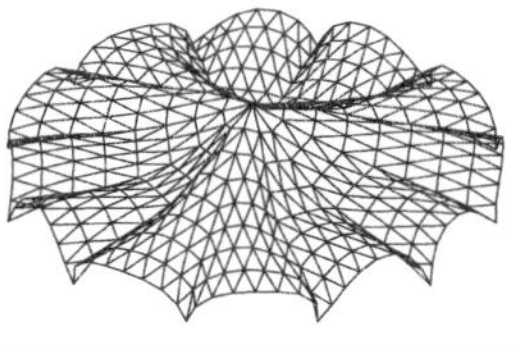	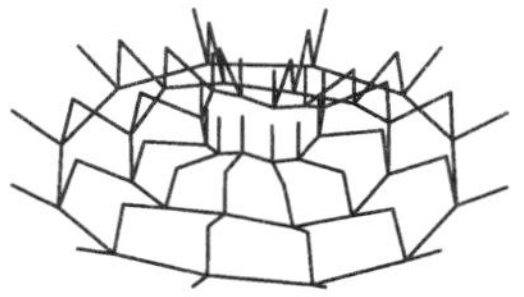	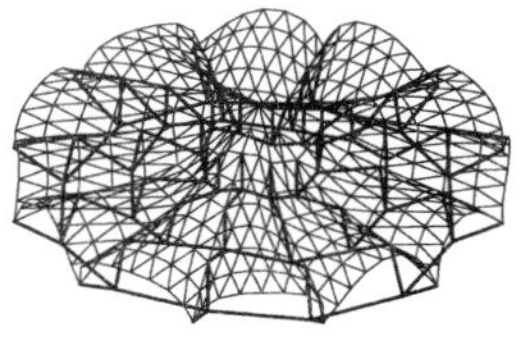

4.5 材料非线性的影响

结构的材料非线性对于结构的稳定性能有关键作用，此前的讨论是基于几何非线性分析的，未考虑材料非线性的影响。本节讨论弦支叉筒网壳结构在材料和几何双重非线性下结构的稳定性能。材料为Q345，表4.7～表4.11分别给出了不同参数情况下谷线式弦支叉筒网壳的极限承载力情况，其中极限承载力Ⅰ为仅考虑几何非线性的结构极限承载力，极限承载力Ⅱ为考虑几何和材料双重非线性的结构极限承载力。由表可知，当考虑双重非线性时，结构的承载能力将大幅下降，只有仅考虑几何非线性时极限承载力的1/6左右，说明结构的稳定性主要是受到材料非线性的控制，在进行稳定性分析时，必须考虑材料非线性的影响。双重非线性情况下极限承载力随参数变化的关系基本与仅考虑几何非线性极限承载力规律一致。

表4.7 不同预应力水平结构承载能力

预应力水平	特征值	极限承载力Ⅰ	极限承载力Ⅱ
0.8	4.55	23.8	3.75
0.9	4.58	23.9	3.76
1.0	4.62	23.8	3.81
1.1	4.67	23.6	3.80
1.2	4.71	23.9	3.77

表4.8 不同杆件截面结构承载能力

截面类型	特征值	极限承载力Ⅰ	极限承载力Ⅱ
一	3.19	17.6	3.34
二	3.62	20.7	3.57
三	4.62	23.8	3.81
四	4.98	19.5	3.93

表4.9 不同竖杆长度结构承载能力

竖杆长度	特征值	极限承载力Ⅰ	极限承载力Ⅱ
0.8	4.26	16.4	3.25
1.0	4.62	23.8	3.81
1.2	5.14	25.5	4.07

表4.10 不同矢跨比结构承载能力

矢跨比	特征值	极限承载力Ⅰ	极限承载力Ⅱ
0.06	3.32	26.6	3.59
0.08	4.06	27.3	3.74
0.10	4.62	23.8	3.81
0.12	5.00	21.3	3.97

表 4.11　不同倾角结构承载能力

倾角	特征值	极限承载力Ⅰ	极限承载力Ⅱ
0°	4.62	23.8	3.81
2°	6.24	20.4	4.59
4°	8.36	20.8	4.86
6°	12.30	22.6	5.10
8°	14.96	25.5	5.46
10°	16.73	29.9	5.55
12°	18.26	39.6	5.63

4.6　脊线式弦支叉筒网壳非线性屈曲分析

与谷线式弦支叉筒网壳非线性屈曲分析类似，可得到表 4.12 所示的脊线式弦支叉筒网壳结构稳定系数及屈曲模态。由表 4.12 可知，叉筒网壳与弦支叉筒网壳受到荷载工况 a）作用，无初始缺陷情况下，脊线式叉筒网壳具有较高的稳定性，弦支体系对结构的非线性稳定有一定的提高，但当引入初始缺陷后，脊线式弦支叉筒网壳的稳定系数比无预应力的脊线式叉筒网壳小；在荷载工况 b）作用下无论有无初始缺陷，脊线式弦支叉筒网壳的稳定系数均低于脊线式叉筒网壳。预应力的引入改变了上部刚性结构的内力分布，对上部刚性网壳产生了不利于其稳定性的初始内力项，因而稳定系数反而降低，半跨荷载或初始缺陷对两种结构的稳定性能都有较大影响。

表 4.12　脊线式弦支叉筒网壳结构稳定系数及屈曲模态

结构类型	荷载情况	稳定系数	屈曲模态	
			初始缺陷分布	非线性屈曲模态
叉筒网壳	Ⅰ	25.0	—	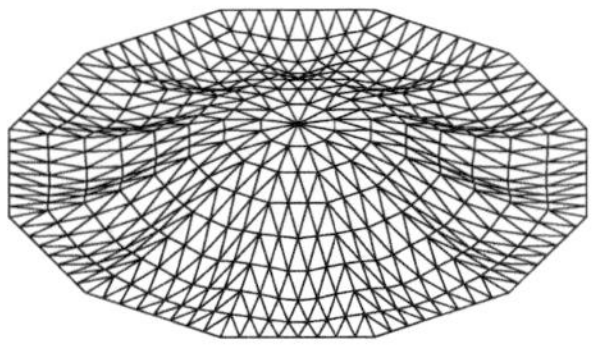
	Ⅱ	9.6	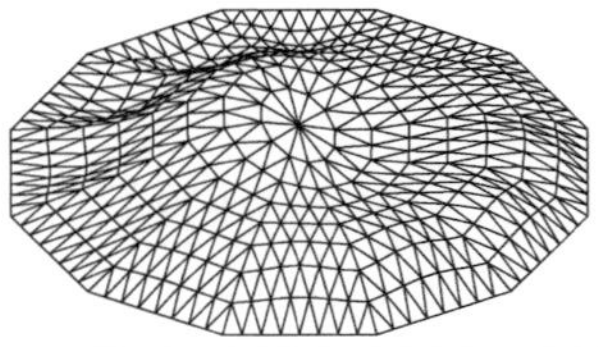	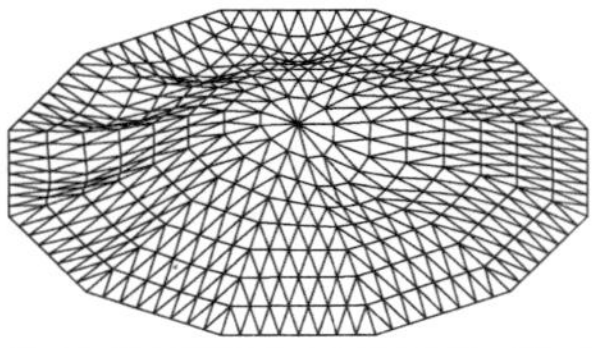
	Ⅲ	15.0	—	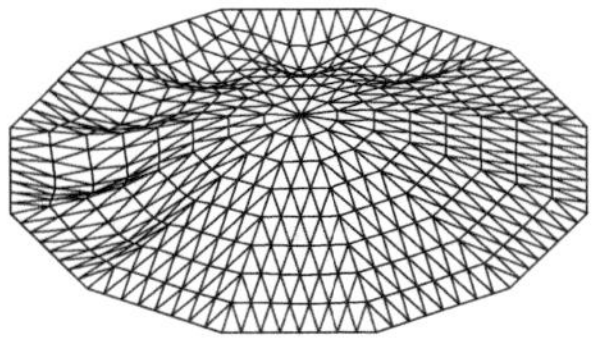

续表 4.12

结构类型	荷载情况	稳定系数	屈曲模态	
			初始缺陷分布	非线性屈曲模态
叉筒网壳	Ⅳ	9.9	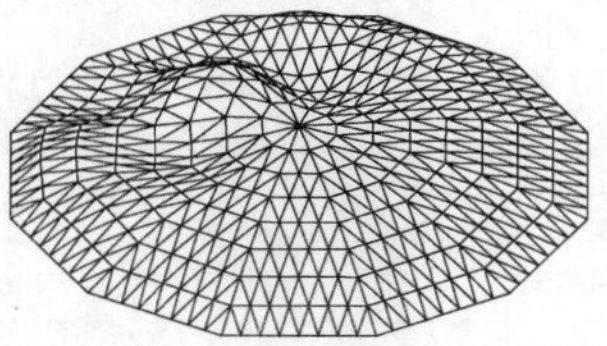	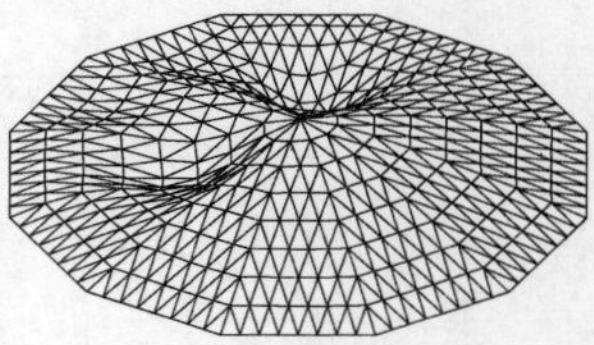
脊线式弦支叉筒网壳	Ⅰ	29.0	—	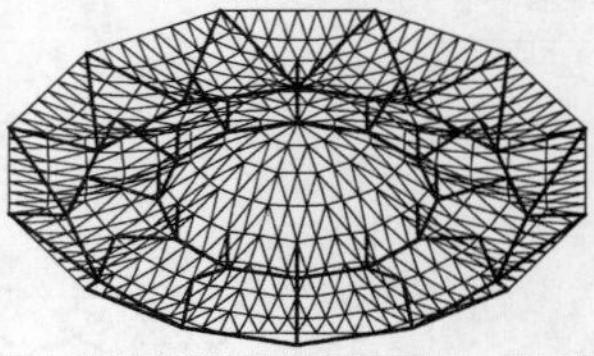
	Ⅱ	6.1	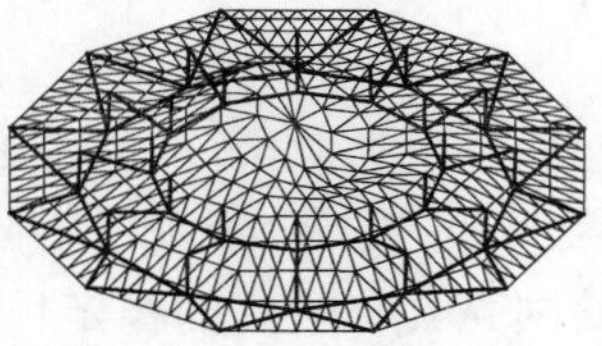	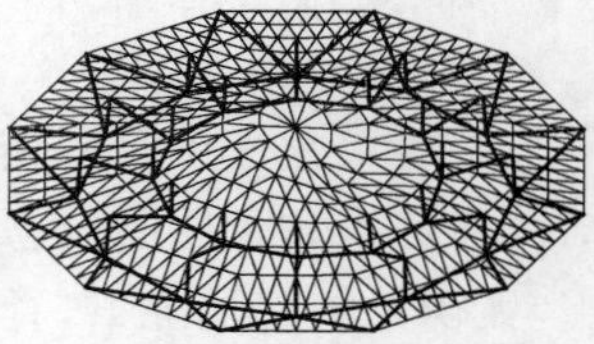
脊线式弦支叉筒网壳	Ⅲ	11.8	—	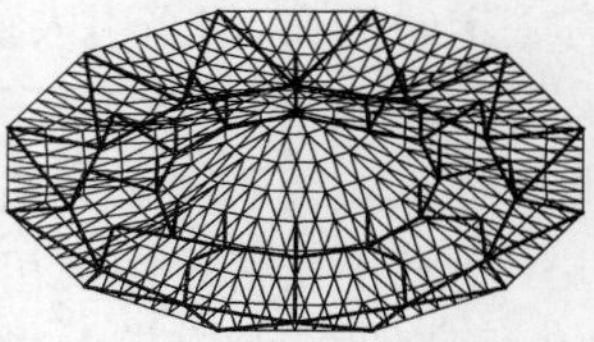
	Ⅳ	4.7	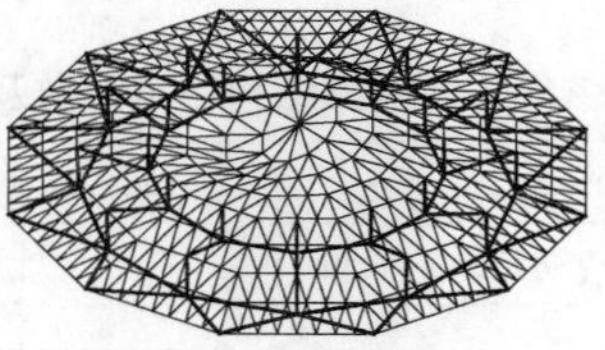	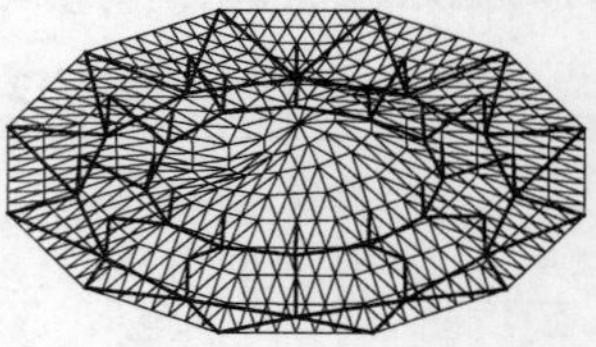

4.7 初始缺陷的影响

4.7.1 缺陷大小

实际工程中结构不可避免地将会出现一定大小的初始缺陷,这些初始缺陷对结构稳定性能的影响是十分显著的[103, 104]。大部分结构对于初始缺陷的大小十分敏感,《网壳结构技术规程》[105]中规定一般的非线性稳定计算以跨度的 1/300 为初始缺陷的最大值进行分析。为了研究初始缺陷大小对弦支叉筒网壳结构稳定性能的影响,分别将这个初始缺陷的最大值从跨度的 1/2 000 到 1/200 浮动,即最大值为跨度的 1/2 000、1/1 200、1/1 000、1/800、1/600、1/400、1/300、1/200,各结构的稳定系数如图 4.1 所示。

由图 4.1 可知,无初始缺陷的结构较有初始缺陷结构的稳定性高,谷线式叉筒网壳和谷线式弦支叉筒网壳对初始缺陷大小不敏感，变化范围较小，尤其是谷线式叉筒网壳的稳定系数基本不随初始缺陷大小的变化而变化。由于脊线式叉筒网壳尤其是中间区域较扁平，容易发生局部屈曲，脊线式叉筒网壳和脊线式弦支叉筒网壳稳定性能对初始缺陷大小较敏感，随着缺陷的增大，稳定性能急剧下降，在初始缺陷较小时，脊线式弦支叉筒网壳稳定系数大于叉筒网壳，当初始缺陷增大后，脊线式弦支叉筒网壳稳定性能下降很快，稳定系数小于脊线式叉筒网壳。

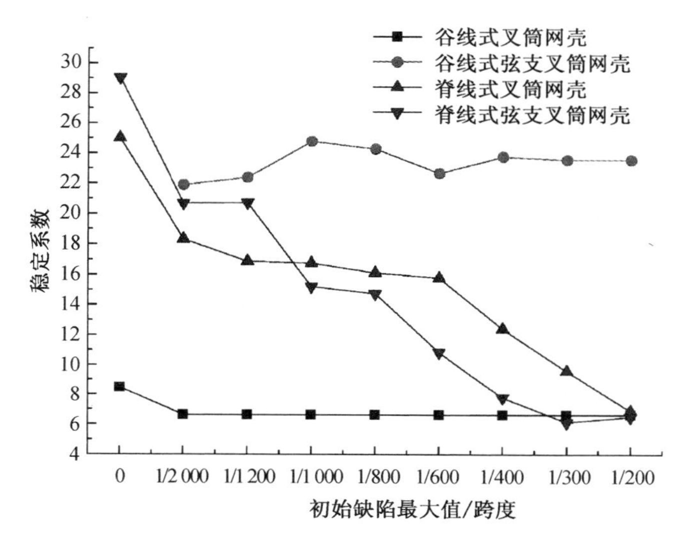

图 4.1　初始缺陷大小对结构稳定系数的影响

4.7.2 缺陷分布

分别将谷线式弦支叉筒网壳与脊线式弦支叉筒网壳结构在荷载工况 a)作用下的特征值屈曲模态分为五类，每类具有不同的分布形式，如表 4.13、表 4.14 所示。分别以这五类屈曲模态为结构的初始缺陷分布，以跨度的 1/300 为缺陷最大值，对这两种结构进行非线性屈曲分析。

由表 4.13 可知，谷线式弦支叉筒网壳的初始缺陷的分布对结构稳定性能有一定的影响，不同类型的缺陷分布得到的失稳模态与稳定系数均有不同，其中以第Ⅳ类初始缺陷分布形式所得的稳定系数最小，也就是说，采用特征值屈曲分析的第一阶屈曲模态作为缺陷分布并不一定得到最小的稳定系数，这取决于缺陷分布对结构稳定性能的影响是有利的还是不利的，如第Ⅱ类缺陷分布形式结构中间部分上凸，这反而有利于结构的稳定性能，结构与无初始缺陷时一样，呈现出与张弦梁类似的特性，不存在几何非线性失稳模态而主要受到材料强度的控制。

由表 4.14 可知，脊线式弦支叉筒网壳的初始缺陷的分布对结构稳定性能有很大的影响，不同类型的缺陷分布得到的失稳模态与稳定系数均有不同，其中以第Ⅰ类初始缺陷分布形式所得的稳定系数最小，可见中间无弦支区域部分的反对称缺陷分布形式对结构的稳定性能影响最大，在施工中要注意避免或尽量减小这样的初始缺陷，其次是第Ⅲ类初始缺陷，初始缺陷发生的位置对结构的稳定性影响很大，特别是位于结构无弦支区域的局部初始缺陷。

综合所述，初始缺陷的分布对于结构稳定性起着至关重要的作用，分布不同的初始缺陷其稳定系数相差较大，具有不同的失稳模态，但失稳模态基本与引入的初始缺陷分布形式对应。

表 4.13　谷线式弦支叉筒网壳初始缺陷分布的影响

初始缺陷			非线性屈曲模态	稳定系数
类型	阶次	缺陷分布		
Ⅰ	1、2			23.6
Ⅱ	3		—	—
Ⅲ	4	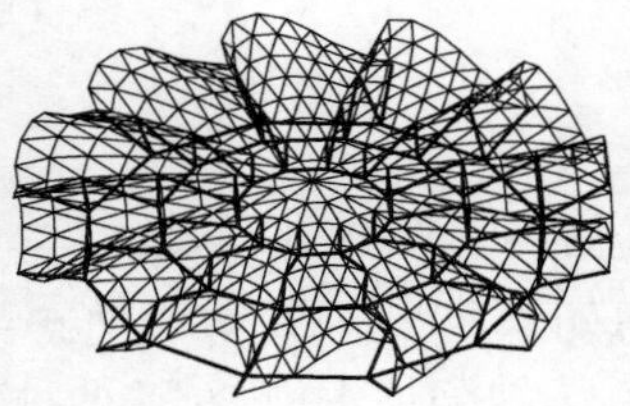	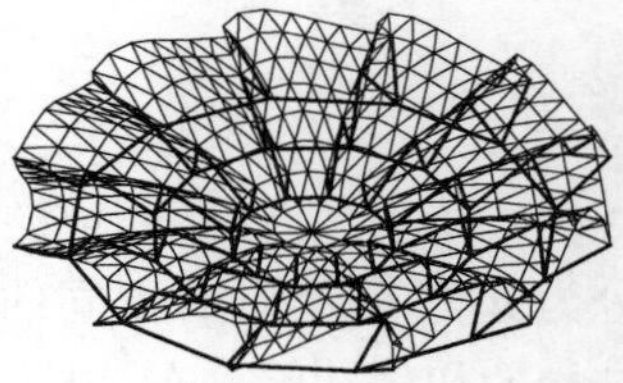	25.6
Ⅳ	5、6			21.2
Ⅴ	7、8		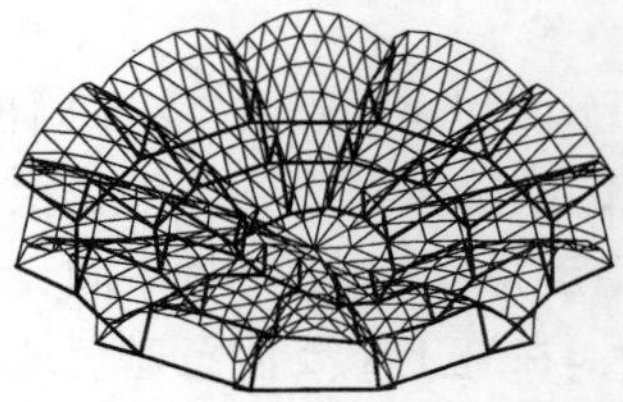	26.2

表 4.14　脊线式弦支叉筒网壳初始缺陷分布的影响

初始缺陷			非线性屈曲模态	稳定系数
类型	阶次	缺陷分布		
Ⅰ	1、2	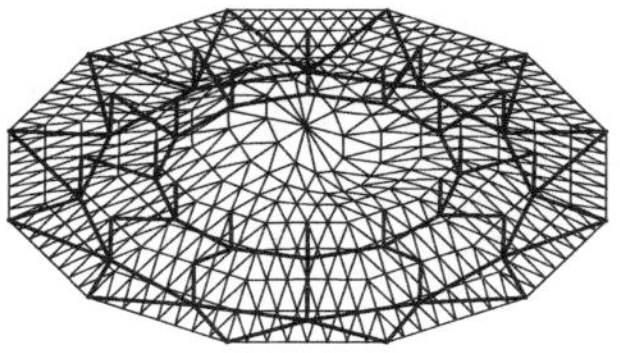	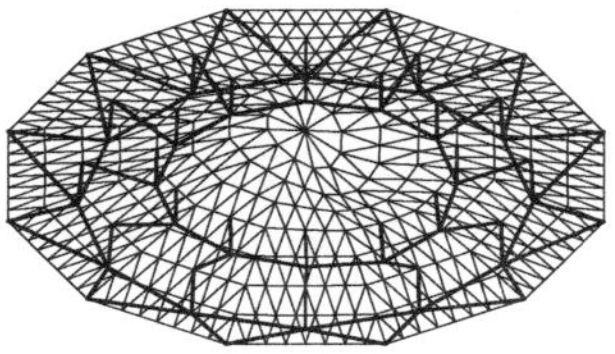	6.14
Ⅱ	3	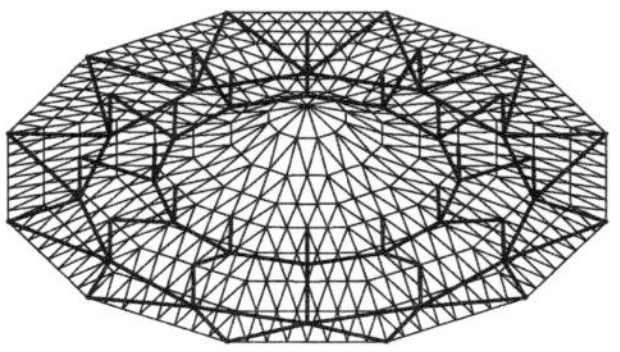	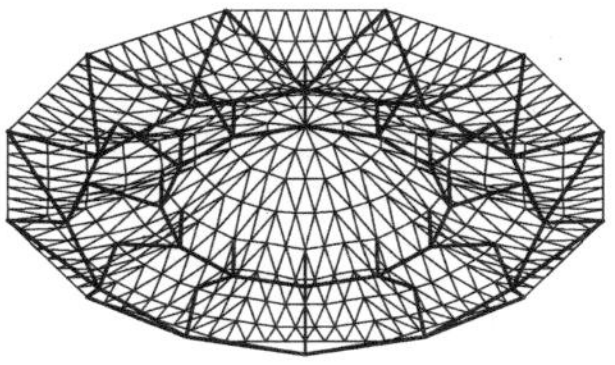	29.07
Ⅲ	4、5	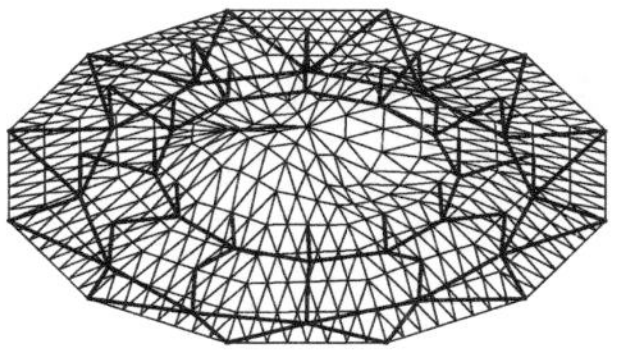	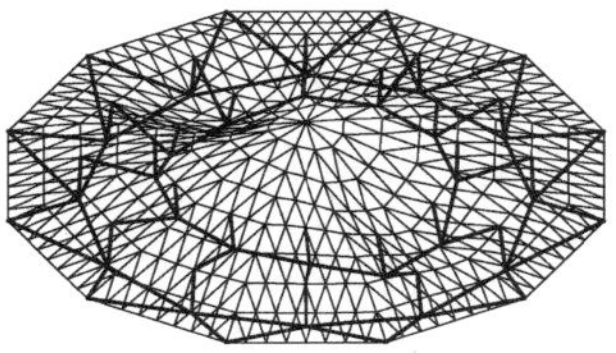	8.39
Ⅳ	6、7	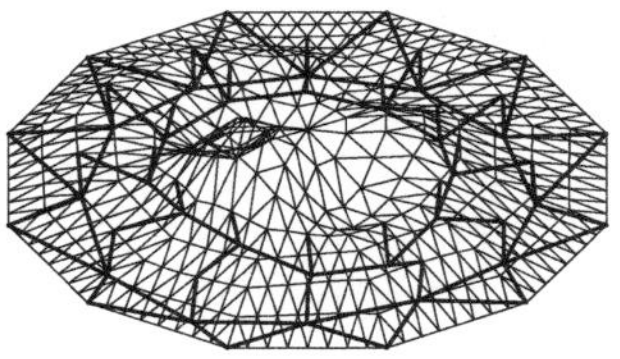	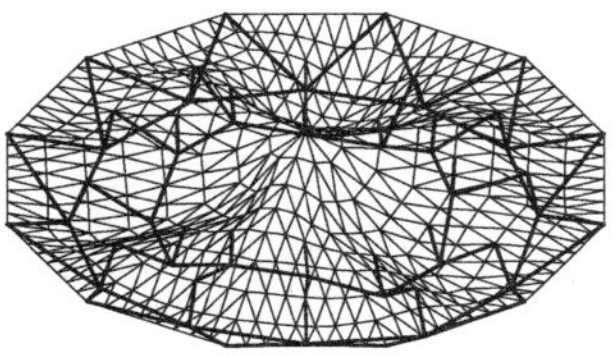	22.31
Ⅴ	8、9	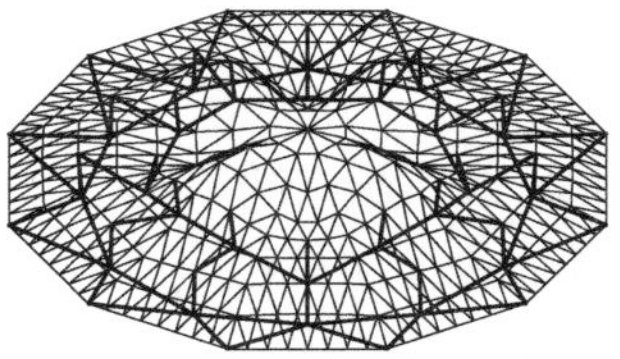	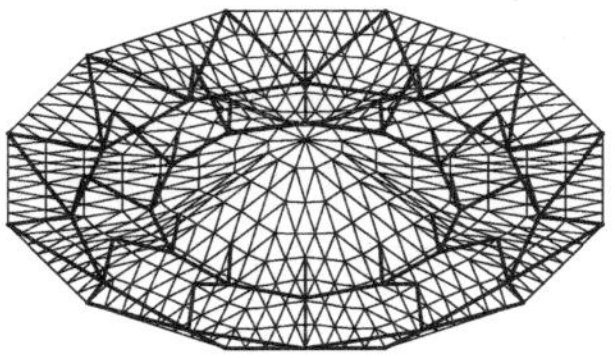	30.29

4.8　几种弦支结构稳定性能的比较

为比较三种弦支结构的稳定性能，弦支叉筒网壳分别采用前述静力计算模型，弦支穹顶则仍然采用图 3.62 所示模型。考察在相同截面规格、相同用钢指标的前提下，三种不同结构形式的极限承载能力，如表 4.15 所示。由表可知，杆件截面规格相同的情况下，各结构形式用钢指标差距不大，谷线式弦支叉筒网壳特征值最小，但由于第一阶特征值模态为整体失稳模态，几何非线性屈曲极限承载力较高，而脊线式弦支叉筒网壳和弦支穹顶第一阶特征值模态都是中间区域的局部失稳模态，极限承载力较小，脊线式弦支叉筒的稳定性能较弦支穹顶略好。

表 4.15　三种结构稳定性能对比

结构形式	谷线式弦支叉筒	脊线式弦支叉筒	弦支穹顶
截面规格/mm	ϕ425×10	ϕ425×10	ϕ425×10
用钢指标/(kg/m^2)	97.3	96.0	92.4
特征值	4.62	17.36	13.16
极限承载力Ⅰ	23.8	6.14	4.51
极限承载力Ⅱ	3.81	5.15	3.92

4.9　本章小结

本章分别对谷线式弦支叉筒网壳和脊线式弦支叉筒网壳进行了非线性屈曲分析，其中针对谷线式弦支叉筒网壳还进行了详尽的参数分析，对于影响结构稳定性能的缺陷大小和缺陷分布也分别进行了讨论。得到如下结论：

(1) 谷线式弦支叉筒网壳的稳定性能要远远优于无预应力的谷线式叉筒网壳，尤其是在无初始缺陷情况下的满跨均布荷载作用时，谷线式弦支叉筒网壳表现出与张弦梁类似的特性，此时结构的稳定取决于材料强度。因此，在进行非线性屈曲分析时应当考虑几何与材料双重非线性。

(2) 对谷线式弦支叉筒网壳结构进行参数分析可知，预应力对结构的稳定性能影响很小，上部网壳杆件截面、竖杆长度、矢跨比、倾角影响较大，尤其是倾角对于结构稳定性能的提高有较显著的作用。

(3) 无初始缺陷的脊线式弦支叉筒网壳在满跨均布荷载作用下非线性屈曲的稳定系数较高，但对半跨荷载及初始缺陷较为敏感。

(4) 谷线式弦支叉筒网壳对初始缺陷的大小不敏感。初始缺陷的分布形式对结构的稳定性能有显著影响，不仅改变了结构的非线性失稳模态，也使得稳定系数有较大的变化。

(5) 杆件截面规格相同的情况下，各结构形式用钢指标差距不大，谷线式弦支叉筒网壳特征值最小，但由于第一阶特征值模态为整体失稳模态，几何非线性屈曲极限承载力较高，而脊线式弦支叉筒网壳第一阶特征值模态为中间区域的局部失稳模态，因此极限承载力较小，脊线式弦支叉筒的稳定性能较弦支穹顶略好。

第5章 向量式有限元概述及其索单元

5.1 引言

结构分析的任务即是对指定结构在受到外界荷载或作用下，研究结构产生的内力及变形。工程上常用的结构分析方法是分析力学，它是在牛顿力学的基础上引入了连续体的概念，对结构行为进行数学建模，将结构分析问题归结为微分方程的求解。因此分析力学求解结构问题大致有两个步骤，其一是将结构问题表述为一系列微分方程，其二为对微分方程的求解。在将结构问题表述为一系列微分方程时往往引入适当的假设以达到简化求解过程的目的，这些简化假设将在一定程度上决定分析的正确和准确与否。若采用传统的分析力学方法就必须进行非线性结构分析，并求解非线性方程组，例如大变位及大变形等非线性问题经修正后可等效为一系列非线性方程组。分析力学求解结构问题的关键还是对微分方程的精确求解，随着计算理论和计算工具的飞速发展，现代数值计算技术蓬勃发展，例如直接迭代法、Newton-Raphson 法、荷载增量法和弧长法等。但数值计算手段的发展总是难以满足实际工程中非线性问题的求解，收敛问题也成为结构分析遇到的突出问题。例如，结构的非线性和不稳定问题、大变形和大变位问题、刚体位移或机构的分析问题，都会使分析出现不收敛的情况，即使采用弧长法等改进的有限元法也只能解决部分极值点问题，合适的弧长选择往往需要不断的调试，这给其实际应用带来了较大的不便。

在广大学者致力于数值计算方法的改进与创新的同时，美国普渡大学的丁承先教授基于早期由于大量参数的处理问题而在结构分析中未得到完整发展的牛顿力学即向量力学的概念提出了向量式固体力学[60]及向量式有限元法[61-65]，由于该方法相较于传统有限元在强烈非线性问题上的优越性，一经提出便得到了迅速的发展[66-67, 106-110]，国内在结构领域也已经有相关应用和研究[68,69]。向量式有限元是一种向量力学与数值计算相结合的分析方法，不同于传统分析力学方法和其他数值计算方法。它基于运动方程求解，不形成刚度矩阵，因而不存在奇异问题，尤其适合于求解发生大变形、大变位等几何非线性的结构，甚至断裂、碰撞等状态非线性问题。

本文首先介绍了向量式有限元的基本原理，给出了杆单元的内力公式；然后推导了预应力直线索单元和曲线索单元的内力公式，并通过算例验证；最后采用自编向量式有限元程序，将其应用到本文提出的弦支叉筒网壳结构静力分析中，通过与传统有限元结果对比说明向量式有限元及程序的可靠性。

5.2 向量式有限元基本原理

向量式有限元以向量力学作为理论基础，以数值计算作为描述方法，它用一组空间点的位置及内插函数来描述结构的几何和位置变化，用一组持续增加的时间点描述结构在时间上的变化，模型离散为空间点以及各点之间的物理关系。问题的控制方程式可以用一组点位移和点运动公式表示，结构形式和力学行为的差异在于内插函数的选择。材料特性及变形均假定表现为线性变化，只在各个时间点上发生改变，内力可以通过材料力学和弹性力学来计算。

5.2.1 基本概念

5.2.1.1 点值描述

点值描述包括两部分内容，即几何形状与空间位置的点值描述和运动轨迹的点值描述。结构的几何形状及空间位置用一组有限的点位置描述，用离散点的位置表示结构的形状和位置，空间质点的总数和位置使得质点之间的构件几何变形接近均匀变形。将结构的质量按规律分配到各个质点上，而质点之间的联结通过物理方程描述，它们的运动和相互作用力都满足经典的牛顿力学方程。与传统有限元方法类似，如果划分的质点越多，就越能描述结构的形态，计算的结果也越接近真实解，但计算量会相应的增加。

如图 5.1 所示，构件被离散为 N1、N2、N3、N4、N5、N6、N7，这七个质点的坐标向量即可近似描述构件的几何形状与空间位置。

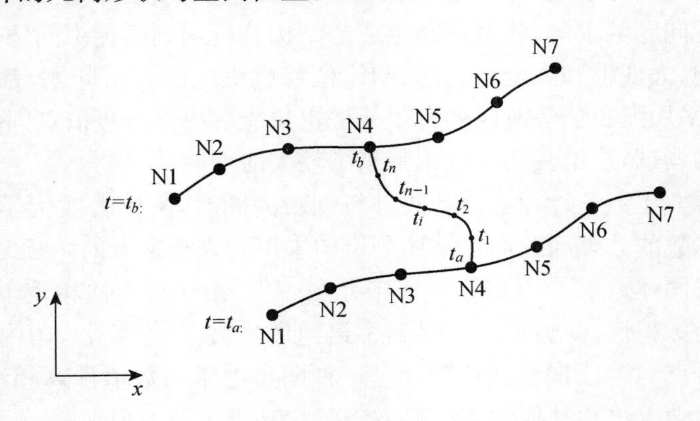

图 5.1　点值描述

5.2.1.2 途径单元

分析结构运动时，通常会对运动的时间轨迹做适当的简化，如果结构的运动可以证明是途径独立的过程，甚至不考虑时间轨迹，而只取初始及终结两个状态。但是在结构的实际运动中往往存在很多不连续的行为，例如材料及构件性质有所改变，或者几何形状与空间位置有显著变化，此时就有必要计算运动轨迹。向量力学的运动解析过程是以质点运动方程式为控制方程，计算质点位置的时间函数，不省略惯性力及运动轨迹的计算。

运动解析的轨迹是离散质点的时间函数，通常将连续的函数用一组连接的离散位移轨迹来模拟，每一个这样的离散轨迹称为途径单元。每一个质点的运动轨迹以一组时间点来描述，质点在相邻时间点之间满足相应的控制方程，其状态只在时间点上发生改变，整个运动时间内为连续轨迹。途径单元的引入简化了内力的计算，同时也有利于处理不连续的行为。图5.1中用点时间轨迹显示了其运动轨迹。显然，途径单元与计算时间步是不一样的，一个途径单元内可包含多个时间步。

当结构具有复杂行为过程时，可以引入多个途径单元，在每一途径单元内，结构行为不发生变化，例如考虑材料非线性弹塑性模型时，可以分多个途径单元，假设在途径单元内材料是完全线弹性的，所定义的途径单元越多，就越接近真实的弹塑性过程，如图5.2所示。将材料完整的应力—应变曲线划分为三个途径单元 $0\leqslant t\leqslant t_a$、$t_a\leqslant t\leqslant t_b$、$t_b\leqslant t\leqslant t_c$。

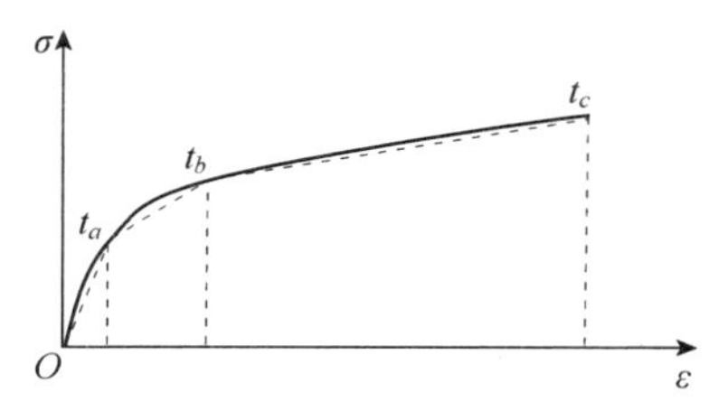

图5.2　应力—应变曲线

5.2.1.3　逆向运动

以杆单元为例，假设单元在一个途径单元内从 t_{n-1} 时刻位置 $A_{n-1}B_{n-1}$ 经过一个时间步运动到 t_n 时刻位置 A_nB_n，因此杆件状态的变化是线性连续的。逆向运动过程即：首先将杆件从 A_nB_n 位置平移 $-\Delta x_a$ 至 $A_n'B_n'$ 位置，再以点 A_n' 为中心逆向旋转 $-\theta$ 至与 $A_{n-1}B_{n-1}$ 在同一直线的位置 $A_n'B_n''$，如图5.3所示。

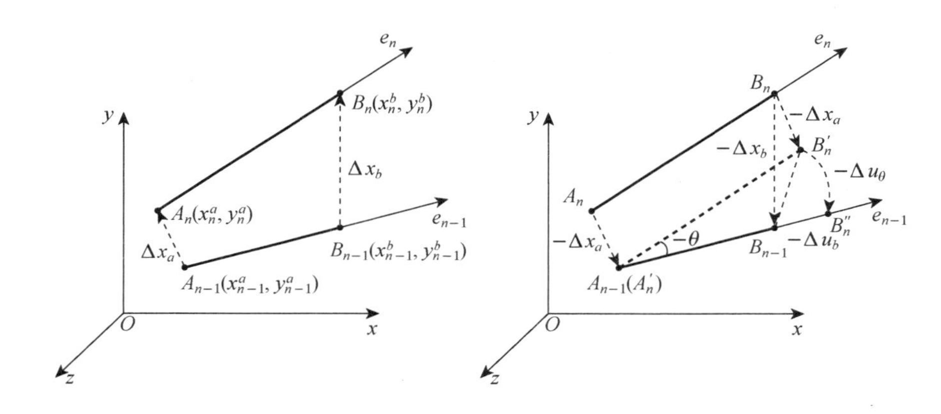

图5.3　虚拟逆向运动

图5.3所示质点 B 的实际位移 Δx_b 包含了单元的刚体平动位移和刚体旋转位移，为求得单元内力，关键是求出质点 B 相对于质点 A 的纯变形，因此需要将单元的刚体平移位移和刚体旋转位移扣除。如果将初始的位移与角度定义为向量，逆向平移与旋转均可以通过向量来操作完成，经过一系列的向量运算，得到与前一时刻共线的单元虚拟位置，这样就简化了单元内力的求解。

$$\Delta u_b = \Delta x_b - \Delta x_a - \Delta u_\theta \tag{5.1}$$

式中，Δu_b 为质点 B 相对于质点 A 的纯变形位移；Δx_b 为质点 B 的实际位移；Δx_a、Δu_θ 分别为单元的刚体平移位移和刚体旋转位移。其中刚体旋转位移由空间解析几何知识可得

$$\Delta u_\theta = (\boldsymbol{R}^{\mathrm{T}} - \boldsymbol{I}) \cdot \hat{x}_n \tag{5.2}$$

式中，$\boldsymbol{I}$ 表示单位矩阵；$\boldsymbol{R}$ 是一个关于 θ 的旋转矩阵；$\hat{x}_n$ 是质点 B 的单元局部坐标。

此处杆单元的内力求解较为简单，其内力只与单元长度的变化有关，可以不采用逆向运动的方法而直接求解单元的纯变形，杆单元内力的求解将在下文中详细介绍。

5.2.2 控制方程式

根据经典力学的牛顿第二定律：

$$\boldsymbol{m}_\alpha \ddot{\boldsymbol{d}}_\alpha = \boldsymbol{F}_\alpha^{\text{ext}} + \boldsymbol{F}_\alpha^{\text{int}} \tag{5.3}$$

$$\boldsymbol{I}_\alpha \ddot{\boldsymbol{\theta}}_\alpha = \boldsymbol{M}_\alpha^{\text{ext}} + \boldsymbol{M}_\alpha^{\text{int}} \tag{5.4}$$

式中，$\boldsymbol{m}_\alpha$、$\boldsymbol{I}_\alpha$ 分别为质点的质量和质量惯性矩，$\ddot{\boldsymbol{d}}_\alpha$、$\ddot{\boldsymbol{\theta}}_\alpha$ 分别为质点的位移加速度和角加速度，$\boldsymbol{F}_\alpha^{\text{ext}}$、$\boldsymbol{M}_\alpha^{\text{ext}}$ 分别为作用在质点上的外力和外弯矩，$\boldsymbol{F}_\alpha^{\text{int}}$、$\boldsymbol{M}_\alpha^{\text{int}}$ 分别为质点上的内力和内弯矩。引用中央差分公式可知

$$\dot{\boldsymbol{d}}_n = \frac{\boldsymbol{d}_{n+1} - \boldsymbol{d}_{n-1}}{2h} \tag{5.5}$$

$$\ddot{\boldsymbol{d}}_n = \frac{\boldsymbol{d}_{n+1} - 2\boldsymbol{d}_n + \boldsymbol{d}_{n-1}}{h^2} \tag{5.6}$$

$$\dot{\boldsymbol{\theta}}_n = \frac{\boldsymbol{\theta}_{n+1} - \boldsymbol{\theta}_{n-1}}{2h} \tag{5.7}$$

$$\ddot{\boldsymbol{\theta}}_n = \frac{\boldsymbol{\theta}_{n+1} - 2\boldsymbol{\theta}_n + \boldsymbol{\theta}_{n-1}}{h^2} \tag{5.8}$$

式中，n 表示时间步。

将式(5.6)代入式(5.3)，

$$\boldsymbol{d}_{n+1} = \frac{\boldsymbol{F}_n^{\text{ext}} + \boldsymbol{F}_n^{\text{int}}}{\boldsymbol{m}} h^2 + 2\boldsymbol{d}_n - \boldsymbol{d}_{n-1} \tag{5.9}$$

将式(5.8)代入式(5.4)，

$$\boldsymbol{\theta}_{n+1} = \frac{\boldsymbol{M}_n^{\text{ext}} + \boldsymbol{M}_n^{\text{ext}}}{\boldsymbol{I}} h^2 + 2\boldsymbol{\theta}_n - \boldsymbol{\theta}_{n-1} \tag{5.10}$$

式中，h 为计算步长；$\boldsymbol{I}$ 为质点等效惯性矩。中央差分是有条件稳定的，其临界步长是

$$h_c = 2\sqrt{\frac{m}{k}} \tag{5.11}$$

式中，m 为质量；k 为刚度。对于杆件单元有

$$h_c = 2l\sqrt{\frac{\rho}{E}} \tag{5.12}$$

式中，l 为单元长度；E 为弹性模量；ρ 为杆件材料密度。时间步长 h 应小于临界步长，否则

将不收敛。

当 $n=1$ 时,由式(5.9)、式(5.10)得

$$\boldsymbol{d}_2=\frac{\boldsymbol{F}_1^{\mathrm{ext}}+\boldsymbol{F}_1^{\mathrm{int}}}{\boldsymbol{m}}h^2+2\boldsymbol{d}_1-\boldsymbol{d}_0 \tag{5.13}$$

$$\boldsymbol{\theta}_2=\frac{\boldsymbol{M}_1^{\mathrm{ext}}+\boldsymbol{M}_1^{\mathrm{ext}}}{\boldsymbol{I}}h^2+2\boldsymbol{\theta}_1-\boldsymbol{\theta}_0 \tag{5.14}$$

又

$$\dot{\boldsymbol{d}}_1=\frac{\boldsymbol{d}_2-\boldsymbol{d}_0}{2h} \tag{5.15}$$

$$\dot{\boldsymbol{\theta}}_1=\frac{\boldsymbol{\theta}_2-\boldsymbol{\theta}_0}{2h} \tag{5.16}$$

得

$$\boldsymbol{d}_0=\boldsymbol{d}_2-2h\,\dot{\boldsymbol{d}}_1 \tag{5.17}$$

$$\boldsymbol{\theta}_0=\boldsymbol{\theta}_2-2h\,\dot{\boldsymbol{\theta}}_1 \tag{5.18}$$

将式(5.17)、式(5.18)代入式(5.13)、式(5.14)得

$$\boldsymbol{d}_2=\boldsymbol{d}_1+h\,\dot{\boldsymbol{d}}_1+\frac{\boldsymbol{F}_1^{\mathrm{ext}}+\boldsymbol{F}_1^{\mathrm{int}}}{2\boldsymbol{m}}h^2 \tag{5.19}$$

$$\boldsymbol{\theta}_2=\boldsymbol{\theta}_1+h\,\dot{\boldsymbol{\theta}}_1+\frac{\boldsymbol{M}_1^{\mathrm{ext}}+\boldsymbol{M}_1^{\mathrm{ext}}}{2\boldsymbol{I}}h^2 \tag{5.20}$$

式中,$\dot{x}_1$、$\dot{\boldsymbol{\theta}}_1$ 分别为初始线速度和角速度。

向量式有限元可以用质点的运动约束来描述边界条件。空间上质点有六个自由度,即三个水平自由度和三个转动自由度。例如,若为边界铰接点,则使得边界点的三个水平自由度全部约束,而放松三个转动自由度,即在计算中令 $u_x=u_y=u_z=0$,只计算 $(\theta_x,\theta_y,\theta_z)$;若为边界固接点,则使得边界点的六个自由度全部约束,即在计算中令 $u_x=u_y=u_z=\theta_x=\theta_y=\theta_z=0$。

5.2.3　等效质量及等效质量惯性矩

质点上分配的质量分为节点集中质量及单元等效质量。为了简化计算,将构件的质量平均分配到构件两端的节点上,得到质点的总质量为

$$M_\alpha=m_\alpha+\sum_{k=1}^{n}\rho_k V_k \tag{5.21}$$

式中,M_α 为质点的总质量,m_α 为质点的集中质量,ρ_k、V_k 分别为与质点相连的构件 k 的密度和体积,n 为构件总数。

当考虑质点的转动位移时,质点的惯性矩为

$$I_\alpha=i_\alpha+\sum_{k=1}^{n}i_k \tag{5.22}$$

式中，I_α 为质点质量惯性矩；i_α 为集中质量惯性矩；i_k 为与质点相连的构件 k 等效到质点等效质量惯性矩，n 为构件总数。

5.2.4 静态求解方法

向量式有限元是基于运动方程推导的，进行静力学问题的求解时有以下两种方法：

(1) 分级加载。将力 F 以足够小的值逐级加载，最终达到给定的静力值。在每个荷载步内结果会有微小的波动，但因为荷载步内施加的荷载很小，这些波动的影响可以控制在合理范围。

(2) 虚拟阻尼。在运动公式中考虑阻尼力的影响，则

$$m_\alpha \ddot{d}_\alpha + c\dot{d}_\alpha = F_\alpha^{\text{ext}} + F_\alpha^{\text{int}} \tag{5.23}$$

$$I_\alpha \ddot{\theta}_\alpha + c\dot{\theta}_\alpha = M_\alpha^{\text{ext}} + M_\alpha^{\text{int}} \tag{5.24}$$

引用中央差分公式，得

$$d_{n+1} = \frac{F_n^{\text{ext}} + F_n^{\text{ext}}}{m} h^2 c_1 + 2d_n c_1 - d_{n-1} c_2 \tag{5.25}$$

$$\theta_{n+1} = \frac{M_n^{\text{ext}} + M_n^{\text{ext}}}{I} h^2 c_1 + 2\theta_n c_1 - \theta_{n-1} c_2 \tag{5.26}$$

式中，$c_1 = \dfrac{1}{1+\dfrac{ch}{2}}$，$c_2 = c_1\left(1-\dfrac{ch}{2}\right)$。$n=1$ 时与式(5.19)、式(5.20)相同。阻尼系数对于最终结果没有影响，但会影响收敛速度，一般可选取临界阻尼系数使计算过程尽快收敛于结果。

5.2.5 分析流程

以杆单元为例，向量式有限元进行结构分析的一般步骤如下：

a. 设定构件点及时间点，即进行点值描述离散；

b. 以逆向运动求结构单元的节点变形；

c. 以变形坐标求节点变形的独立量；

d. 设定变形函数，求应变和应力函数；

e. 计算等效节点内力；

f. 计算等效节点外力；

g. 计算质点质量；

h. 设定途径单元内质点的控制方程；

i. 以时间积分求解。

步骤 a 为向量式有限元模型的建立，步骤 b～e 为通过质点位置变化求解单元变形进而求出单元内力，步骤 f～i 主要是利用已经求得的当前时刻单元内力及外力求解下一时刻质点位置。向量式有限元程序编制流程图如图 5.4 所示。

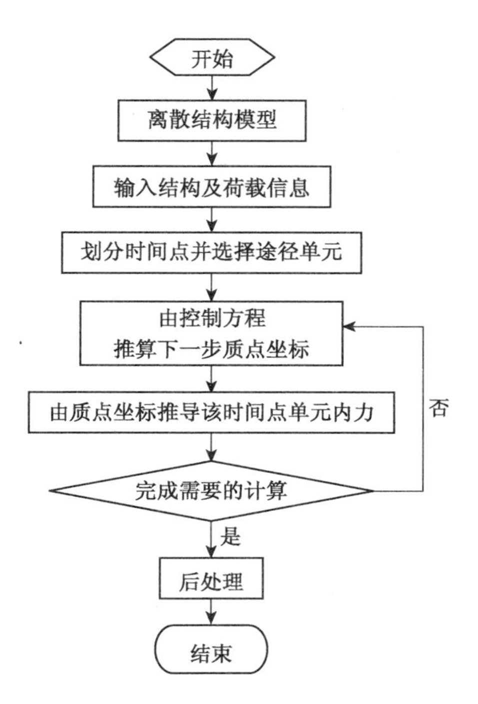

图 5.4　向量式有限元分析流程

5.3　杆单元

5.3.1　杆单元内力

结构的内力和外力均可以通过离散后质点受到的力来描述。将结构离散的同时需要将内力及外力等效至质点力,外力的等效较为简单,而结构内力则是通过质点之间的单元内力描述的。如图 5.5 所示,假设单元 AB 由初始位置 A_1B_1 运动到下一时间点 A_2B_2,可以将此过程分解为平移 u 和空间转角 θ。根据虚拟逆向运动的基本原理,逆向平移至 $A_1'B_2'$ 并以 A_1 为基点进行旋转至 A_1B_3,由于单元只存在轴向力,且时间步很小,变形是线弹性的,单元变形符合材料力学的假定,则 A_1B_3 状态时单元应变:

$$\varepsilon_{A_1B_3}=\frac{l_{A_1B_3}-l_{A_1B_1}}{l_{A_1B_1}} \tag{5.27}$$

单元内力为:

$$f_{A_1B_3}=f_{A_1B_1}+\Delta f_{A_1B_3}=\left(|f_{A_1B_1}|+E_aA_a\cdot\frac{l_{A_1B_3}-l_{A_1B_1}}{l_{A_1B_1}}\right)\cdot e_{A_1B_1} \tag{5.28}$$

式中,$e_{A_1B_1}$ 为 A_1B_1 位置的方向向量;E_a 为 t_a 时刻弹性模量;A_a 为 a 时刻单元横截面积。A_1B_3 状态的内力并非最终需要的内力,还需要做一个与逆向运动相反的正向运动,回到真

实的状态 A_2B_2，此过程内力大小不变，方向改变。得 A_2B_2 状态下杆件内力为

$$f_{A_2B_2} = \left(|f_{A_1B_1}| + E_a A_a \cdot \frac{l_{A_1B_3} - l_{A_1B_1}}{l_{A_1B_1}} \right) \cdot e_{A_2B_2} \tag{5.29}$$

式中，$e_{A_2B_2}$ 为 A_2B_2 位置的方向向量。

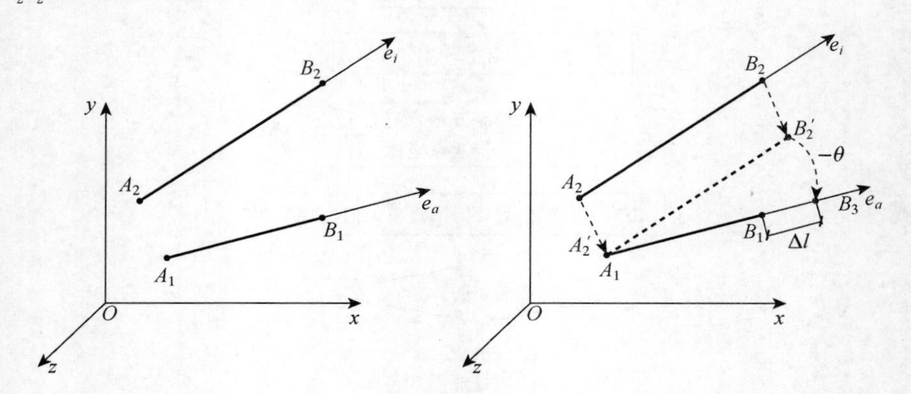

图 5.5　杆单元内力求解

5.3.2　算例

以如图 5.6 所示的瞬变体系为例，两根水平链杆 AC、BC 共线。$AC = BC = 1$ m，链杆截面积 0.5 cm^2，密度 7 850 kg/m^3，弹性模量为 $E = 2.06 \times 10^5$ MPa。若在铰接点 C 作用一竖直向下的力 $F = 1\,000$ kN。

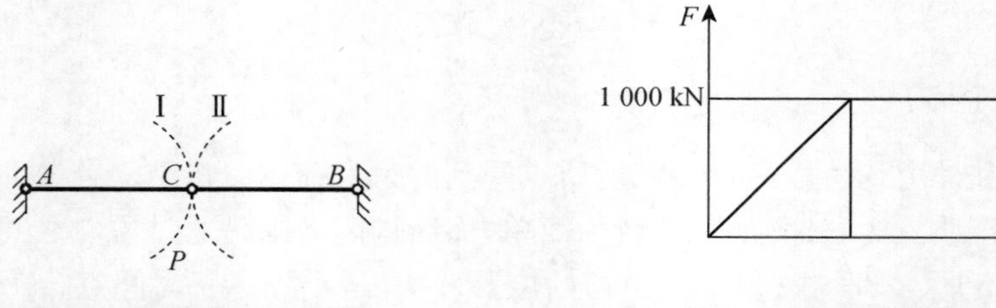

图 5.6　瞬变体系示意图　　　**图 5.7　荷载时程曲线**

众所周知，瞬变体系为结构力学可变体系的一种特殊情况，由于涉及机构位移，用传统有限元方法难以求解。建立向量式有限元模型，用杆单元模拟链杆，时间步长 $h = 0.000\,1$ s，分别利用分级加载和虚拟阻尼的方法求解静力值。

(1) 分级加载

假设竖向力 F 是随时间缓慢增加至 1 000 kN 的，如图 5.7 所示。C 点的竖向位移曲线及链杆内力曲线如图 5.8、图 5.9 所示。由图可知，竖向位移和轴力值逐渐递增，最终在平衡值的附近波动，并不能真正达到平衡状态，而是存在微小的波动。波动的幅度大小与时间步长有关，时间步长越小，波动的幅度就越小，所以分级加载虽然能实现近似的静态求解，但耗费的机时较大。

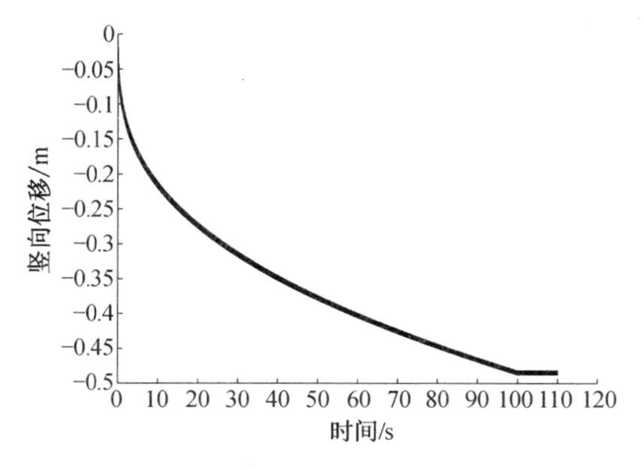

图 5.8　竖向位移曲线

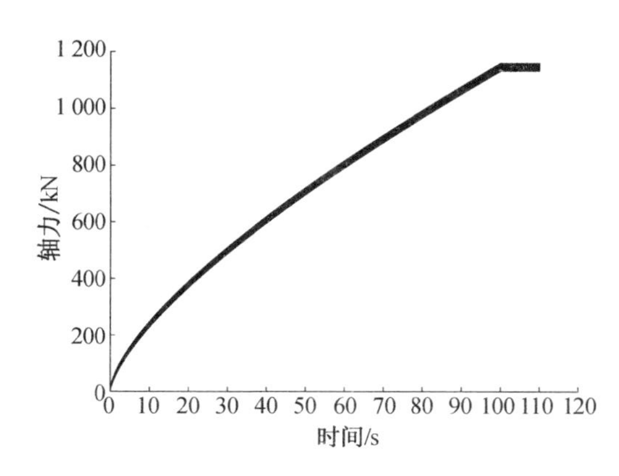

图 5.9　链杆内力曲线

(2) 虚拟阻尼

分别采用虚拟阻尼系数 $c=0$、6 600、30 000，C 点在 0.01 s 内的竖向位移曲线及链杆内力曲线如图 5.10～图 5.15 所示。由图可知，当阻尼系数为 0 时，动能与势能相互转换，能量不耗散，因此系统将做无阻尼往复运动；当阻尼系数为 6 600 时，系统受到突然加载的竖向力后迅速趋于稳定，可以较快地得到静力解；当阻尼系数为 30 000 时，结果收敛较为缓慢，系统的能量逐渐被阻尼耗散，此时系统处于过阻尼状态。由此可见，采用虚拟阻尼系数

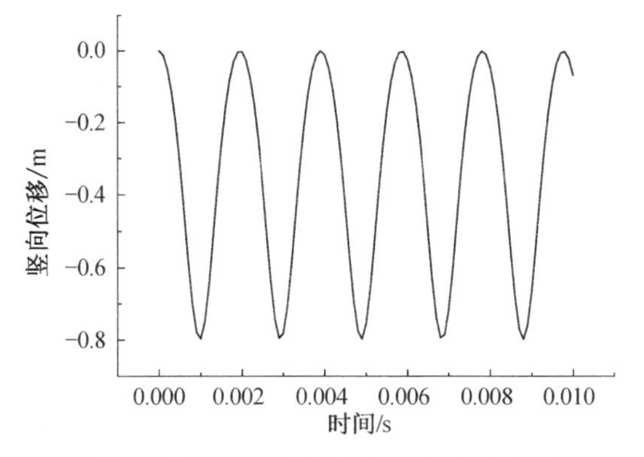

图 5.10　$c=0$ 时 C 点竖向位移曲线

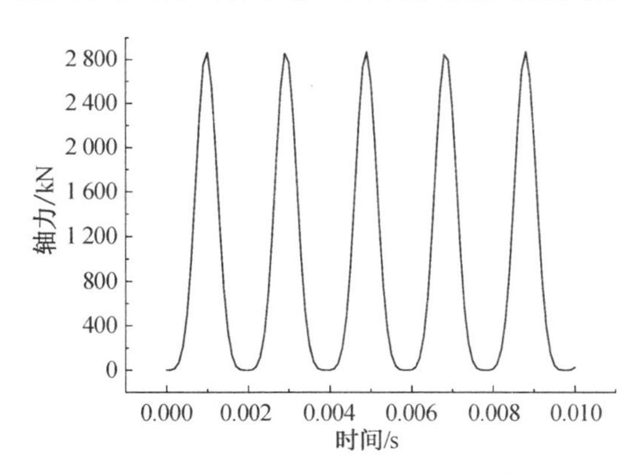

图 5.11　$c=0$ 时链杆内力曲线

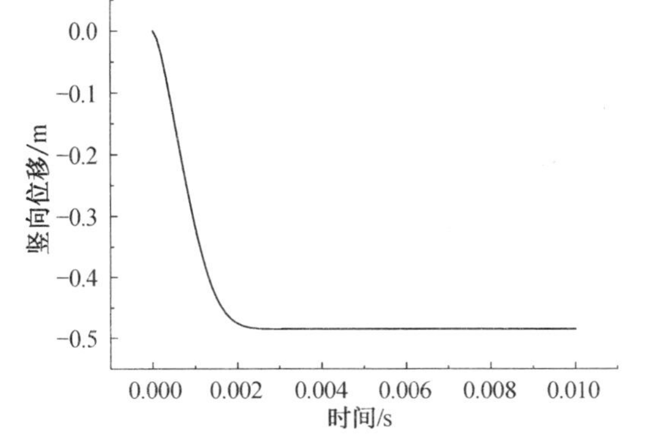

图 5.12　$c=6\,600$ 时 C 点竖向位移曲线

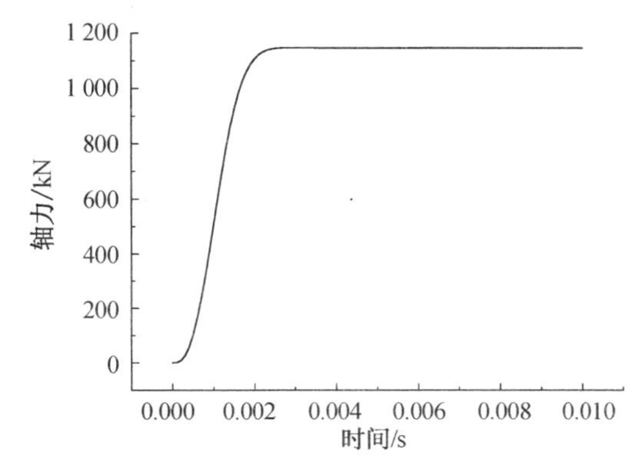

图 5.13　$c=6\,600$ 时链杆内力曲线

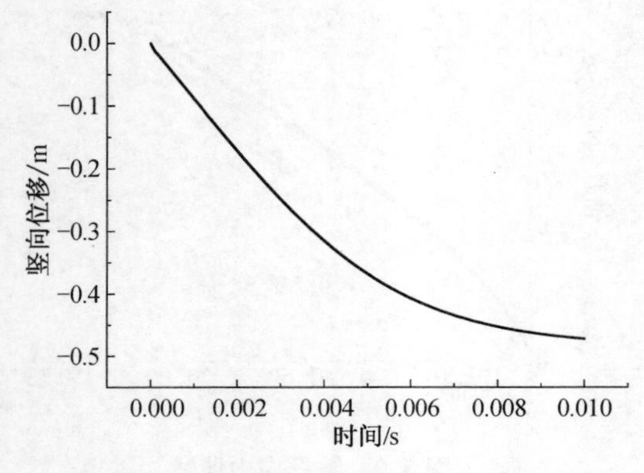

图 5.14　$c = 30\ 000$ 时 C 点竖向位移曲线

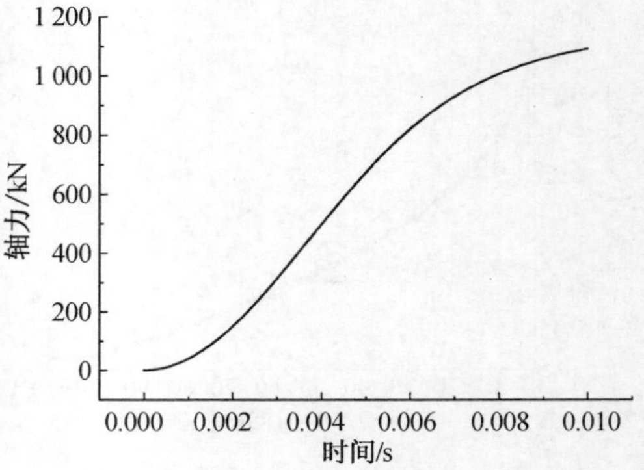

图 5.15　$c = 30\ 000$ 时链杆内力曲线

的方法可以有效地求解静力结果，但虚拟阻尼系数的选取对计算收敛于静力解的时间有较大影响。C 点最终竖向位移为 0.484 7，链杆轴力为 1 146.3 kN，与理论值相同。

5.4　索单元

索结构中拉索的模拟分析一直是国内外学者研究的热点问题，目前广泛使用的主要有三种索单元：(1)二节点直线索杆单元[111, 112]，将拉索等效为只能承受轴向拉力的两节点直线杆单元，不考虑索自重垂度影响，这种索单元只能适用于索元较短的结构；(2)二节点曲线索单元[113-117]，通过引入曲线假定，对索结构进行非线性分析，能够模拟大跨度索单元的初始形态，提高模拟精度的同时减少运算量；(3)多节点曲线索单元[118-121]，引入高阶函数作为插值函数，能够考虑自重垂度的影响，但节点增加，给计算带来不便。

本文根据向量式有限元的基本原理，推导适用于向量式有限元编程的索单元内力求解公式，并编写了索单元程序。在进行拉索的分析时通常有如下前提：

(1) 索为理想柔性的，只能承受拉力而不能承受压力及弯矩；

(2) 索在弹性阶段工作，材料满足胡克定律；

(3) 大位移小应变。

5.4.1　直线索单元

在静力分析时可以将索单元视为只受轴向拉力的杆单元，但与一般杆单元不同的是它可能含有预应力。目前关于在结构传统有限元模型中引入预应力的方法主要有以下几种：等效荷载法、缺陷长度法、初始应变法、初始索段原长法。向量式有限元模型引入预应力的方法主要有：

(1) 初始索段原长法。即以未施加预应力的零状态为参考状态，通过预应力反求原长，代入原长进行计算[69]。

(2) 初始预应力法。通过直接引入预应力的方法，将预应力作为初始态存在的力直接参与计算。尤其是对于索穹顶结构来说，不用找形和找力就能建立初始态模型进行静力分析。预应力不需经过特殊的处理，可视为单元的初始内力，因为结构处于自应力平衡状态，此时节点上的合力为零。

对于一个预应力结构，设计师能确定的是初始态几何参数和各索杆的初始内力值。

$$f_{n+1}=f_n+\Delta f=f_n+E_nA_n\left(\frac{l_{n+1}}{l_n}-1\right)\tag{5.30}$$

$$f_2=f_1+\Delta f=f_p+E_pA_p\left(\frac{l_2}{l_p}-1\right)\tag{5.31}$$

式中，l_p 为单元初始态的长度；A_p 为初始态截面积；f_p 为初始预应力。显然，当 $f\leqslant 0$ 时索发生松弛，索一旦发生松弛将不提供刚度，退出工作。

5.4.2　曲线索单元

对于一般的索结构而言，拉索主要受沿索长均匀分布的自重及索端拉力，索的形状为悬链线型，在通常的计算中为了简化，将索的这一特性忽略。在索长较小时这样的做法能得到符合工程要求的结果，但较大索长时，索的这一特性将会带来较大的误差，例如大跨度张拉结构中的斜拉索、悬索等。近年来，国内外学者已经开发出了多种精确的适用于传统有限元分析的索单元，提出了抛物线[113-121]、悬链线[122-126]和折线单元[127]分析索穹顶结构。本文借鉴传统有限元建立抛物线索单元的方法建立适用于向量式有限元方法的抛物线索单元。

考虑图 5.16 所示的索微元 dx，由平衡方程 $\sum F_x=0$ 可得

$$\frac{\mathrm{d}H}{\mathrm{d}x}+q_x=0\tag{5.32}$$

当 $q_x=0$，得 H 为常数，又由平衡方程 $\sum F_z=0$ 可得

$$H\frac{\mathrm{d}^2z}{\mathrm{d}x^2}+q_z=0\tag{5.33}$$

式中，H 为水平张力。

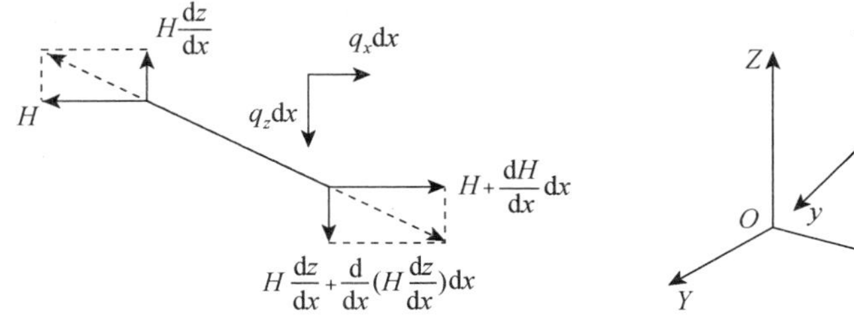

图 5.16　索元受力

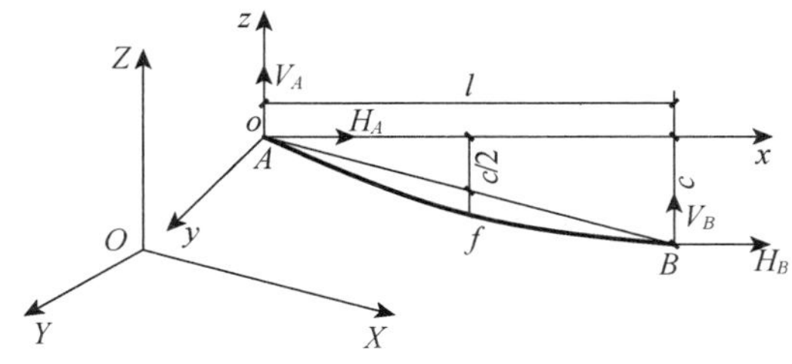

图 5.17　曲线索单元

如图 5.17 所示，建立索单元局部坐标系 $oxyz$，此坐标系 z 轴与整体坐标系 Z 轴一致，始终与重力方向相反，x 轴在线段 AB 与 z 轴构成的平面内，y 轴根据右手定则可以确定。假设 x 轴与 X 轴在水平面内的夹角为 θ，则局部坐标系 $oxyz$ 与整体坐标系 $OXYZ$ 的转换

矩阵为

$$R=\begin{bmatrix}\cos\theta & \sin\theta & 0\\ -\sin\theta & \cos\theta & 0\\ 0 & 0 & 1\end{bmatrix} \tag{5.34}$$

现有一索段 AB,两点的坐标分别为 $A(x_1, y_1, z_1)$、$B(x_2, y_2, z_2)$,沿索长受竖直向下均匀分布力 q,引入边界条件 $x=0$, $z=0$; $x=l$, $z=c$,则由平衡方程(5.32)可得:

$$H=\frac{ql^2}{8f} \tag{5.35}$$

$$z=\frac{4f}{l^2}x(x-l)+\frac{c}{l}x \tag{5.36}$$

式中,l 为索跨度方向的水平距离;c 为支座高差;f 为索跨中垂度。显然,$l=x_2-x_1$,$c=z_2-z_1$。根据几何关系,索段的长度可表示为

$$s=\int_A^B \mathrm{d}s=\int_0^l \sqrt{1+(\mathrm{d}z/\mathrm{d}x)^2}\,\mathrm{d}x \tag{5.37}$$

考虑拉索小垂度情况,当 $f/l\leqslant 0.1$ 时,经泰勒级数展开

$$s\approx\int_0^l\left[1+\frac{1}{2}\left(\frac{\mathrm{d}z}{\mathrm{d}x}\right)^2\right]\mathrm{d}x \tag{5.38}$$

将式(5.36)代入式(5.38)得索长

$$s=l\left(1+\frac{c^2}{2l^2}+\frac{8f^2}{3l^2}\right) \tag{5.39}$$

又根据物理关系

$$s-s_0=\int_0^s \varepsilon\,\mathrm{d}s \tag{5.40}$$

式中,s_0 为索段变形前的原长。根据虎克定律,索的应变

$$\varepsilon=\frac{T}{EA}=\frac{H}{EA}\cdot\frac{\mathrm{d}s}{\mathrm{d}x} \tag{5.41}$$

式中,T 为索内张力。将式(5.41)代入式(5.40)

$$\begin{aligned}s-s_0&=\int_0^s\frac{H}{EA}\cdot\frac{\mathrm{d}s}{\mathrm{d}x}\mathrm{d}s\\ &=\int_0^l\frac{H}{EA}\cdot\left(\frac{\mathrm{d}s}{\mathrm{d}x}\right)^2\mathrm{d}x\\ &=\int_0^l\frac{H}{EA}\cdot\left[1+\left(\frac{\mathrm{d}z}{\mathrm{d}x}\right)^2\right]\mathrm{d}x\end{aligned} \tag{5.42}$$

将式(5.36)代入式(5.42)

$$s - s_0 = \frac{ql^3}{8fEA}\left(1 + \frac{c^2}{l^2} + \frac{16f^2}{3l^2}\right) \tag{5.43}$$

由式(5.42)和式(5.43)可得

$$64EAf^3 - 16ql^2f^2 + 12EA(2l^2 + c^2 - 2ls_0)f - 3ql^2(l^2 + c^2) = 0 \tag{5.44}$$

这是利用几何关系与物理关系得到的索单元变形协调方程，当其余参数确定后，这是一个关于 f 的三次方程，有三个最终解，可以结合垂度 f 的物理意义得到真实的索单元跨中垂度。求得索单元的跨中垂度 f 之后可以根据式(5.35)得到索单元的水平张力 H。

由拉索整体的平衡方程可知

$$V_B l = \int_0^s xq\,\mathrm{d}s - H_B c \tag{5.45}$$

所以，可以求得局部坐标系下的索端力

$$H_A = -H_B = \frac{ql^2}{8f} \tag{5.46}$$

$$V_B = \frac{1}{l}\left(\frac{ql^2}{2} + \frac{4qf^2}{3} + \frac{qc^2}{4} + \frac{2qfc}{3} - H_B c\right) \tag{5.47}$$

$$V_A = qs - V_B \tag{5.48}$$

当索段内部只受重力作用时，$q = \rho gA$，得到抛物线索单元内力公式，值得注意的是，此内力公式事实上已经包含端节点的重力。初始跨中垂度可由式(5.44)求得，初始索长可由式(5.39)求得。与两点直线杆单元类似，可以建立适用于向量式有限元的抛物线索单元。式(5.46)～式(5.48)为局部坐标系 $oxyz$ 下抛物线索单元的内力计算公式，经过式(5.34)转换为整体坐标系下求解。质量分配与线型有关，线型与索单元内力相关，因此两端节点的质量应通过计算得到。

5.4.3 算例

根据抛物线索单元的推导编制了 VFIFE 程序，并通过算例验证。图 5.18 所示为一单索结构(虚线为变形后的曲线)，结构的弹性模量 $E = 19 \times 10^6$ kPa，截面积 $A = 0.85\ \mathrm{m}^2$，在自重均布荷载 $q = 3.16$ kN/m 作用下处于初始平衡状态。计算其在集中荷载 $P = 8\,000$ kN 作用下的节点位移。

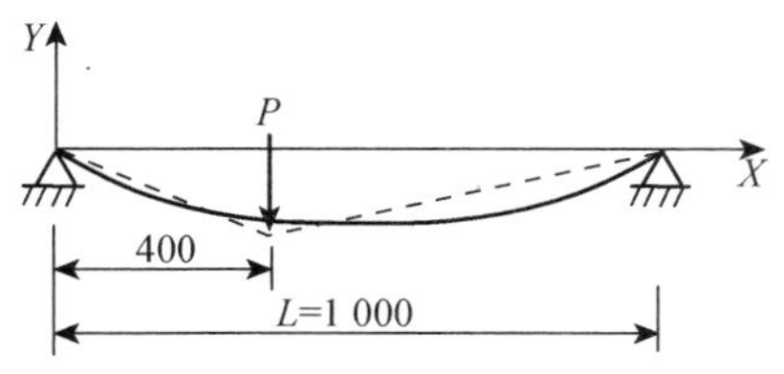

图 5.18　计算模型示意图

采用向量式有限元方法建模，将拉索分为两个抛物线索单元进行计算，时间步长 0.001 s，虚拟阻尼系数为 2。得到结果与已有文献对比，见表 5.1。由表可知，VFIFE 抛物线索单元程序是正确的，且具有较高的求解精度。

表 5.1　模型计算结果

计算方法	传统有限元(ANSYS)			VFIFE
	五节点曲线元	四个索杆单元	曲线索单元	抛物线索单元
竖向位移	−18.458	−17.953	−17.951	−18.240
水平位移	−2.819	−2.773	−2.772	−2.892

5.5　向量式有限元在弦支叉筒网壳结构静力分析中的应用

5.5.1　空间梁单元

梁单元的位移包括平移和转角,内力包括轴力、剪力、弯矩和扭矩,在一个时间步内,单元的变形符合材料力学,为求梁单元的内力需求得单元的纯变形。已知单元的两质点在 t_a 和 t_b 时刻的空间位置分别为 $(x_A^a,\ x_B^a)$ 和 $(x_A^b,\ x_B^b)$,转角分别为 $(\beta_A^a,\ \beta_B^a)$ 和 $(\beta_A^b,\ \beta_B^b)$,则单元从 t_a 时刻到 t_b 时刻的位移和转角分别为

$$\Delta x_i = x_i^b - x_i^a,\ i = A,\ B \tag{5.49}$$

$$\Delta \beta_i = \beta_i^b - \beta_i^a,\ i = A,\ B \tag{5.50}$$

包括三个线位移和三个角位移,分别对应于整体坐标系下的三个力和三个弯矩。

式(5.49)、(5.50)列出的是单元在整体坐标系下的位移和转角,当求单元内力即单元变形的时候需要的是其在局部坐标系下的量 $\Delta\hat{\beta}_i$,这可以通过坐标系转换得到。

通过选定参考点确定初始时刻 t_a 单元坐标系的方向向量 $\boldsymbol{e}_x^a$、$\boldsymbol{e}_y^a$、$\boldsymbol{e}_z^a$,t_b 时刻单元坐标系 x 轴方向向量 $\boldsymbol{e}_x^b$ 即轴向,则两时刻主轴的转动向量为:

$$\boldsymbol{\gamma} = \boldsymbol{\theta}_{ba} + \Delta\hat{\boldsymbol{\beta}}_x^A = \theta_{ba}\cdot\boldsymbol{e}_{ba} + \Delta\boldsymbol{\beta}_A\cdot\boldsymbol{e}_x^a \tag{5.51}$$

式中,$\boldsymbol{\theta}_{ba}$ 为主轴从 t_b 到 t_a 的逆向旋转向量;$\Delta\hat{\boldsymbol{\beta}}_x^A$ 为两时刻主轴自身的扭转向量,即转动向量包括两部分。由两主轴之间的转动向量可得其空间转动矩阵如下:

$$\boldsymbol{R}_\gamma^* = \boldsymbol{I} + \boldsymbol{R}_\gamma \tag{5.52}$$

式中,$\boldsymbol{I}$ 为单位矩阵;$\boldsymbol{R}_\gamma = (1-\cos\gamma)\begin{bmatrix} 0 & -n_\gamma & m_\gamma \\ n_\gamma & 0 & -l_\gamma \\ -m_\gamma & l_\gamma & 0 \end{bmatrix}^2 + \sin\gamma\begin{bmatrix} 0 & -n_\gamma & m_\gamma \\ n_\gamma & 0 & -l_\gamma \\ -m_\gamma & l_\gamma & 0 \end{bmatrix}$,为空间旋转矩阵。

由此可求得 t_b 时刻 y 轴和 z 轴的方向向量分别为

$$\boldsymbol{e}_y^b = \boldsymbol{R}^*\boldsymbol{e}_y^a \tag{5.53}$$

$$\boldsymbol{e}_z^b = \boldsymbol{e}_x^b \times \boldsymbol{e}_y^b \tag{5.54}$$

根据逆向运动的基本原理，可知质点 A 和 B 的纯变形为

$$\Delta\boldsymbol{\varphi}_x^A = \Delta\hat{\boldsymbol{\beta}}_x^A - \Delta\hat{\boldsymbol{\beta}}_x^A = 0 \tag{5.55}$$

$$\Delta\boldsymbol{\varphi}_x^B = \Delta\hat{\boldsymbol{\beta}}_x^B - \Delta\hat{\boldsymbol{\beta}}_x^A \tag{5.56}$$

$$\Delta\boldsymbol{\varphi}_y^A = \Delta\hat{\boldsymbol{\beta}}_y^A - \Delta\boldsymbol{\theta}_y \tag{5.57}$$

$$\Delta\boldsymbol{\varphi}_y^B = \Delta\hat{\boldsymbol{\beta}}_y^B - \Delta\boldsymbol{\theta}_y \tag{5.58}$$

$$\Delta\boldsymbol{\varphi}_z^A = \Delta\hat{\boldsymbol{\beta}}_Z^A - \Delta\boldsymbol{\theta}_z \tag{5.59}$$

$$\Delta\boldsymbol{\varphi}_z^B = \Delta\hat{\boldsymbol{\beta}}_z^B - \Delta\boldsymbol{\theta}_z \tag{5.60}$$

式中，$\Delta\hat{\boldsymbol{\beta}}_x^i$、$\Delta\hat{\boldsymbol{\beta}}_y^i$、$\Delta\hat{\boldsymbol{\beta}}_z^i(i=A, B)$ 分别为质点 A 和 B 在整体坐标系角位移在单元坐标系下的角位移分量；$\Delta\boldsymbol{\theta}_y$、$\Delta\boldsymbol{\theta}_z$ 为主轴转动向量 $\boldsymbol{\theta}_{ba}$ 在 y、z 坐标轴下的分量。

由纯变形容易得到内力和弯矩增量公式分别为

$$\Delta\hat{f}_x^A = \Delta\hat{f}_x^B = -\frac{EA_1}{l_a}(l_b - l_a) \tag{5.61}$$

$$\Delta\hat{f}_y^A = -\Delta\hat{f}_y^B = \frac{6EI_{\hat{z}}}{l_a^2}(\Delta\varphi_z^A - \Delta\varphi_z^B) \tag{5.62}$$

$$\Delta\hat{f}_z^A = -\Delta\hat{f}_z^B = -\frac{6EI_{\hat{y}}}{l_a^2}(\Delta\varphi_y^A - \Delta\varphi_y^B) \tag{5.63}$$

$$\Delta\hat{m}_x^A = -\Delta\hat{m}_x^B = -\frac{GI_{\hat{x}}}{l_a}(\Delta\varphi_x^B) \tag{5.64}$$

$$\Delta\hat{m}_{y,z}^A = \frac{EI_{\hat{y},\hat{z}}}{l_a}(4\Delta\varphi_{y,z}^A + 2\Delta\varphi_{y,z}^B) \tag{5.65}$$

$$\Delta\hat{m}_{y,z}^B = \frac{EI_{\hat{y},\hat{z}}}{l_a}(2\Delta\varphi_{y,z}^A + 4\Delta\varphi_{y,z}^B) \tag{5.66}$$

求得内力和弯矩增量后，即可由增量叠加上一时刻的内力和弯矩得到下一时刻的内力和弯矩。但需要注意此时的内力和弯矩只是虚拟位置的结果，还需要进行虚拟正向运动，回到 t_b 时刻单元的实际位置。

求得各单元内力后根据相互作用力的原理可得到单元对于各质点的合力。自重以及作用在结构上的外力可以根据等效原则加载于各质点上，这样便求出了质点所受到的合力，代入公式(5.9)、(5.10)或(5.25)、(5.26)求解。

5.5.2　弦支叉筒网壳结构静力分析

采用第三章的谷线式弦支叉筒网壳模型进行静力分析，各参数及荷载工况相同。如图 5.19 所示，弦支叉筒网壳十二个边界点三向铰接支承。上部叉筒网壳杆件截面均为 ϕ425 mm×10 mm，弹性模量为 2.06×10^{11} N/m²，密度为 7.85×10^{3} kg/m³；竖杆 G1、G2、G3 长度分别为 9.8 m、7.3 m、6 m，截面积均为 50 cm²；拉索截面积为 100 cm²，弹性模量为 1.8×10^{11} N/m²，密度为 6.55×10^{3} kg/m³。结构承受除自重外，还有 0.5 kN/m² 的附加恒荷载、

0.5 kN/m^{2}的活荷载，采用1.2倍恒载+1.4倍活载作为荷载设计值。

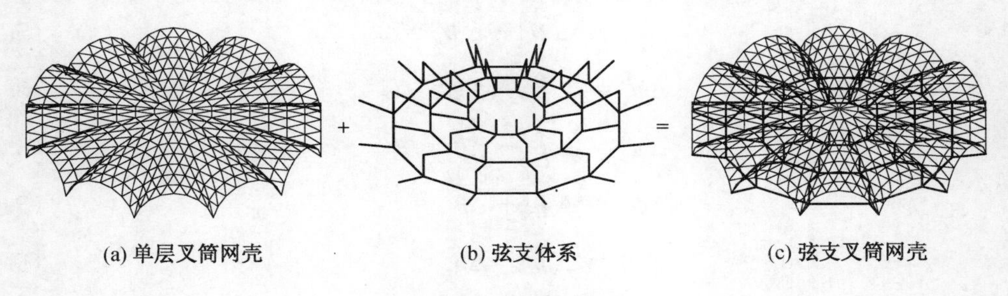

(a) 单层叉筒网壳　(b) 弦支体系　(c) 弦支叉筒网壳

图5.19　计算模型

利用基于MATLAB程序语言自编的VFIFE有限元程序对结构进行静力计算，其中网壳梁单元、竖杆和拉索分别采用向量式有限元梁单元、杆单元以及本文推导的两节点抛物线索单元分别模拟，时间步长为0.000 1 s，虚拟阻尼系数为10。同时利用传统有限元软件ANSYS进行建模并进行静力计算，其中梁单元采用beam188，杆单元及索单元分别采用Link8和Link10单元。两种方法求得竖向位移、梁单元与拉索轴力的最值对比如表5.3所示，表中括号内数字为单元编号。结构竖向位移、梁单元和拉索轴力分布图分别如图5.20～图5.22所示。由表5.2、图5.20～图5.22可见VFIFE结果与ANSYS计算所得结果基本一致，向量式有限元应用于刚柔性结构的静力分析是可行的，且具有很高的精度，图中部分误差是找力时出现的初始误差。

表5.2　结构竖向位移、梁单元与拉索轴力最大值对比

分析方法	竖向位移/mm		梁单元轴力/kN		拉索轴力/kN	
	最大值	最小值	最大值	最小值	最大值	最小值
VFIFE	−86.80	1.91	224.6(86)	−1 389.9(344)	2 414.9(HS1)	487.2(XS3)
ANSYS	−87.40	2.26	217.9(86)	−1 403.8(344)	2 411.2(HS1)	483.7(XS3)
误差	−0.7%	18.3%	−3.0%	−1.0%	−0.2%	−0.7%

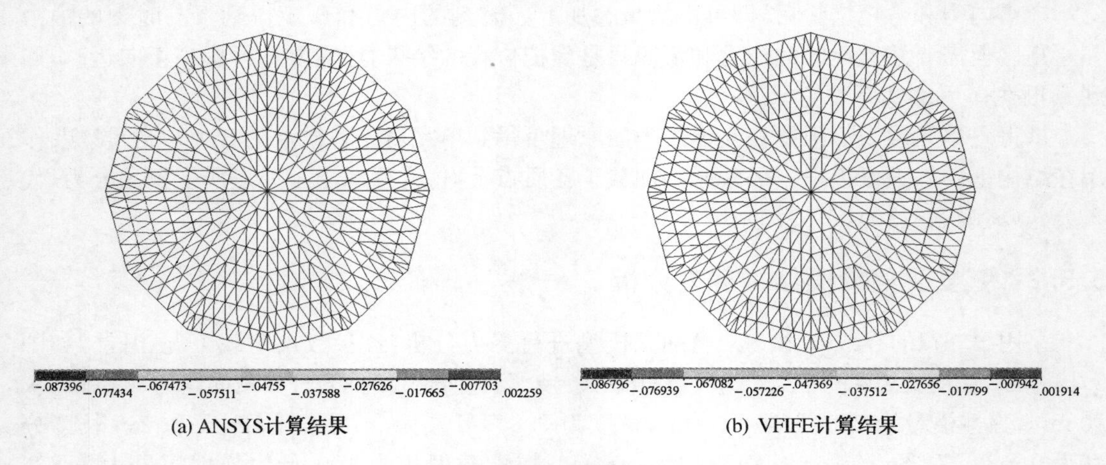

(a) ANSYS计算结果　(b) VFIFE计算结果

图5.20　竖向位移

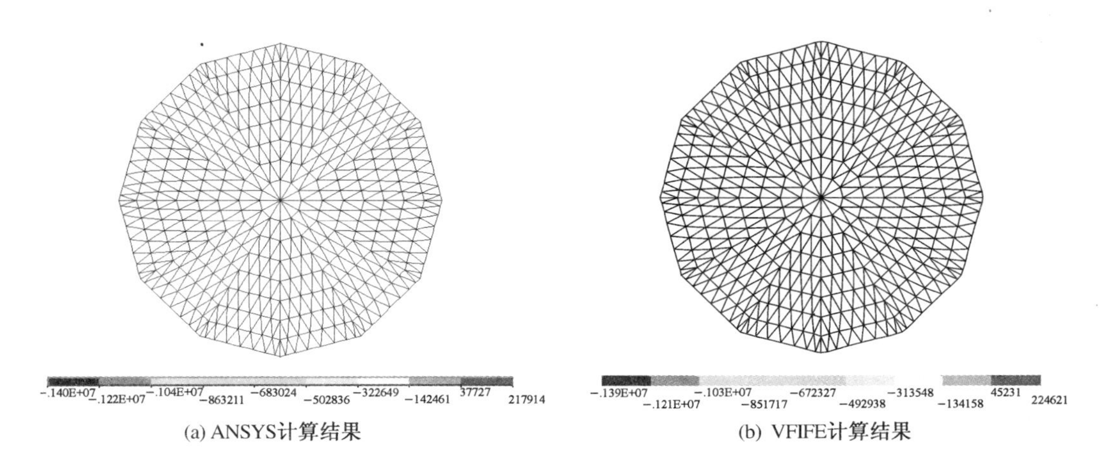

(a) ANSYS计算结果　　(b) VFIFE计算结果

图 5.21　上部网壳轴力分布

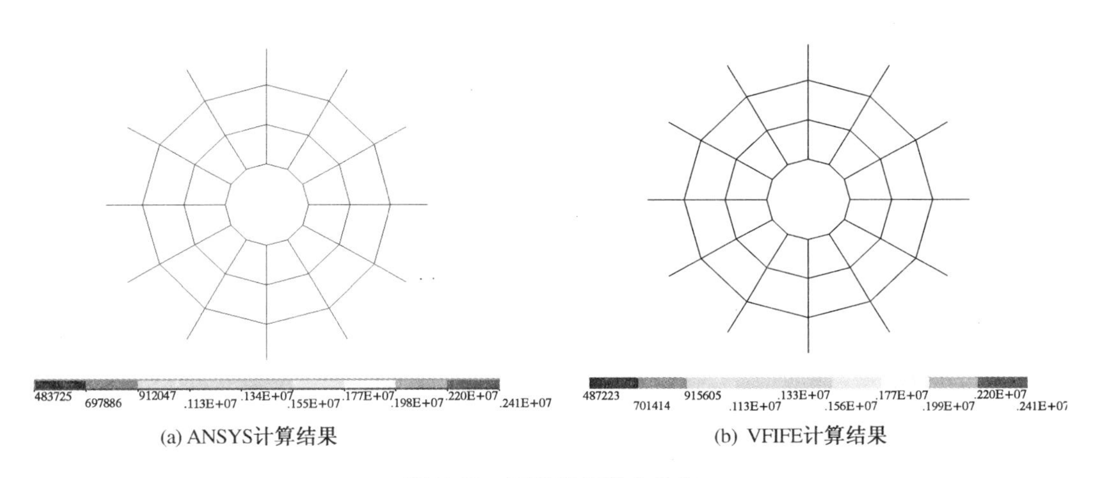

(a) ANSYS计算结果　　(b) VFIFE计算结果

图 5.22　下部索杆轴力分布

5.6　本章小结

本章系统地介绍了向量式有限元的基本理论及其杆单元、梁单元内力的计算方法，推导了索单元包括直线索单元和抛物线索单元的内力求解公式，并通过数值算例验证，最后将向量式有限元引入到刚柔性结合的复杂空间结构静力分析，得到如下结论：

（1）向量式有限元是结合向量力学与数值计算，以点值描述和逆向运动为基础的一种全新的有限元分析方法。它与熟知的动力松弛法有很多相似之处，但也存在较大的区别：从数值分析方法上来说，其差分的对象不同，向量式有限元对位移直接差分，跟踪结构实际变形与受力，而动力松弛法对速度进行差分；从本质上来说，向量式有限元是一种有限元方法，利用向量式有限元的基本概念可以开发诸如杆单元、梁单元、索单元、膜单元、板壳单元、固体单元等多种类型的刚性和柔性单元，其应用范围远远大于主要用于柔性结构找形分析的动力松弛法。

(2) 向量式有限元避免了求解非线性方程组，计算过程中没有刚度矩阵，也就不存在矩阵的奇异问题，可以克服传统有限元法在大变形、大变位、发生刚体运动等情况下出现的不收敛，能够跟踪结构变形的整个过程。途径单元、逆向运动等概念的提出使得向量式有限元能处理更加复杂的非线性过程，包括断裂、碰撞等传统有限元法较难求解的状态非线性过程。这使得向量式有限元法十分有利于求解具有很强非线性的结构。

(3) 本文利用传统有限元索单元的概念，推导了适用于向量式有限元程序的索单元，包括预应力直线索单元和抛物线索单元，并通过算例验证了其可行性，得到了满意的结果。

(4) 将向量式有限元及其预应力索单元理论引入到弦支叉筒网壳结构静力分析中，与传统非线性有限元分析结果对比，表明这种方法在诸如弦支叉筒网壳结构的复杂空间结构的静力分析中是有效的。它提供了一种更加直接简便的分析方法，并且简化了预应力的引入，无需找形找力，在确定初始预应力后就可对结构进行分析。向量式有限元方法简便、直接、有效，为结构分析与研究，特别是预应力结构的非线性分析研究提供了一种新的方法和手段。

第 6 章　基于向量式有限元的断索失效全过程分析

6.1　引言

近年来，随着大跨度空间结构的发展与应用，连续倒塌[128, 129]事件屡见不鲜，如图 6.1 所示美国哈特福德体育场双层网架屋盖结构[130]，图 6.2 为罗马尼亚布加勒斯特展览馆单层网壳屋盖[131]，均是由于受压杆件或子结构局部失稳导致连续倒塌事故。

图 6.1　美国哈特福德体育场屋顶连续倒塌

图 6.2　罗马尼亚布加勒斯特展览馆连续倒塌

弦支网壳结构是一种由上部网壳和下部预应力索杆体系组合而成的高效空间结构。它结合了索穹顶与单层网壳的优点，具有良好的受力性能，预应力索杆体系的引入无疑大大提高了结构的效率，但拉索突然失效时，其对结构的负作用也是巨大的：一方面拉索中蕴藏的应变能在断索的一瞬间释放出来，必将对结构本身造成巨大的动力冲击作用；另一方面自平衡体系的破坏也将对周边支承构件造成巨大影响。断索问题在张力结构[132]、大跨度桥梁尤其是斜拉桥和悬索桥结构中较早得到了重视[133, 134]。近年来，索穹顶结构的断索分析也得到了重视，已有相关研究[82, 135, 136]，而弦支网壳的断索问题却研究较少[137-139]，且分析手段单一，大多基于传统有限元法进行静力或动力分析，对断索的机理也不能准确模拟。

索的破断涉及强烈的几何非线性、材料非线性和状态非线性，甚至引起结构的连续倒塌，利用传统的有限元方法，很难准确模拟和跟踪其失效过程，通常只能考虑断索后稳定状态的受力情况，或者以外力代替断索，使外力突然消失来进行非线性动力时程分析。但结构因为断索而引起的这种动力效应并未受到外界动力荷载的作用，其初始动力响应是由于几何突变所引起的，因此常规的动力反应分析与断索失效分析存在本质的区别。现有的方法不能够准确模拟断索后结构失效的全过程。向量式有限元在包含大变形、大变位等强烈非线性变化过程的求解中具有很大的优势。

本文拟运用向量式有限元进行弦支叉筒网壳结构断索失效的全过程分析。考察结构中局部索的破坏对整体结构的影响以及该结构的抗连续倒塌能力。模拟分析了各类杆件破断后结构其余杆件内力的变化和结构最终到达的平衡态，通过观察局部索的破断是否引起其他构件松弛从而造成较大节点变位来判断结构体系是否安全，通过观察局部索的破断是否引起其他构件的强度破坏来判断结构是否发生连续倒塌。

6.2 弹塑性向量式有限元模型的建立

6.2.1 材料弹塑性模型

为考虑材料弹塑性，分析中可采用实际测得的应力应变曲线，亦可采用应力应变简化模型，文献[140]给出了几种常见的简化模型。

(1) 理想弹塑性模型。如图 6.3 所示，对于软钢或强化率较低的材料，当应变不太大时可忽略强化作用，而假设为图 6.3 实线所示的理想弹塑性。考虑从零应力开始，未曾卸载过的塑性规律如下：

$$
\begin{aligned}
&|\sigma| < \sigma_s && \varepsilon = \sigma/E && \\
&\multirow{2}{*}{$|\sigma| = \sigma_s$} && \text{当 } \sigma \mathrm{d}\sigma = 0,\quad \varepsilon = \sigma/E + \lambda \operatorname{sign}\sigma && \text{(加载)} \\
& && \text{当 } \sigma \mathrm{d}\sigma < 0,\quad \mathrm{d}\varepsilon = \mathrm{d}\sigma/E && \text{(卸载)}
\end{aligned}
\tag{6.1}
$$

式中，λ 为一个大于或等于零的参数。

$$
\operatorname{sign}\sigma = \begin{cases} +1 & \sigma > 0 \\ 0 & \sigma = 0 \\ -1 & \sigma < 0 \end{cases}
$$

(2) 线性强化弹塑性模型。如图 6.4 所示，当材料有显著强化率时可用折线代替原有曲线，塑性规律如下：

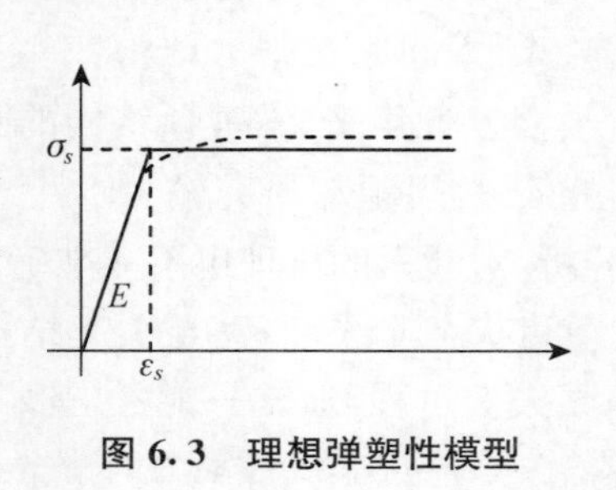

图 6.3 理想弹塑性模型

图 6.4 线性强化弹塑性模型

$$
|\sigma| \leqslant \sigma_s \qquad \varepsilon = \sigma/E
$$

$$
\text{当 } \sigma \mathrm{d}\sigma > 0,\quad \varepsilon = \frac{\sigma}{E} + (|\sigma| - \sigma_s)\left(\frac{1}{E'} - \frac{1}{E}\right)\operatorname{sign}\sigma \quad \text{(加载)}
$$

$$|\sigma| > \sigma_s$$
$$\text{当 } \sigma \mathrm{d}\sigma < 0, \quad \mathrm{d}\varepsilon = \mathrm{d}\sigma / E \qquad (\text{卸载}) \tag{6.2}$$

此外，常用的还有一般加载规律模型、幂次强化模型和 Ramberg-Osgood 模型等。在应力改变符号并产生反向屈服的情况下，常采用以下两种简化模型：

(1) 等向强化模型，即认为拉伸时的强化屈服极限和压缩时的强化屈服极限始终相等，如图 6.5 中的 BB''，其表达式为

$$|\sigma| = \psi\left(\int |\mathrm{d}\varepsilon^p|\right) \tag{6.3}$$

式中，$\int |\mathrm{d}\varepsilon^p|$ 表示塑性应变按照绝对值进行累积，不论其为拉伸或压缩都使屈服极限提高。

(2) 随动强化模型，即认为弹性的范围不变，如图 6.5 中所示 BB' 在塑性变形后将原点从 O 移到 O'。可表示为

$$|\sigma - H(\varepsilon^p)| = \sigma_s \tag{6.4}$$

在线性强化的情形写成

$$|\sigma - c\varepsilon^p| = \sigma_s \tag{6.5}$$

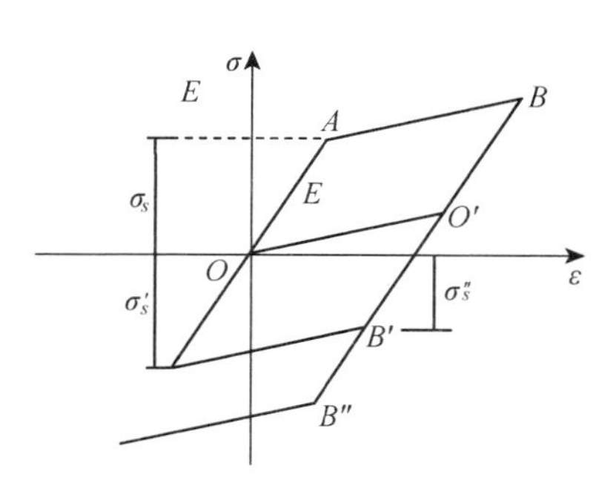

图 6.5　反向加载曲线

构件截面屈服后，引入塑性铰模型。根据《钢结构设计规范》可知，轴力和弯矩共同作用下的屈服条件

$$\frac{N}{A_n} \pm \frac{M_x}{\gamma_x W_{nx}} \pm \frac{M_y}{\gamma_y W_{ny}} \leqslant f \tag{6.6}$$

式中，N 为轴力；M_x、M_y 为同一截面处绕 x 轴和 y 轴的弯矩；W_{nx}、W_{ny} 分别为对 x 轴和 y 轴的净截面模量；γ_x、γ_y 为与截面模量相应的截面塑性发展系数，对圆钢管，$\gamma_x = \gamma_y = 1.15$。

6.2.2　断裂行为

6.2.2.1　断裂准则

判断构件发生断裂的标准通常以构件材料试验为依据，也可以人为设定断裂准则。例如，对于杆单元来说，

$$\sigma_n \geqslant \sigma_{\max} \tag{6.7}$$

$$\varepsilon_n \geqslant \varepsilon_{\max} \tag{6.8}$$

式中，σ_n、ε_n 分别为局部坐标系下单元时间步 n 的应力和应变；$\sigma_{\max}$、$\varepsilon_{\max}$ 分别为单元断裂时的极限应力和极限应变。

根据材料试验数据和文献给出的参考数据[141]，杆单元断裂时的极限轴向应变为 0.003，梁单元内除轴力外，还存在弯矩和扭矩的作用，断裂时的轴向应变约为 0.003，中性层曲率约为 0.000 4，外层纤维轴向转角率为 0.000 4。

6.2.2.2 断裂模态

断裂模态即构件断裂的方式。断裂可以发生在构件的任意位置，这需要根据构件内部应力及变形决定如何断裂。为了使计算简便，向量式有限元针对杆件给出了三种简化断裂模态：

(1) 断裂产生在联接点，如图 6.6。增加质点 E，并赋予质量 m_E，重新计算质点 A 的质量 m_A。质点 E 的位置坐标和初速度通过下式确定：

$$d_E = d_A, \dot{d}_E = \dot{d}_A \tag{6.9}$$

(2) 断裂产生在构件中点，如图 6.7。增加两质点 E、F，并赋予质量 m_E、m_F，重新计算质点 A、D 的质量 m_A、m_D。质点 E、F 的位置坐标和初速度通过下式确定：

$$d_E = d_F = \frac{d_A + d_D}{2} \tag{6.10}$$

$$\dot{d}_E = \dot{d}_F = \frac{\dot{d}_A + \dot{d}_D}{2} \tag{6.11}$$

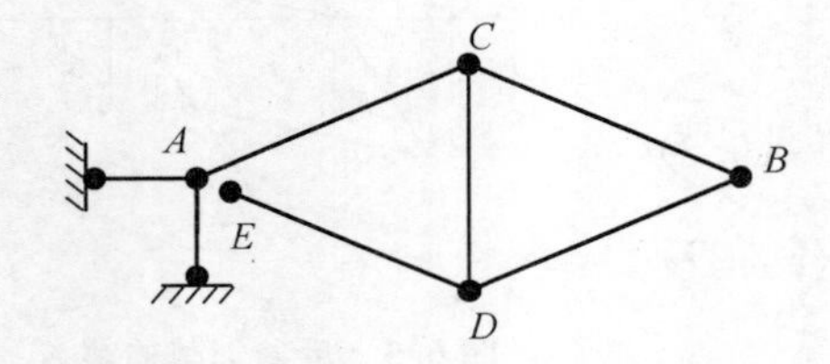

图 6.6 杆件端点断裂

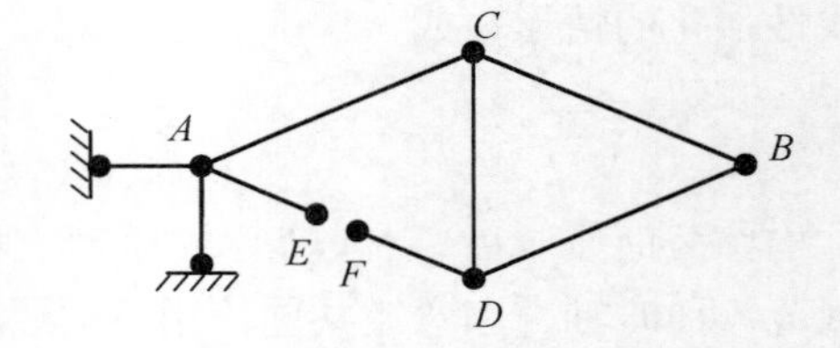

图 6.7 杆件中间断裂

(3) 断裂同时产生在构件两端点上，如图 6.8。杆件 AD 断落，EF 成为自由运动的裂片或碎块，则增加两个质点 E、F，并赋予质量 m_E、m_F，重新计算质点 A、D 的质量 m_A、m_D。质点 E、F 的位置坐标和初速度分别与质点 A、D 相同。

$$d_E = d_A,\ d_F = d_D \tag{6.12}$$

$$\dot{d}_E = \dot{d}_A,\ \dot{d}_F = \dot{d}_D \tag{6.13}$$

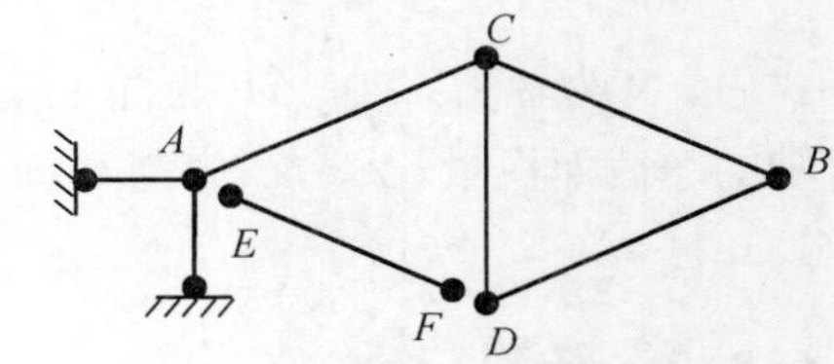

图 6.8 杆件两端同时断裂

针对结构的断裂行为，整个变形过程根据断裂前后可分为两个途径单元，新产生的质点在下一途径单元受到的内力及外力需要通过与质点相连的单元重新计算得到。

6.2.3 算例

如图 6.9 所示的一简单桁架结构，所有节点为铰接，杆件截面积为 2 cm^2，长度均为 1.2 m，AB 之间的水平距离为 2 m。弹性模量为 1.8×10^5 MPa，屈服强度为 210 MPa，节点 C 处受到从零逐渐增大的竖向力 F 作用，荷载单位时间步长内增量 $\Delta F = 0.5$ N，直至杆件发生断裂(图 6.10)。采用理想弹塑性材料模型建立向量式有限元计算模型，使用单个杆单元模拟杆件，时间步长为 0.000 1 s，虚拟阻尼系数为 100。

假设杆件从中间断裂，整个加载过程中 C 点的竖向位移曲线如图 6.11 所示，断裂后掉落的自由杆件轴力时程曲线如图 6.12 所示。由图可知，0.23 s 杆件进入屈服阶段，C 点竖向位移迅速增大，杆件继续受拉，0.24 s 杆件轴向变形达到断裂准则，从杆件中间发生断裂，C 点由于杆件内力的作用向上运动，并伴随着杆件内力的振动。最后杆件由于重力掉落，杆件轴力渐趋于零，变形过程如图 6.13 所示。

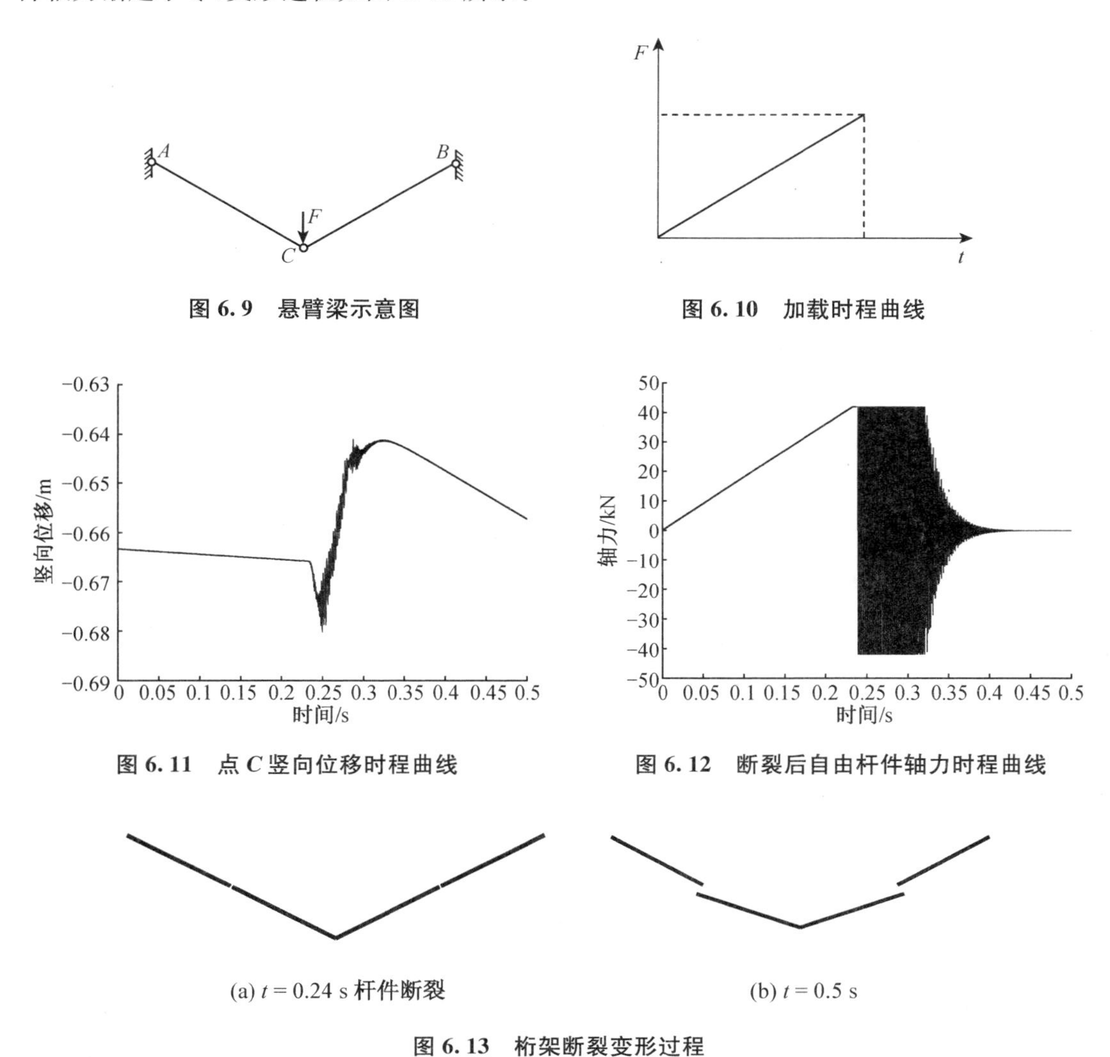

图 6.9　悬臂梁示意图

图 6.10　加载时程曲线

图 6.11　点 C 竖向位移时程曲线

图 6.12　断裂后自由杆件轴力时程曲线

图 6.13　桁架断裂变形过程

6.3　弦支叉筒网壳断索全过程分析

本文所研究的拉索失效问题是由于初始缺陷或不可抗力等原因而突然断裂，重点是研究断索后对整体结构产生的影响，因此对拉索破断前的判断，破断时拉索本身裂纹的产生、扩展及其余各种能量耗散不加讨论，假设拉索某一时刻突然从节点处断开，构件断索前平衡

态初始内力为 F_a，断索后平衡态内力为 F_b，断索后振动过程中最大内力和最小内力分别为 F^*_{max}，F^*_{min}。本书规定断索后振动过程中最大内力与断索前平衡态内力之比为最大内力比 η^*_{max}，最小内力与断索前平衡态内力之比为最小内力比 η^*_{min}，断索后平衡态内力与断索前平衡态内力之比为平衡态内力比 η。最大、最小内力比反映了断索后振动的剧烈程度，而平衡态内力比反映了断索对结构内力的总体影响程度。

$$\eta^*_{max} = \frac{F^*_{max}}{F_a} \tag{6.14}$$

$$\eta^*_{min} = \frac{F^*_{min}}{F_a} \tag{6.15}$$

$$\eta = \frac{F_b}{F_a} \tag{6.16}$$

6.3.1 基本模型

采用本书第三章静力计算的十二边形谷线式弦支叉筒网壳结构模型，如图 6.14 所示。上部叉筒网壳杆件截面均为 ϕ425 mm×10 mm，弹性模量 2.06×10^5 MPa，密度为 7.85×10^3 kg/m^3；竖杆 G1、G2、G3 长度分别为 9.8 m、7.3 m、6 m，截面积均为 50 cm^2；拉索截面积为 100 cm^2，弹性模量 1.8×10^{11} N/m^2，密度为 6.55×10^3 kg/m^3。结构承受除自重外，还有 0.5 kN/m^{2}的附加恒荷载、0.5 kN/m^{2}的活荷载。

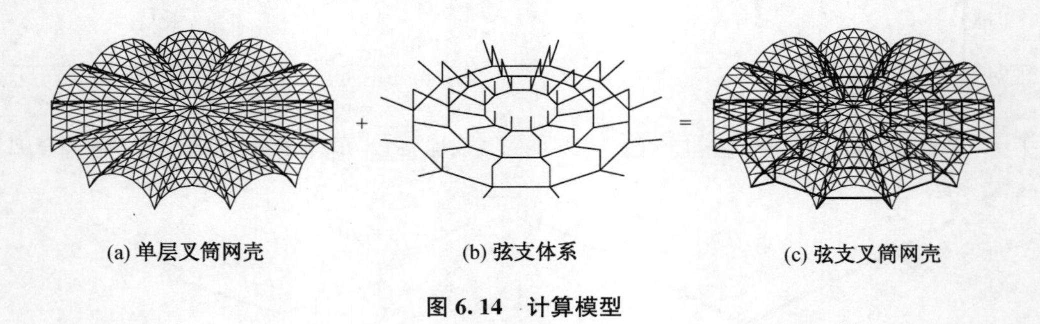

图 6.14　计算模型

建立向量式有限元弹塑性模型，选定断裂模态为端点断裂，首先选取虚拟阻尼系数为 0，得到断索后的动力响应，然后选取虚拟阻尼系数为近似临界阻尼系数，使得结构断索后尽快达到稳定平衡，得到其断索后平衡态的稳定值，比较断索震动过程中最大响应值与断索前后平衡态稳定值，从而得知断索后动力响应的剧烈程度。上部叉筒网壳每根构件划分为单个梁单元，下部索杆体系中每根竖杆划分为单个杆单元，每根索单元划分为 40 个杆单元，便于考虑断索的摆动与垂度。整个分析过程分为两个阶段：索破断前(0～1 s)结构处于正常工作状态，受到 1.0 倍恒荷载+1.0 倍活荷载作用，处于静力稳定状态；之后拉索突然断裂，分析其后 8 s(1～9 s)内的结构响应。选取如图 6.15 所示网壳部分杆件和节点，以及索杆体系中部分拉索、竖杆，考察其断索过程内力及位移的变化情况。

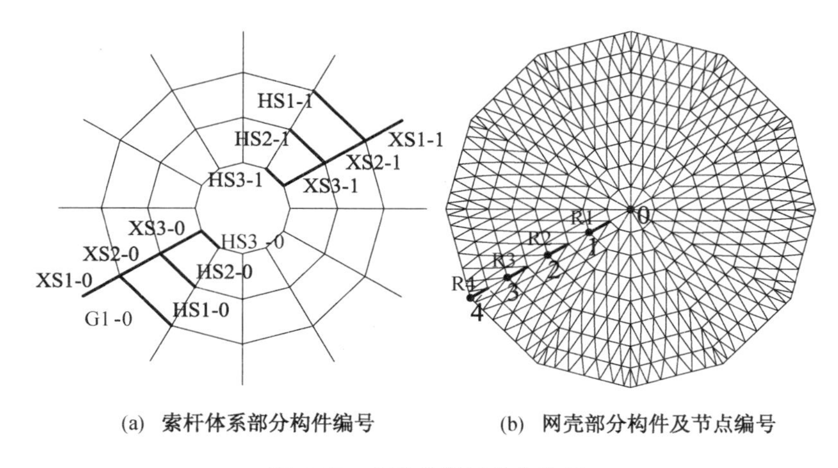

(a) 索杆体系部分构件编号　　(b) 网壳部分构件及节点编号

图 6.15　部分构件及节点编号

6.3.2　XS1 破断

图 6.16 为 XS1 破断后 8 s 内结构变形全过程示意图。由图可知，由于 XS1 含有较大预应力，破断后断索发生剧烈的摆动和回弹，与断索直接相连的竖杆摆动幅度较大，同圈拉索在振动过程中也出现了松弛，其余拉索未见有明显的松弛现象。

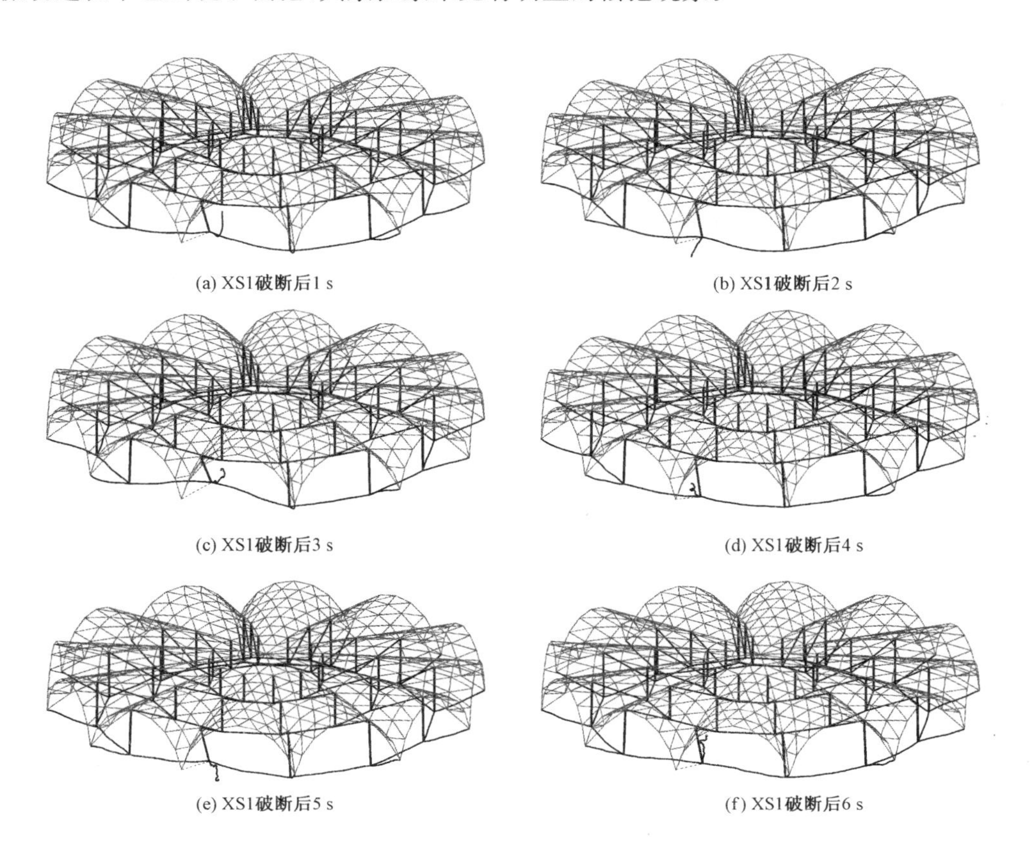

(a) XS1破断后1 s　　(b) XS1破断后2 s

(c) XS1破断后3 s　　(d) XS1破断后4 s

(e) XS1破断后5 s　　(f) XS1破断后6 s

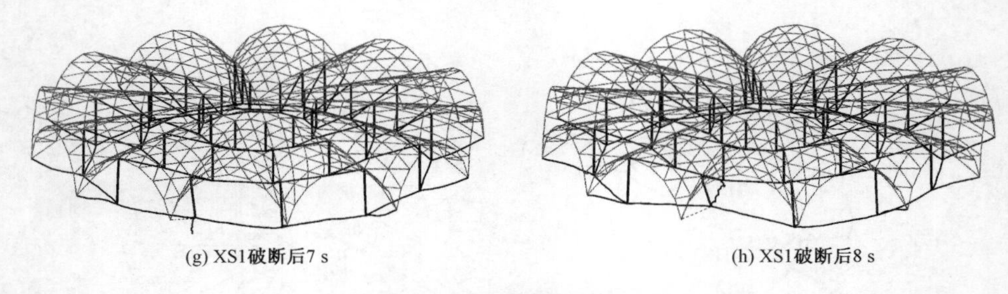

(g) XS1破断后7 s　　(h) XS1破断后8 s

图 6.16　XS1 破断后结构变形过程

图 6.17 为中心节点 0 和与断索直接相连竖杆上端节点 3 的竖向位移曲线，由图可知，节点 0 的振动较为规律，而节点 3 由于下部拉索的摆动造成其位移变化不规律。最终节点 0 稳定在－63.5 mm 左右，节点 3 稳定在－23.0 mm 左右，但振动过程的最大值分别达到－109.4 mm和－49.9 mm，为断索后稳定态的 1.7 倍和 2.2 倍。振动引起节点最大位移远大于静止平衡态的位移值，振幅较大，可能影响结构的适用性。图 6.18 为节点 4 处的径向支座反力与竖向支座反力随时间变化曲线，当 XS1 破断后支座处用于平衡网壳结构向外推力的斜索拉力突然消失，节点 4 处的径向支座反力有一个阶跃，并迅速由向外的拉力变为向内的较大推力。由于上部网壳为刚性结构，振动频率较高，且由图可知振幅较大，尤其是如果忽略振动过程，竖向支座反力断索前后稳定态的变化较小，但事实上振动过程中，竖向支座反力幅值可能达到最终稳定态反力的 1.56 倍，即增长 50%左右，这对支座的竖向刚度要求较高，设计时应重视。图 6.19 为上部网壳杆件 R3、R4 轴力在断索后的时间历程曲线，R3 因为与断索所在索杆相邻，受到振动影响较大，振幅较高，R4 与支座相连，当 XS1 破断后竖杆失去支撑能力，R4 杆件轴力迅速增大，上部网壳内力重分布，然后在平衡位置附近振动。图 6.20 为另外两圈环索的轴力时程曲线，由图可知两圈环索的轴力有较大的振动，但均为拉力，表明环索在振动的整个过程中不会松弛。

表 6.1 列出了 XS1 破断前后部分构件的内力，其中 Rer 为径向支座反力，Rev 为竖向支座反力。构件的内力比较大，这表明振动过程中的内力变化剧烈，仅仅考虑最终平衡态是不够的。由于最外圈斜索破断，其余索杆内力重分布，最终达到平衡状态。从内力比可以看出最内圈的振动较强，中间略小。断索后外圈索杆的内力重新分配，环索仍然保留一部分拉

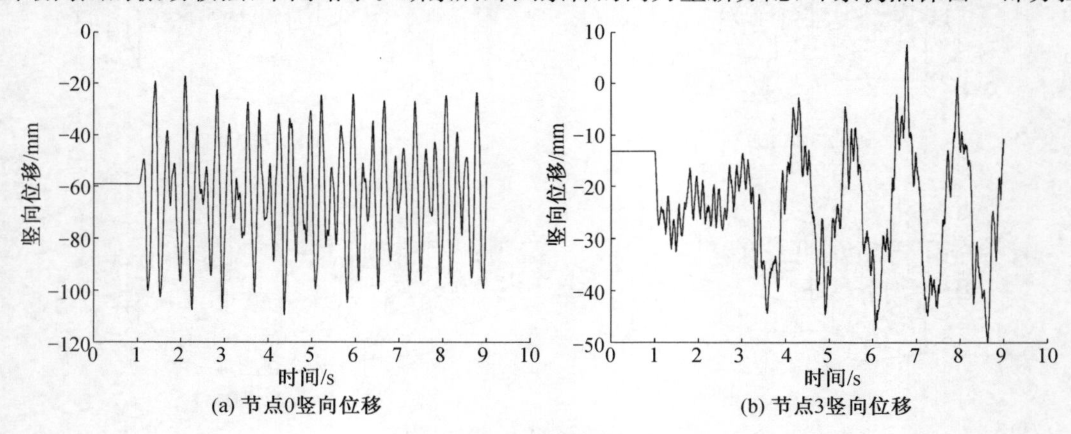

(a) 节点0竖向位移　　(b) 节点3竖向位移

图 6.17　节点竖向位移曲线

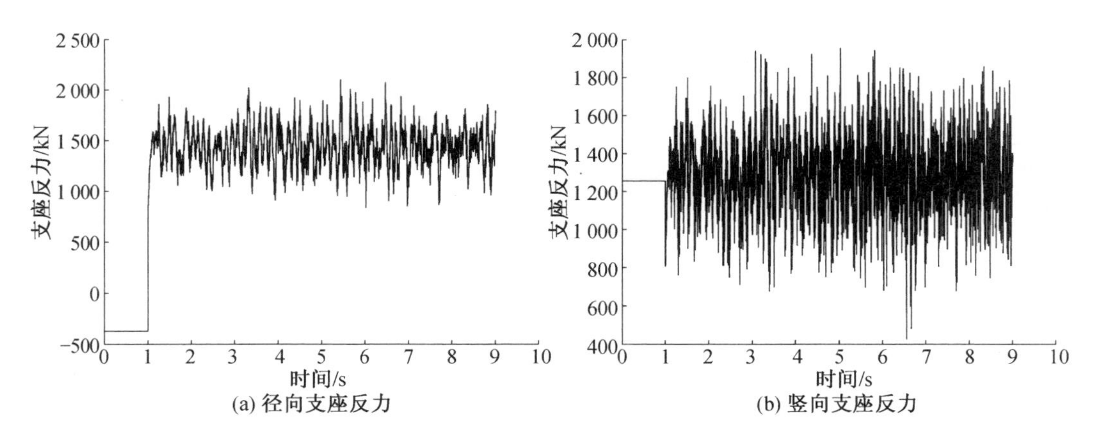

(a) 径向支座反力 (b) 竖向支座反力

图 6.18 节点 4 支座反力曲线

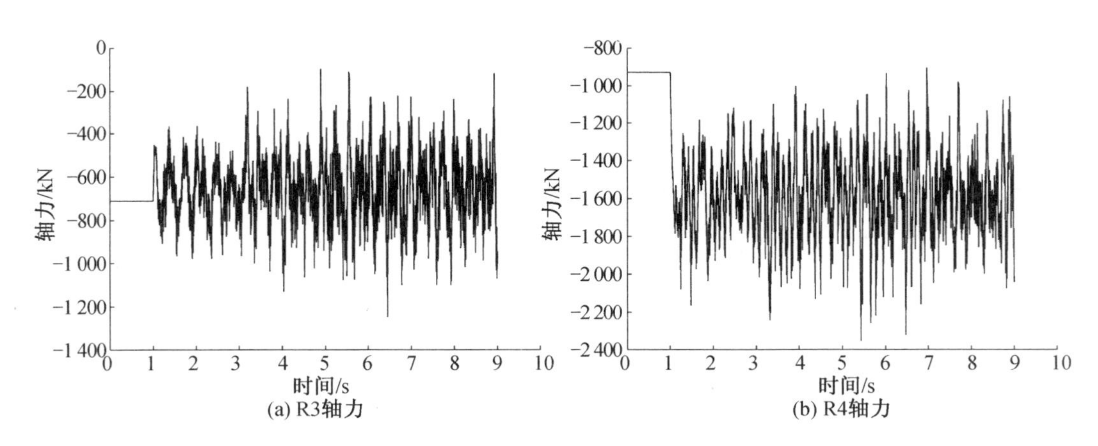

(a) R3轴力 (b) R4轴力

图 6.19 网壳杆件轴力时间历程曲线

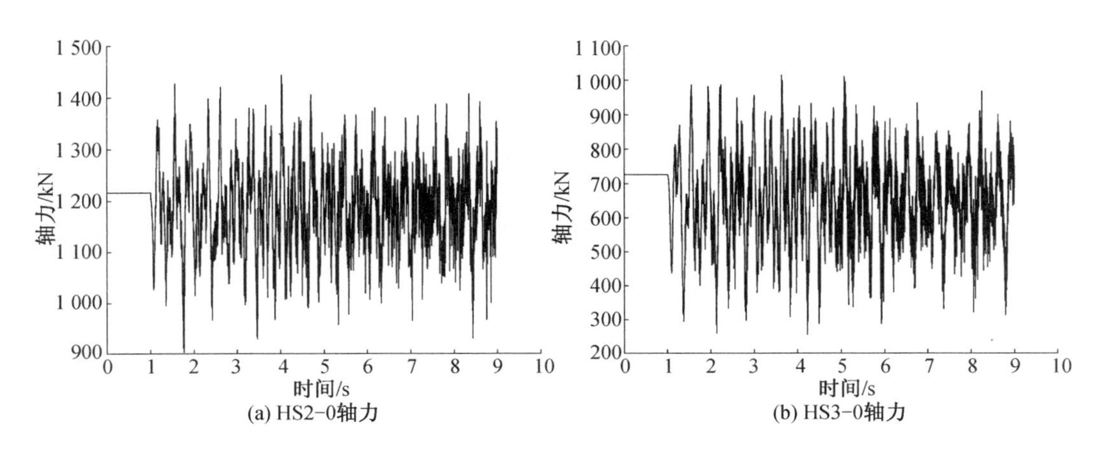

(a) HS2−0轴力 (b) HS3−0轴力

图 6.20 环索轴力时间历程曲线

力,外圈索杆体系并未整体失效。竖杆 G1-0 的内力变化较大,竖杆直接承受了断索带来的巨大冲击,因此竖杆与上部网壳的连接节点将承受很大的剪力冲量。

表 6.1 XS1 破断前后部分构件轴力 单位:kN

编号	F_a	F_{max}^*	F_{min}^*	F_b	η_{max}^*	η_{min}^*	η
R1	−620.00	−1 376.58	−227.88	−758.98	2.22	0.37	1.22
R2	−425.24	−1 068.45	31.99	−507.76	2.51	−0.08	1.19
R3	−710.76	−1 246.90	−95.11	−674.61	1.75	0.13	0.95
R4	−928.11	−2 353.72	−902.51	−1 572.14	2.54	0.97	1.69
XS1-1	1 294.27	702.42	0.00	28.92	0.54	0.00	0.02
HS1-0	2 348.35	1 160.05	0.00	49.11	0.49	0.00	0.02
HS1-1	2 348.35	1 074.07	0.00	52.63	0.46	0.00	0.02
XS2-0	670.41	926.13	384.21	651.49	1.38	0.57	0.97
XS2-1	670.41	908.71	399.04	651.50	1.36	0.60	0.97
HS2-0	1 216.57	1 444.80	902.10	1 182.27	1.19	0.74	0.97
HS2-1	1 216.57	1 453.45	930.09	1 182.26	1.19	0.76	0.97
XS3-0	400.18	660.15	86.84	351.27	1.65	0.22	0.88
XS3-1	400.18	637.92	82.14	351.29	1.59	0.21	0.88
HS3-0	726.30	1 016.23	255.88	637.59	1.40	0.35	0.88
HS3-1	726.30	1 037.57	242.31	637.62	1.43	0.33	0.88
G1-0	−424.94	605.91	−342.04	27.39	−1.43	0.80	−0.06
Rer	−373.13	2 104.49	833.81	1 414.43	−5.64	−2.23	−3.79
Rev	1 254.78	1 957.38	425.36	1 258.18	1.56	0.34	1.00

6.3.3 HS1 破断

图 6.21 为 HS1 破断后 8 s 内结构变形全过程示意图。由图可知,断索直接相连的两根竖杆摆动幅度较大,其余竖杆也有较明显的摆动,同圈拉索出现松弛,最终外圈索杆体系失效。

图 6.22 为中心节点 0 和与断索直接相连竖杆上端节点 3 的竖向位移曲线,由图可知,节点 0 由于距离断索区域较远,振动频率比节点 3 低。最终节点 0 稳定在−63.6 mm 左右,节点 3 稳定在−23.0 mm 左右,但振动过程的最大值分别达到−115.2 mm 和−31.3 mm,为断索后稳定态的 1.8 倍和 1.4 倍。图 6.23 为节点 4 处的径向支座反力与竖向支座反力随时间变化曲线,当 HS1 破断后整圈索杆体系失效,径向支座反力阶跃至 1 500 kN 左右继续振动,振幅明显大于 XS1 断裂后的振幅。竖向支座反力断索前后稳定态的变化较小,但事实上振动过程中,竖向支座反力幅值也可能达到最终稳定态反力的 2 倍左右,这对支座刚度要求较高。图 6.24 为上部网壳杆件 R3、R4 轴力在断索后的时间历程曲线,R3 因为与断索所在索杆相邻,受到振动影响较大,振幅较高,R4 与支座相连,当 HS1 破断后竖杆失去支撑能力,R4 杆件轴力发生阶跃,然后在平衡位置附近振动。图 6.25 为另外两圈环索的轴力时程曲线,由图可知两圈环索的轴力有较大的振动,但稳定态轴力变化不大,且均为拉力,表明环索在振动的整个过程中没有出现松弛。

表 6.2 列出了 HS1 破断前后部分构件的内力,从内力比值可以看出与径向支座反力的动力响应最强,最外圈索杆失效。

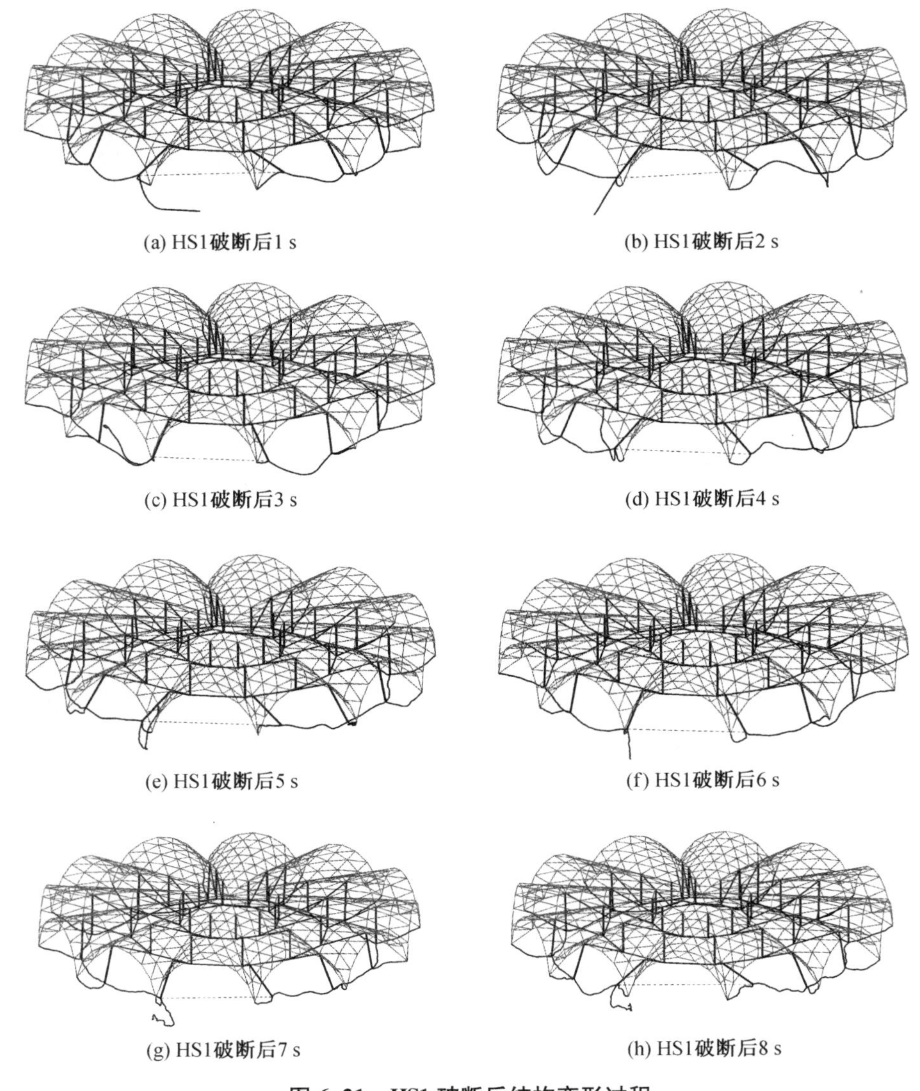

(a) HS1破断后1 s　　(b) HS1破断后2 s

(c) HS1破断后3 s　　(d) HS1破断后4 s

(e) HS1破断后5 s　　(f) HS1破断后6 s

(g) HS1破断后7 s　　(h) HS1破断后8 s

图 6.21　HS1 破断后结构变形过程

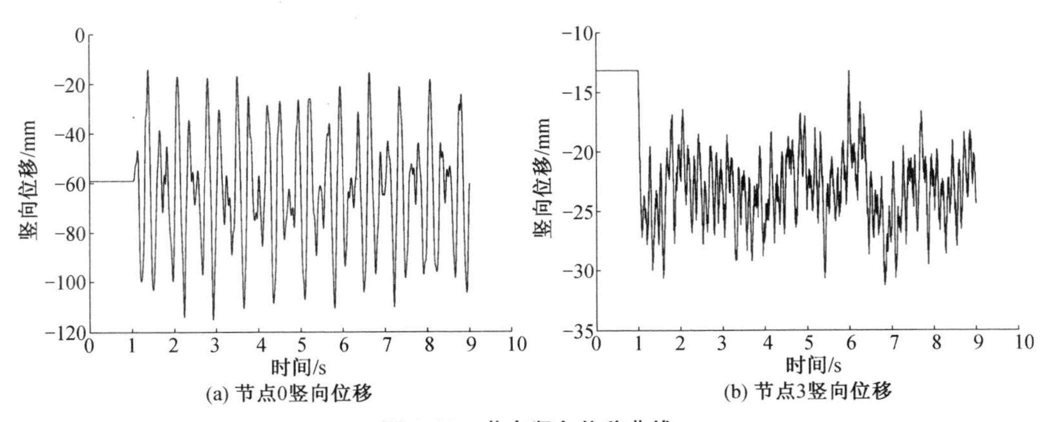

(a) 节点0竖向位移　　(b) 节点3竖向位移

图 6.22　节点竖向位移曲线

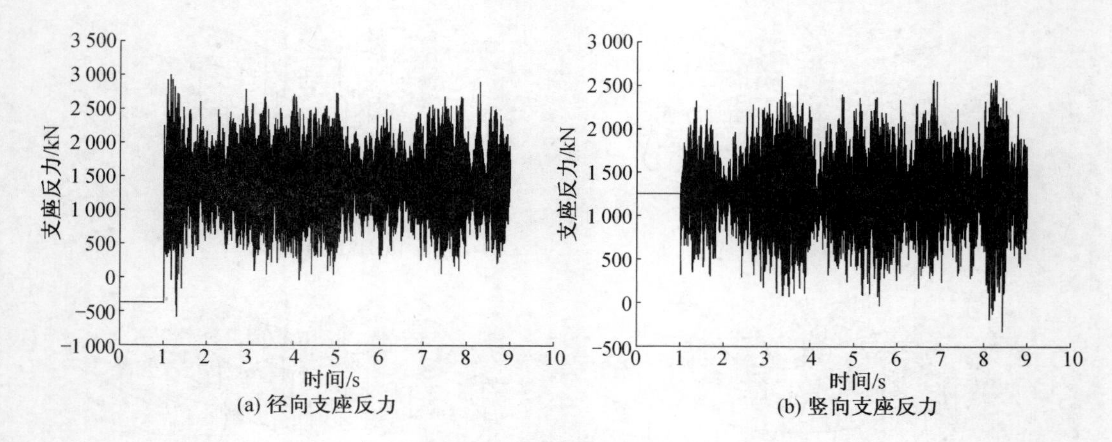

图 6.23　节点 4 支座反力曲线

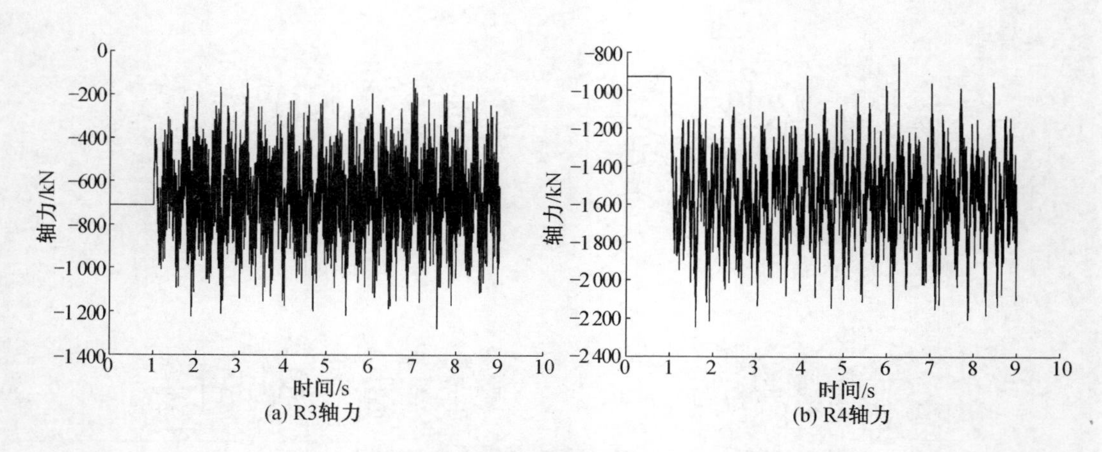

图 6.24　网壳杆件轴力时间历程曲线

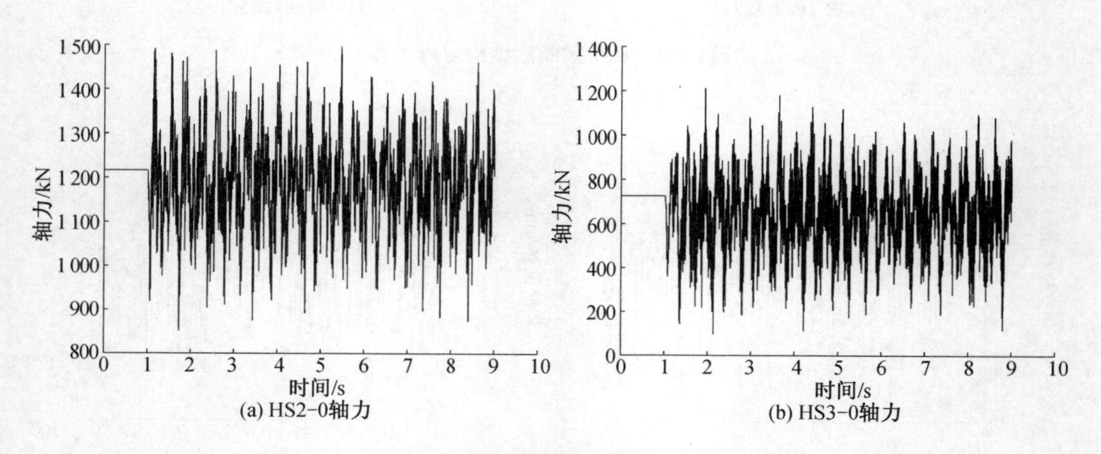

图 6.25　环索轴力时间历程曲线

表 6.2　HS1 破断后部分构件内力　　单位:kN

编号	F_a	F^*_{max}	F^*_{min}	F_b	η^*_{max}	η^*_{min}	η
R1	−620.00	−1 353.92	−181.62	−754.35	2.18	0.29	1.22
R2	−425.24	−1 065.71	60.08	−504.47	2.51	−0.14	1.19
R3	−710.76	−1 278.68	−121.23	−676.24	1.80	0.17	0.95
R4	−928.11	−2 246.34	−823.43	−1 573.51	2.42	0.89	1.70
XS1-0	1 293.91	1 340.18	0.00	5.82	1.04	0.00	0.00
XS1-1	1 294.27	2 050.75	0.00	13.95	1.58	0.00	0.01
HS1-1	2 348.35	2 425.92	0.00	25.04	1.03	0.00	0.01
XS2-0	670.41	936.14	383.50	651.47	1.40	0.57	0.97
XS2-1	670.41	918.26	370.79	651.43	1.37	0.55	0.97
HS2-0	1 216.57	1 496.71	851.62	1 182.32	1.23	0.70	0.97
HS2-1	1 216.57	1 540.20	871.85	1 182.35	1.27	0.72	0.97
XS3-0	400.18	693.21	0.00	350.83	1.73	0.00	0.88
XS3-1	400.18	826.76	0.00	350.79	2.07	0.00	0.88
HS3-0	726.30	1 212.81	96.38	636.73	1.67	0.13	0.88
HS3-1	726.30	1 191.16	75.41	636.65	1.64	0.10	0.88
G1-0	−424.94	543.61	−501.03	24.44	−1.28	1.18	−0.06
Rer	−373.13	3 005.14	−587.03	1 408.60	−8.05	1.57	−3.78
Rev	1 254.78	2 607.93	−330.48	1 261.26	2.08	−0.26	1.01

6.3.4　XS2 破断

图 6.26 为 XS2 破断后 8 s 内结构变形全过程示意图。由图可知,XS2 破断后发生剧烈的摆动和回弹,与断索直接相连的竖杆有明显摆动,其余拉索和竖杆未见有明显的摆动。

图 6.27 为中心节点 0 和节点 2 的竖向位移曲线。由图可知,节点振动的频率不高,最终节点 0 稳定在−86.5 mm 左右,节点 2 稳定在−59.2 mm 左右,但振动过程的最大值分别达到−160.9 mm 和−95.5 mm,为断索后稳定态的 1.9 倍和 1.6 倍。图 6.28 为节点 4 处的径向支座反力与竖向支座反力随时间变化曲线,节点 4 处的径向支座反力有一个阶跃,并迅速由向外的拉力变为向内的较大推力。由于上部网壳为刚性结构,振动频率较高,但其振动的频率和振幅不如外圈索破断引起的振动。图 6.29 为上部网壳杆件 R3、R4 轴力在断索后的时间历程曲线,R3 因为与断索所在索杆相邻,受到振动影响较大,振幅较高,R4 与支座相连,当 XS2 破断后竖杆失去支撑能力,R4 杆件轴力迅速增大,上部网壳内力重分布,然后在平衡位置附近振动。图 6.30 为另外两圈环索的轴力时程曲线,由图可知 XS2 破断对最外圈环索影响不大,造成的动力响应振幅也较小,而导致内圈环索轴力增加。

表 6.3 列出了 XS2 破断前后部分构件的内力,从内力比值可以看出最内圈的振动较

强,对最外圈的影响较小。上部网壳杆件中 R3 和 R4 受到较大影响。断索后第二圈索杆的内力重新分配,环索仍然保留一部分拉力,索杆体系并未整体失效。竖杆 G2-0 的最大内力比达到 1.42,最小内力比为 −1.30,竖杆与上部网壳的连接节点将承受很大的剪力冲量。

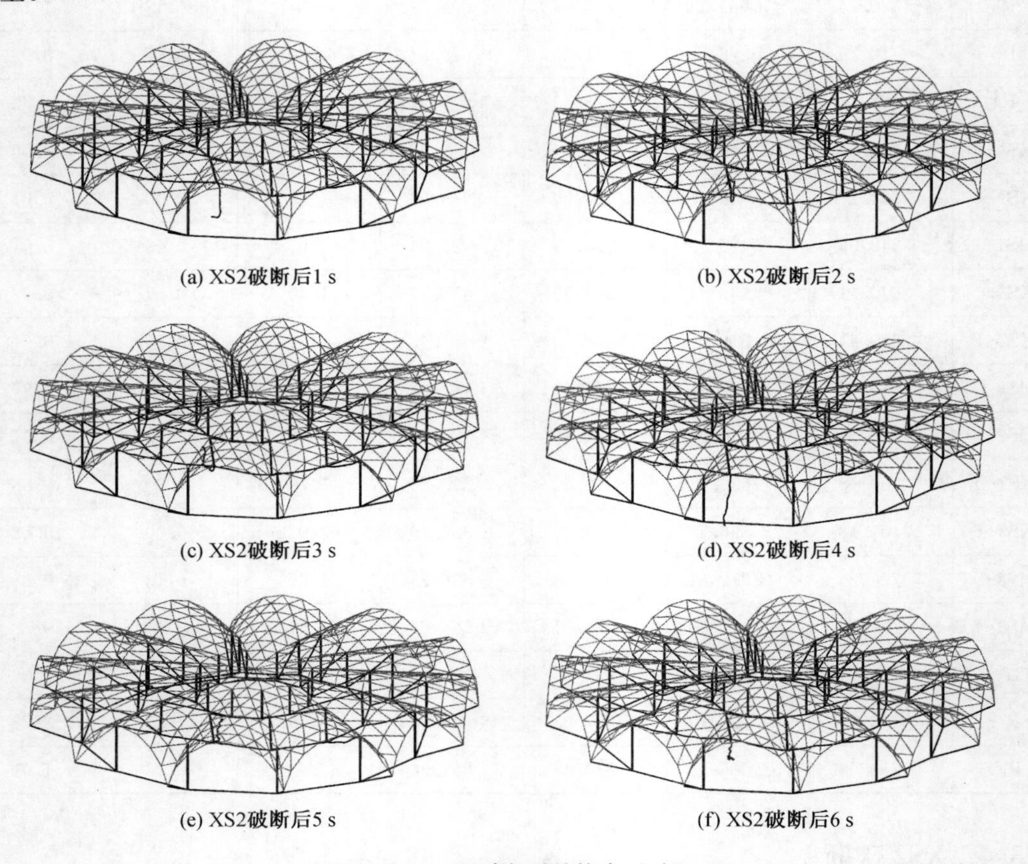

(a) XS2破断后1 s　(b) XS2破断后2 s

(c) XS2破断后3 s　(d) XS2破断后4 s

(e) XS2破断后5 s　(f) XS2破断后6 s

图 6.26　XS2 破断后结构变形过程

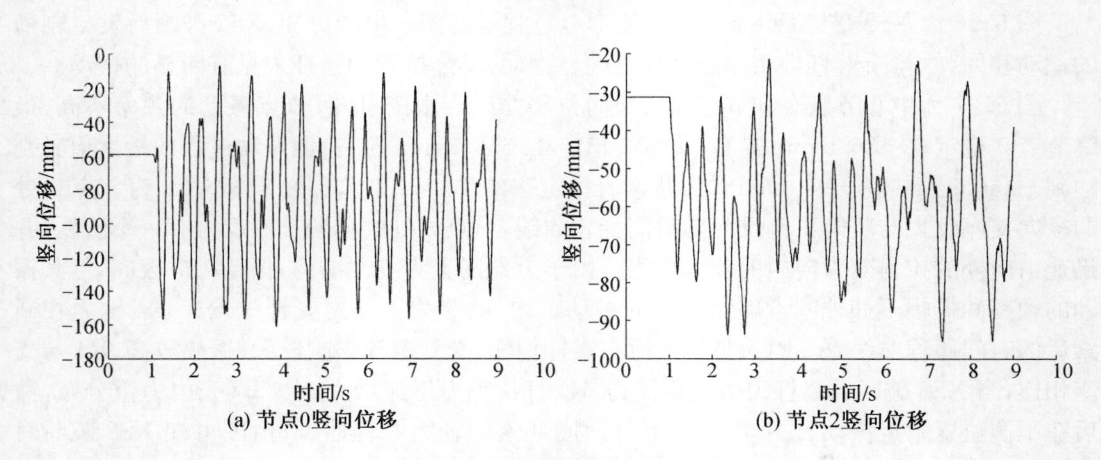

(a) 节点0竖向位移　(b) 节点2竖向位移

图 6.27　节点竖向位移曲线

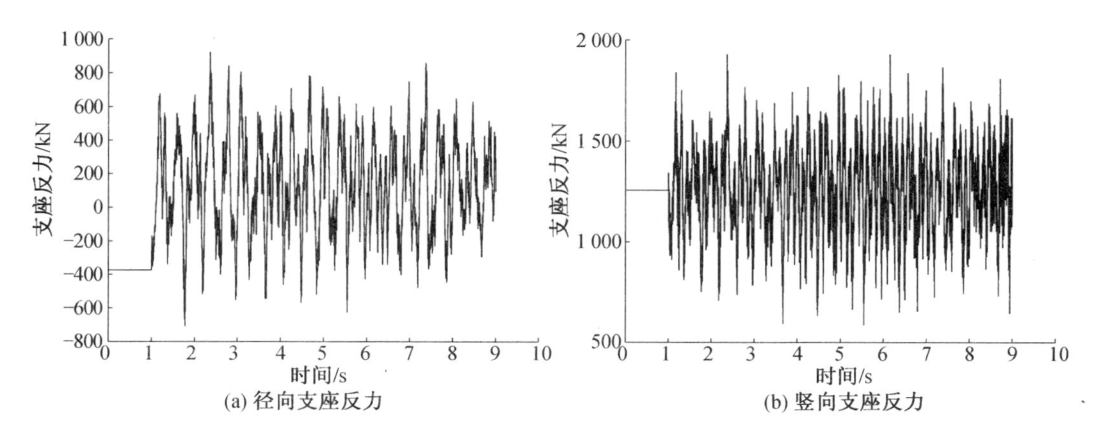

(a) 径向支座反力　(b) 竖向支座反力

图 6.28　节点 4 支座反力曲线

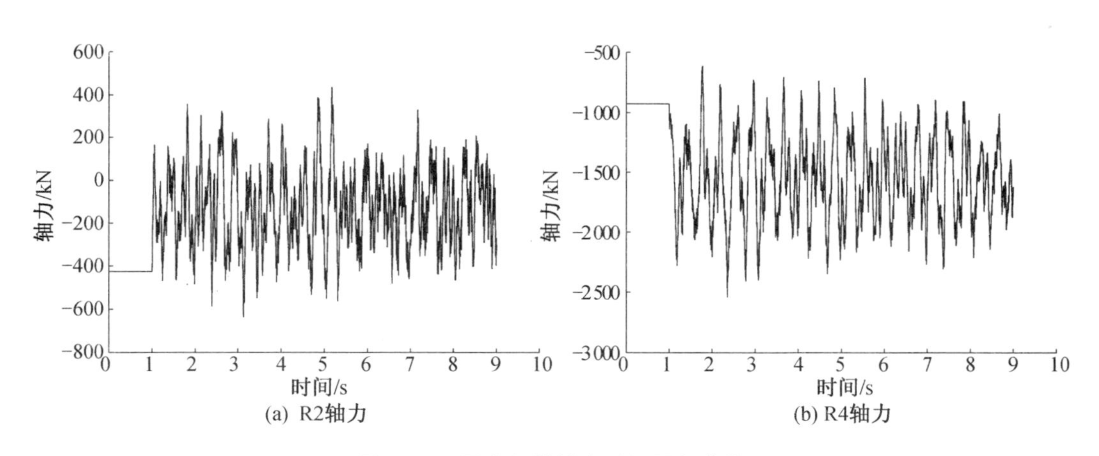

(a) R2轴力　(b) R4轴力

图 6.29　网壳杆件轴力时间历程曲线

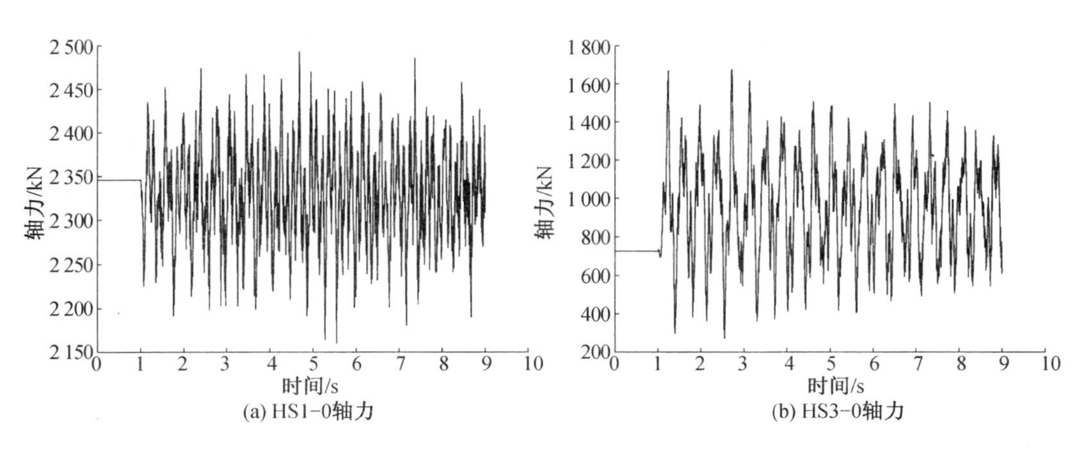

(a) HS1-0轴力　(b) HS3-0轴力

图 6.30　环索轴力时间历程曲线

表 6.3　XS2 破断后部分构件内力　　单位:kN

编号	F_a	F^*_{max}	F^*_{min}	F_b	η^*_{max}	η^*_{min}	η
R1	−620.28	−1 197.55	101.57	−573.91	1.93	−0.16	0.93
R2	−426.31	−636.40	438.39	−138.17	1.49	−1.03	0.32
R3	−708.68	−2 034.17	−466.89	−1 282.60	2.87	0.66	1.81
R4	−926.49	−2 542.24	−612.44	−1 563.28	2.74	0.66	1.69
XS1-0	1 292.82	1 444.13	1 119.28	1 281.83	1.12	0.87	0.99
XS1-1	1 292.82	1 442.88	1 130.74	1 281.85	1.12	0.87	0.99
HS1-0	2 345.96	2 493.91	2 159.56	2 325.68	1.06	0.92	0.99
HS1-1	2 345.96	2 501.38	2 146.69	2 325.70	1.07	0.92	0.99
XS2-1	672.93	329.23	0.00	24.68	0.49	0.00	0.04
HS2-0	1 220.88	557.57	0.00	43.39	0.46	0.00	0.04
HS2-1	1 220.88	464.26	0.00	44.64	0.38	0.00	0.04
XS3-0	399.66	973.38	88.91	528.63	2.44	0.22	1.32
XS3-1	399.66	941.99	117.00	528.66	2.36	0.29	1.32
HS3-0	725.35	1 677.86	272.38	959.49	2.31	0.38	1.32
HS3-1	725.35	1 718.39	273.47	959.49	2.37	0.38	1.32
G2-0	−216.62	280.75	−306.91	22.55	−1.30	1.42	−0.10
Rer	−373.08	924.38	−708.80	134.01	−2.48	1.90	−0.36
Rev	1 254.78	1 929.80	585.69	1 252.72	1.54	0.47	1.00

6.3.5　HS2 破断

图 6.31 为 HS2 破断后 8 s 内结构变形全过程示意图。由图可知，HS2 破断后断索及与其相连的竖杆发生明显的摆动，导致相邻拉索和竖杆也产生明显摆动。同圈拉索在振动过程中也出现了松弛，其余拉索未见有明显的松弛现象。

图 6.32 为中心节点 0 和与断索直接相连竖杆上端节点 2 的竖向位移曲线，最终节点 0 稳定在−87.1 mm 左右，节点 3 稳定在−59.1 mm 左右，但振动过程的最大值分别达到−162.2 mm和−87.2 mm，为断索后稳定态的 1.9 倍和 1.5 倍。节点 0 和节点 2 位移均有大幅度的增加。图 6.33 为节点 4 处的径向支座反力与竖向支座反力随时间变化曲线，由于上部网壳为刚性结构，振动频率较高。图 6.34 为上部网壳杆件 R3、R4 轴力在断索后的时间历程曲线，R3、R4 杆件轴力变化规律与 XS2 断裂时相似。图 6.35 为另外两圈环索的轴力时程曲线，由图可知最外圈环索轴力变化幅度较小，内圈环索轴力稍有增大，但均为拉力，

表明环索在振动的整个过程中不会松弛。

表 6.4 列出了 HS2 破断前后部分构件的内力，网壳杆件 R3 以及最内圈斜索与环索内力比变化较大。

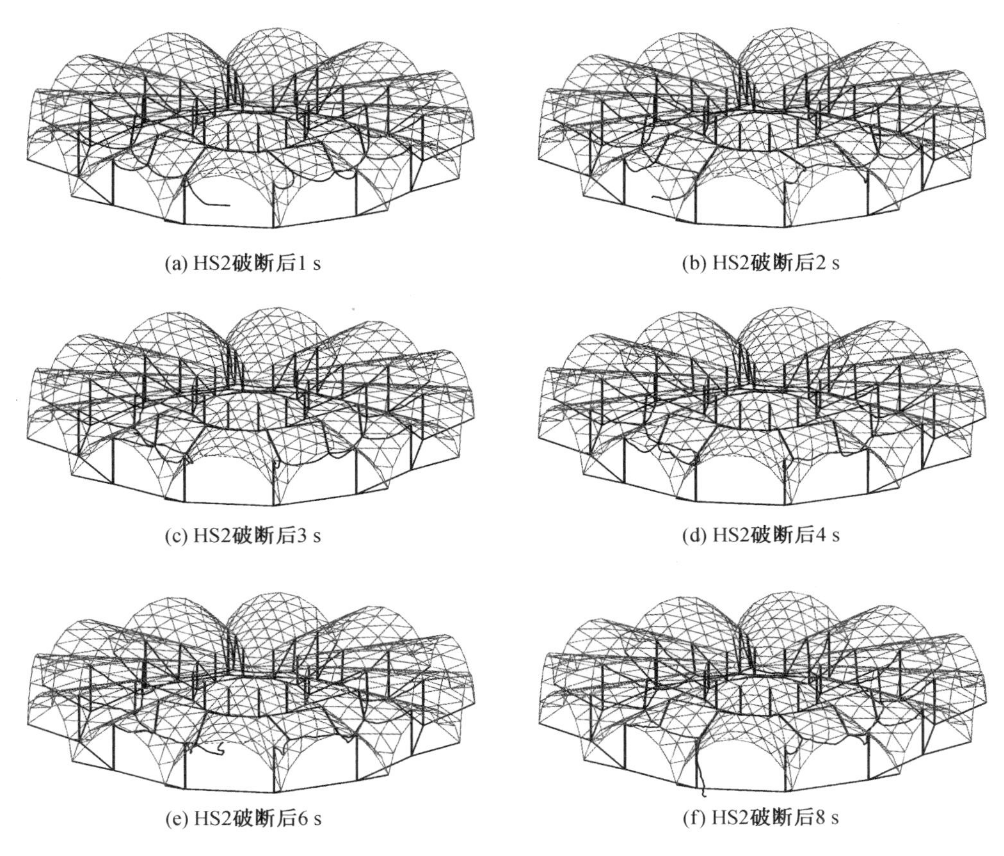

(a) HS2破断后1 s　(b) HS2破断后2 s

(c) HS2破断后3 s　(d) HS2破断后4 s

(e) HS2破断后6 s　(f) HS2破断后8 s

图 6.31　HS2 破断后结构变形过程

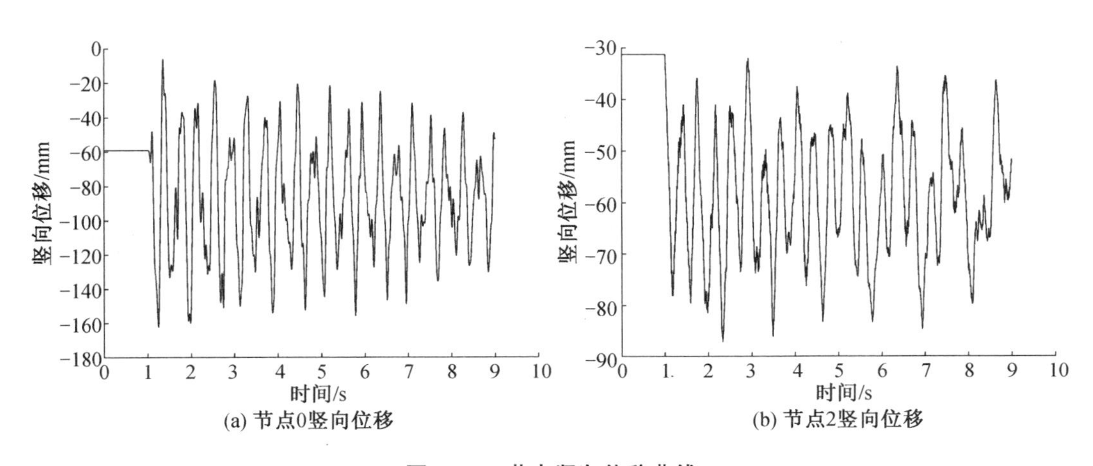

(a) 节点0竖向位移　(b) 节点2竖向位移

图 6.32　节点竖向位移曲线

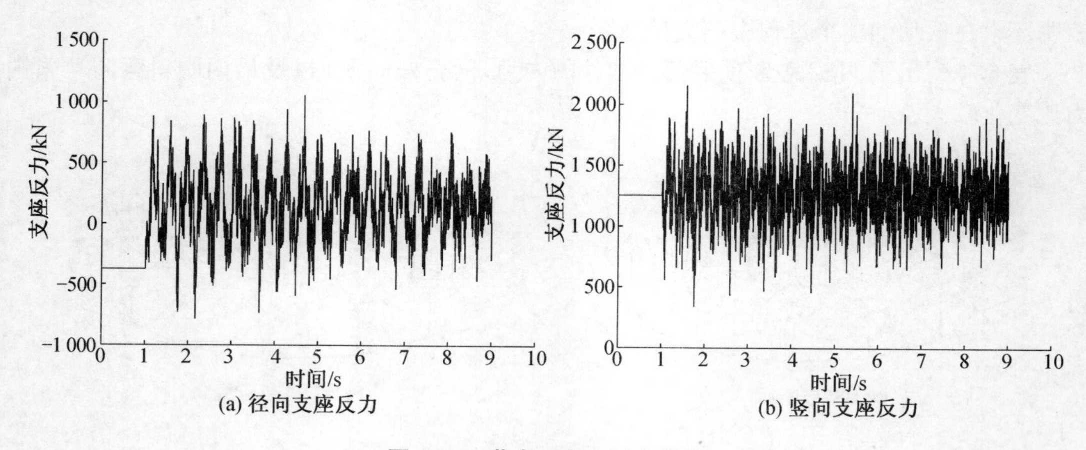

图 6.33　节点 4 支座反力曲线

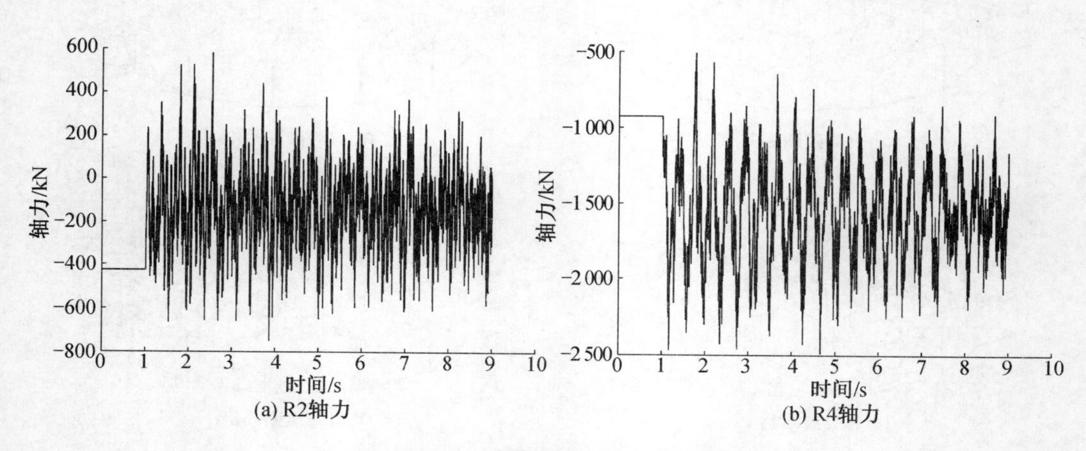

图 6.34　网壳杆件轴力时间历程曲线

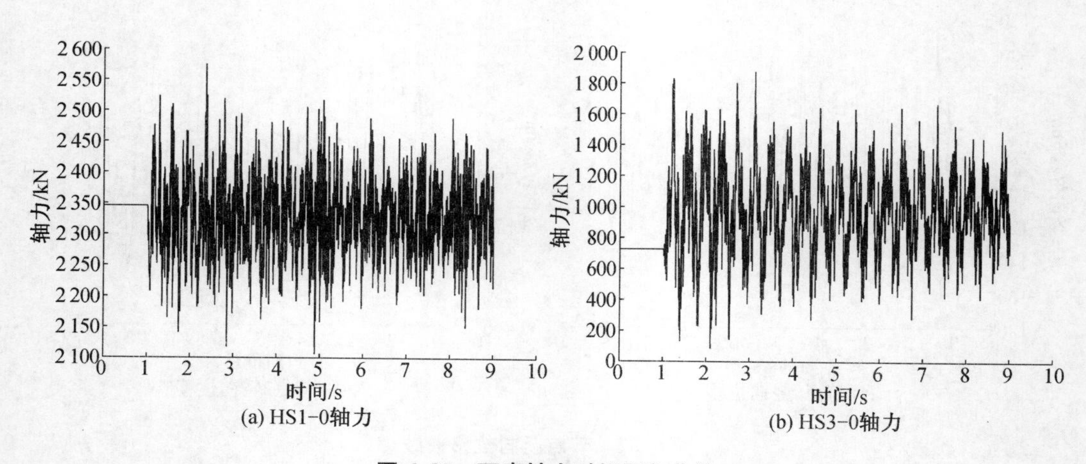

图 6.35　环索轴力时间历程曲线

表 6.4 HS2 破断后部分构件内力 单位:kN

编号	F_a	F^*_{max}	F^*_{min}	F_b	η^*_{max}	η^*_{min}	η
R1	−620.28	−1 257.69	156.30	−577.85	2.03	−0.25	0.93
R2	−426.31	−749.29	582.59	−146.13	1.76	−1.37	0.34
R3	−708.68	−2 085.52	−409.26	−1 282.96	2.94	0.58	1.81
R4	−926.49	−2 487.29	−508.09	−1 570.39	2.68	0.55	1.69
XS1-0	1 292.82	1 589.98	1 022.57	1 281.59	1.23	0.79	0.99
XS1-1	1 292.82	1 574.52	988.45	1 281.51	1.22	0.76	0.99
HS1-0	2 345.96	2 575.81	2 106.71	2 325.14	1.10	0.90	0.99
HS1-1	2 345.96	2 555.82	2 113.86	2 325.20	1.09	0.90	0.99
XS2-0	672.54	692.11	0.00	5.14	1.03	0.00	0.01
XS2-1	672.93	804.25	0.00	11.36	1.20	0.00	0.02
HS2-1	1 220.88	503.97	0.00	19.74	0.41	0.00	0.02
XS3-0	399.66	1 035.69	13.57	531.57	2.59	0.03	1.33
XS3-1	399.66	1 118.74	34.13	531.62	2.80	0.09	1.33
HS3-0	725.35	1 879.49	84.33	964.85	2.59	0.12	1.33
HS3-1	725.35	2 017.13	69.24	964.98	2.78	0.10	1.33
G2-0	−216.62	463.82	−378.10	18.14	−2.14	1.75	−0.08
Rer	−373.08	1 056.07	−786.12	140.59	−2.83	2.11	−0.38
Rev	1 254.78	2 155.51	339.45	1 258.11	1.72	0.27	1.00

6.3.6 XS3 破断

图 6.36 为 XS3 破断后 8 s 内结构变形全过程示意图。由图可知,XS3 预应力不大,破断后断索及与断索直接相连的竖杆发生摆动,相邻的竖杆未见明显摆动,拉索稍有松弛。大部分拉索未见有明显的松弛现象。

图 6.37 为中心节点 0 和与断索直接相连竖杆上端节点 1 的竖向位移曲线,由图可知,节点的振动幅度均较大,内圈索杆体系的支承作用较为显著。最终节点 0 稳定在−182.1 mm 左右,节点 3 稳定在−111.8 mm 左右,但振动过程的最大值分别达到−316.2 mm 和−174.2 mm,为断索后稳定态的 1.7 倍和 1.6 倍。图 6.38 为节点 4 处的径向支座反力与竖向支座反力随时间变化曲线, XS3 破断对支座反力的影响较小。图 6.39 为上部网壳杆件 R3、R4 轴力在断索后的时间历程曲线,R3、R4 杆件轴力有较大的振动。图 6.40 为其余两圈环索的轴力时程曲线,由图可知外圈环索轴力略有增加,中间环索的轴力略有减小,

均为拉力，表明环索在振动的整个过程中不会松弛。

表 6.5 列出了 XS3 破断前后部分构件的内力，从内力比值可以看出中圈拉索的振动较强，对外圈索杆的影响较小。

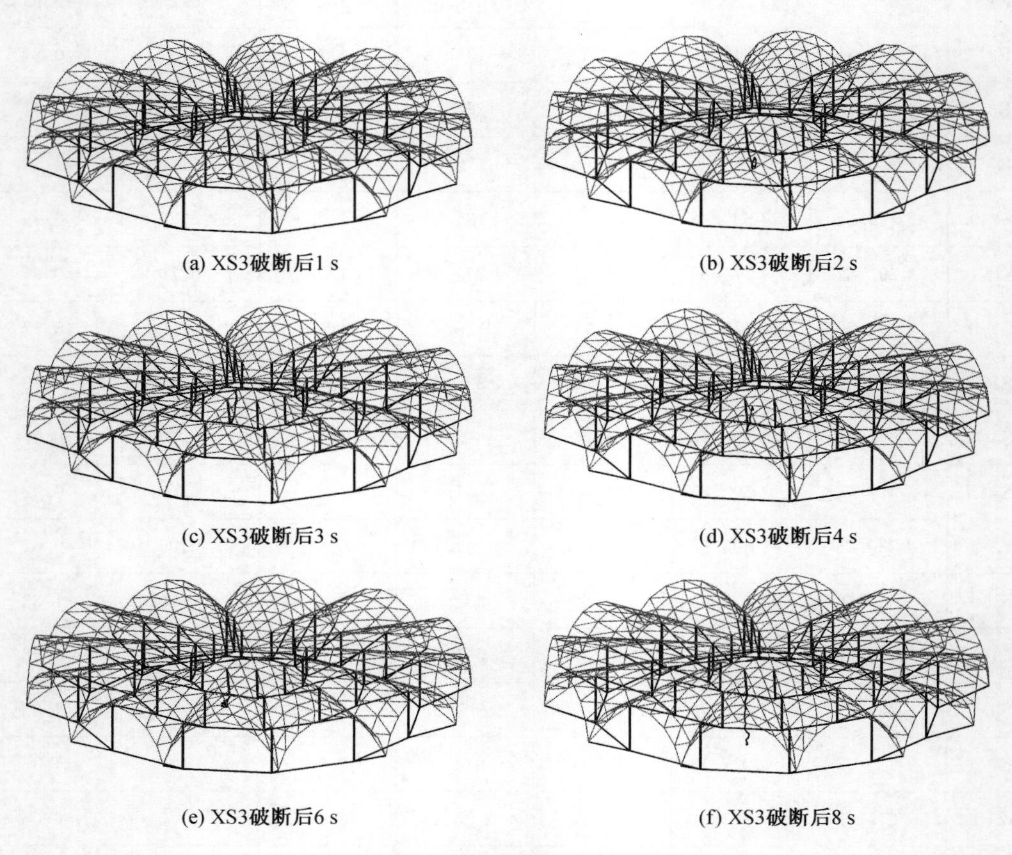

(a) XS3破断后1 s　(b) XS3破断后2 s

(c) XS3破断后3 s　(d) XS3破断后4 s

(e) XS3破断后6 s　(f) XS3破断后8 s

图 6.36　XS3 破断后结构变形过程

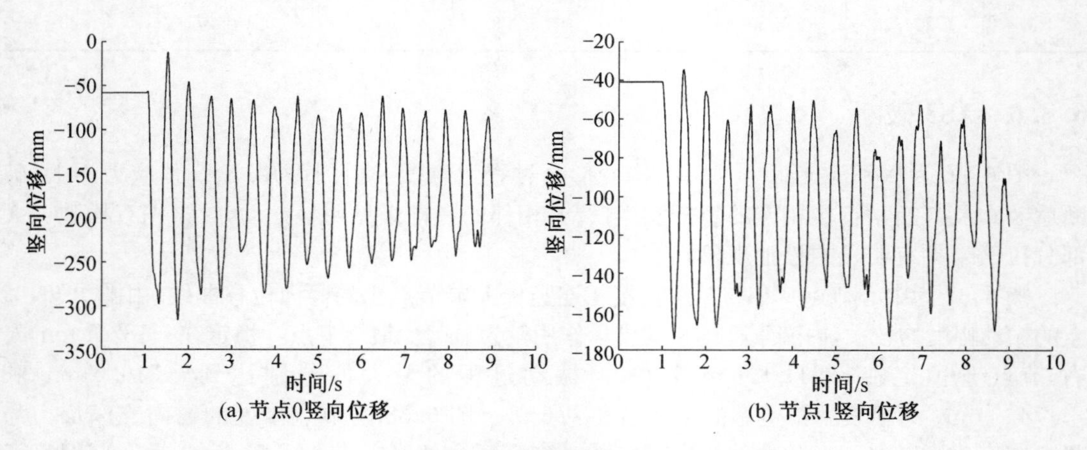

(a) 节点0竖向位移　(b) 节点1竖向位移

图 6.37　节点竖向位移曲线

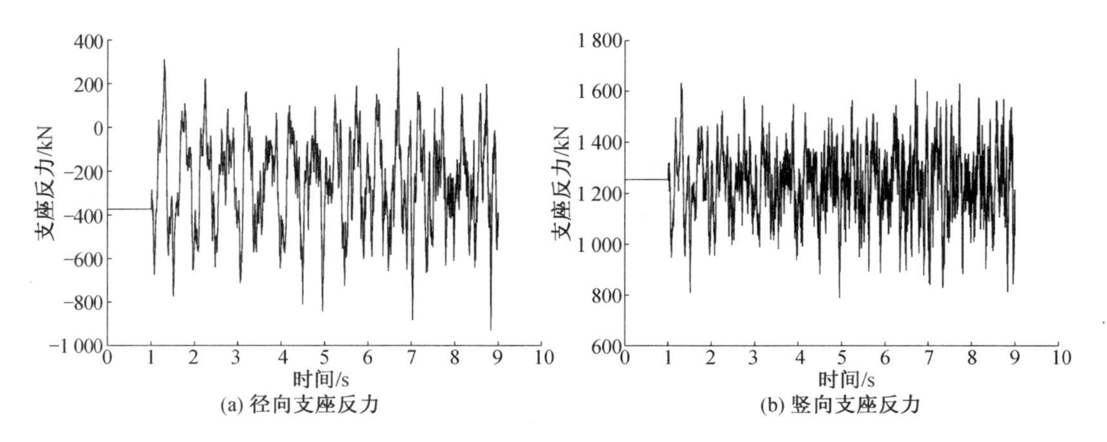

(a) 径向支座反力　(b) 竖向支座反力

图 6.38　节点 4 支座反力曲线

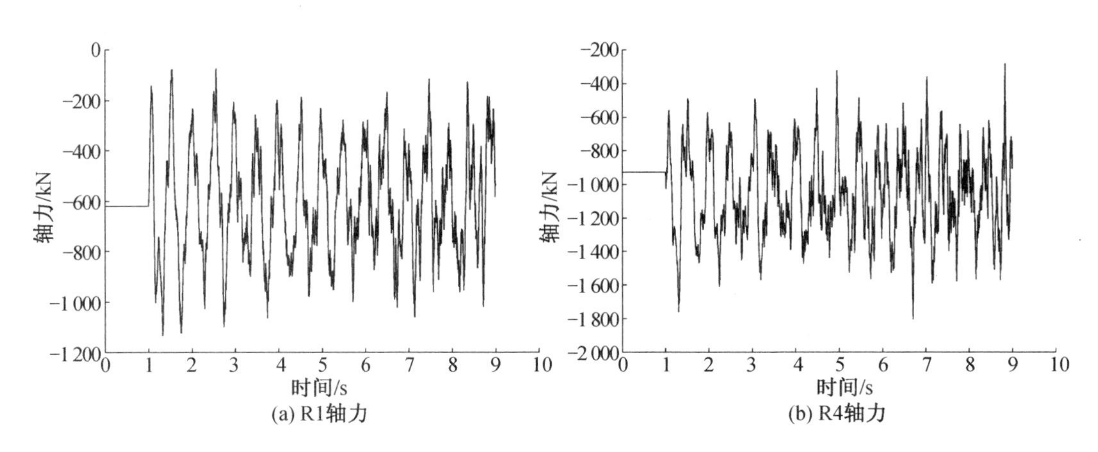

(a) R1轴力　(b) R4轴力

图 6.39　网壳杆件轴力时间历程曲线

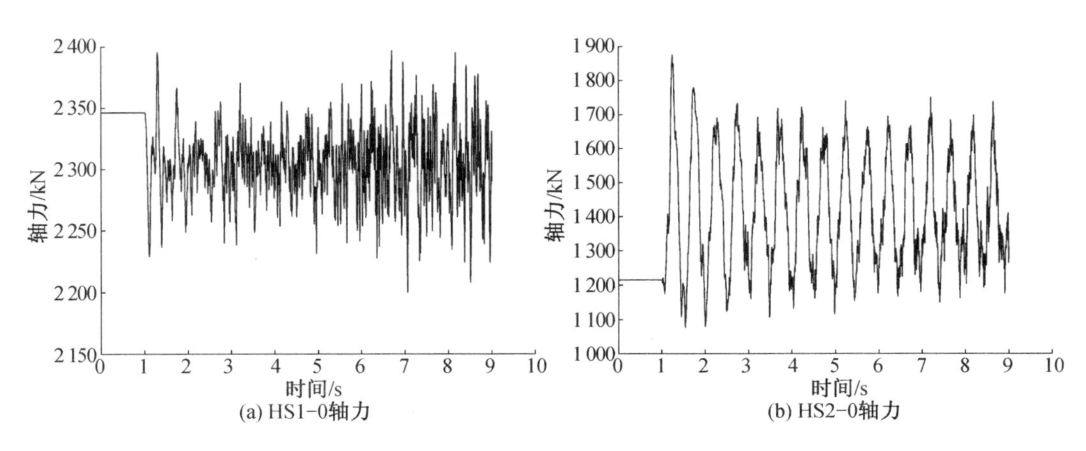

(a) HS1-0轴力　(b) HS2-0轴力

图 6.40　环索轴力时间历程曲线

表 6.5　XS3 破断后部分构件内力　　单位:kN

编号	F_a	F^*_{max}	F^*_{min}	F_b	η^*_{max}	η^*_{min}	η
R1	−619.73	−1 134.78	−73.23	−638.55	1.83	0.12	1.03
R2	−418.74	−2 168.48	−262.84	−1 342.84	5.18	0.63	3.21
R3	−708.44	−1 576.60	−416.39	−1 026.15	2.23	0.59	1.45
R4	−927.53	−1 804.11	−280.72	−1 088.80	1.95	0.30	1.17
XS1-0	1 292.99	1 354.38	1 168.70	1 266.75	1.05	0.90	0.98
XS1-1	1 292.99	1 381.74	1 188.41	1 266.44	1.07	0.92	0.98
HS1-0	2 346.26	2 397.07	2 199.80	2 298.35	1.02	0.94	0.98
HS1-1	2 346.26	2 409.37	2 192.93	2 298.16	1.03	0.93	0.98
XS2-0	669.47	1 029.83	560.52	795.83	1.54	0.84	1.19
XS2-1	669.47	1 026.09	581.27	795.83	1.53	0.87	1.19
HS2-0	1 214.86	1 876.78	1 076.87	1 443.94	1.54	0.89	1.19
HS2-1	1 214.86	1 872.23	1 052.17	1 443.95	1.54	0.87	1.19
XS3-1	403.00	303.33	0.00	31.98	0.75	0.00	0.08
HS3-0	731.16	574.27	0.00	60.27	0.79	0.00	0.08
HS3-1	731.16	551.81	0.00	58.33	0.75	0.00	0.08
G3-0	−128.13	375.47	−189.16	18.38	−2.93	1.48	−0.14
Rer	−372.43	363.89	−930.52	−222.50	−0.98	2.50	0.60
Rev	1 254.78	787.88	1 633.79	1 246.56	0.63	1.30	0.99

6.3.7　HS3 破断

图 6.41 为 HS3 破断后 8 s 内结构变形全过程示意图。由图可知，HS3 及与断索直接相连的竖杆大幅度摆动，整圈拉索在振动过程中出现了松弛。

图 6.42 为中心节点 0 和与断索直接相连竖杆上端节点 1 的竖向位移曲线，由图可知，由于预应力水平较低，节点振动的幅度较大，但频率不高，并较快地趋于稳定。最终节点 0 稳定在−189.8 mm 左右，节点 1 稳定在−114.6 mm 左右，但振动过程的最大值分别达到−313.6 mm 和−182.7 mm，为断索后稳定态的 1.7 倍和 1.6 倍。图 6.43 为节点 4 处的径向支座反力与竖向支座反力随时间变化曲线，当 XS1 破断后支座处用于平衡网壳结构向外推力的斜索拉力突然消失，节点 4 处的径向支座反力有一个阶跃，并迅速由向外的拉力变为向内的较大推力。由于上部网壳为刚性结构，振动频率较高，且由图可知振幅较大，尤其是如果忽略振动过程，竖向支座反力断索前后稳定态的变化较小，但事实上振动过程中，竖向支座反力幅值可能达到最终稳定态反力的 1.56 倍，即增长 50%左右，这对支座的竖向刚度要求较高，设计时易忽略。

图 6.44 为上部网壳杆件 R3、R4 轴力在断索后的时间历程曲线，虽然振动频率较大，

但杆件轴力绝对值较小。图6.45为其余两圈环索的轴力时程曲线，HS1轴力略微减小，而HS2轴力小幅增大。

表6.6列出了HS3破断前后部分构件的内力，HS3破断对中圈索杆的影响大于最外圈索杆，对杆件R2的影响较大。

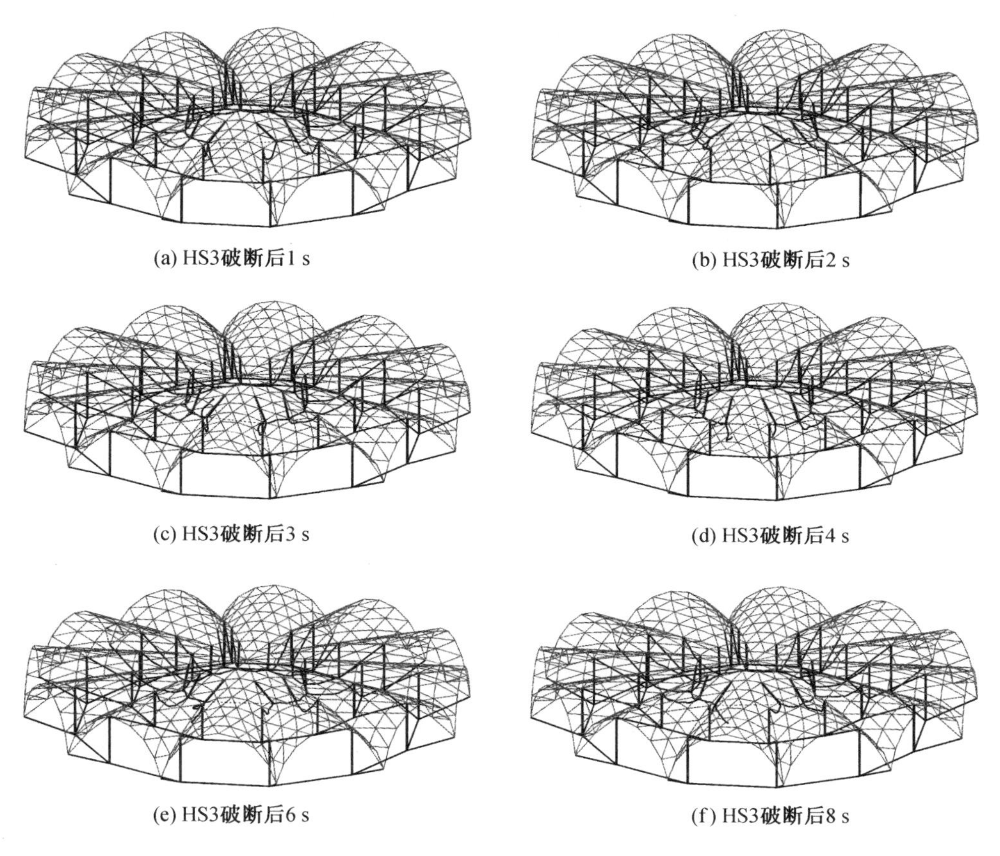

图6.41　HS3破断后结构变形过程

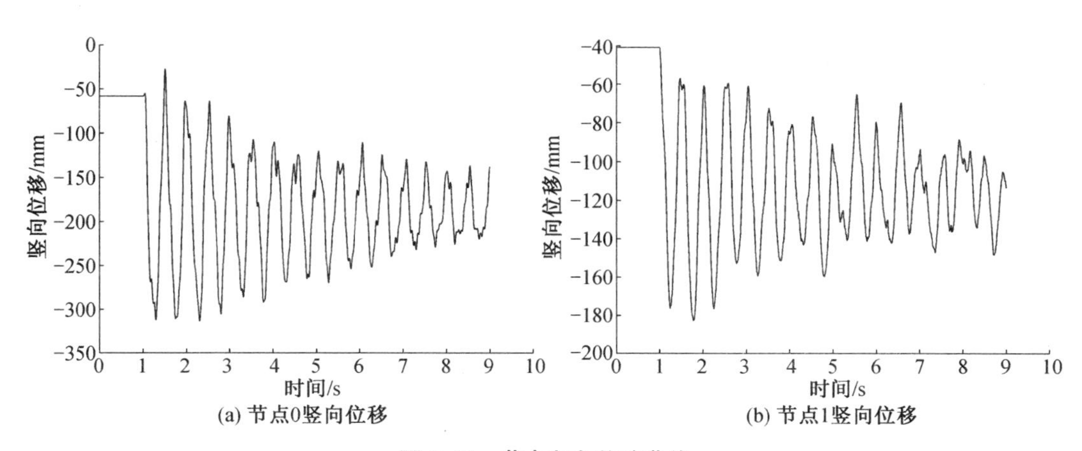

图6.42　节点竖向位移曲线

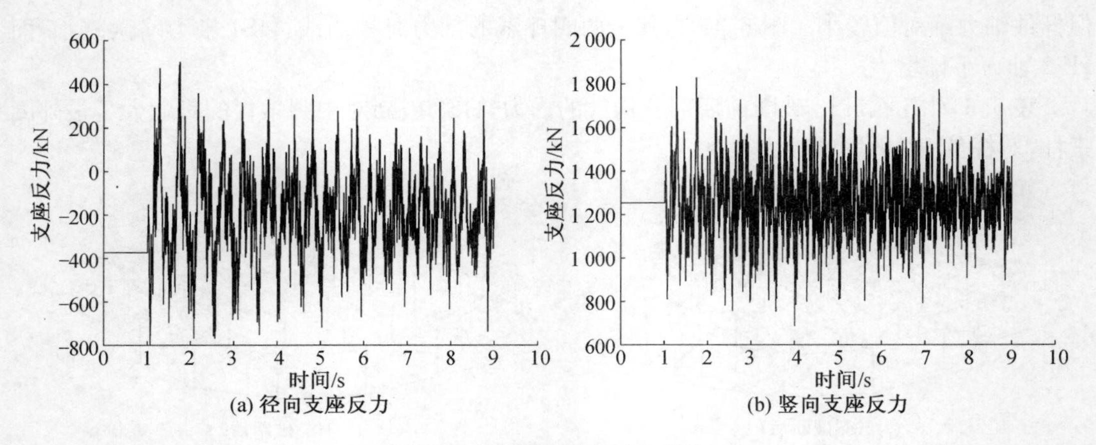

图 6.43　节点 4 支座反力曲线

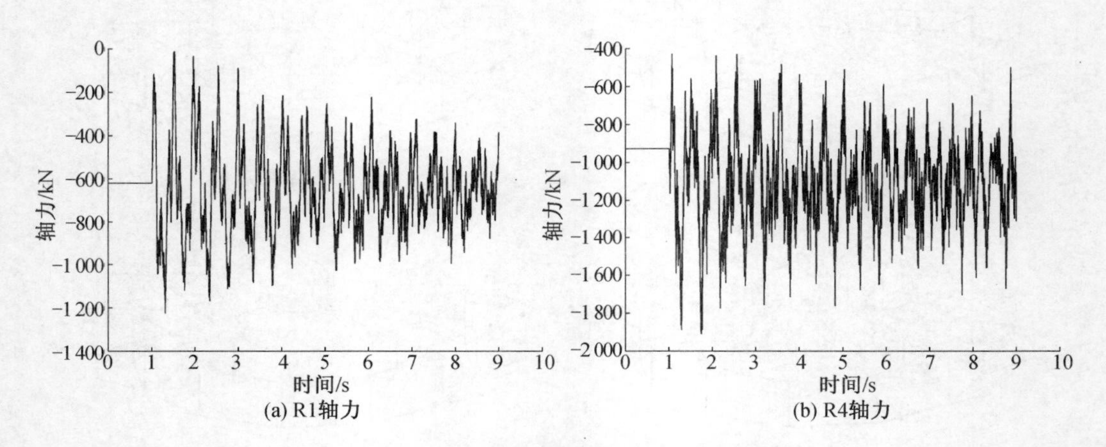

图 6.44　网壳杆件轴力时间历程曲线

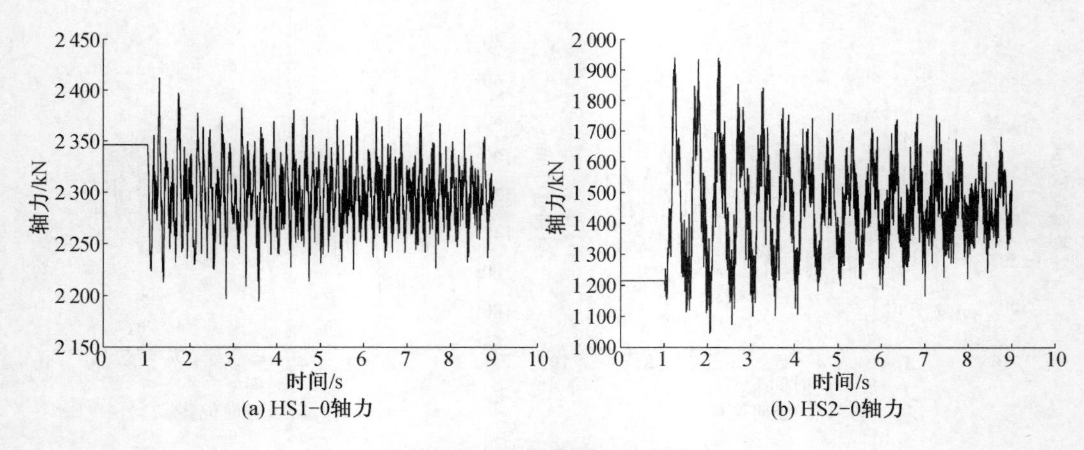

图 6.45　环索轴力时间历程曲线

表 6.6　HS3 破断后部分构件内力　　单位:kN

编号	F_a	F^*_{max}	F^*_{min}	F_b	η^*_{max}	η^*_{min}	η
R1	−619.73	−1 226.21	−11.07	−664.31	1.98	0.02	1.07
R2	−418.74	−2 158.67	−217.98	−1 381.56	5.16	0.52	3.30
R3	−708.44	−1 666.33	−497.24	−1 046.17	2.35	0.70	1.48
R4	−927.53	−1 909.34	−427.28	−1 111.53	2.06	0.46	1.20
XS1-0	1 292.99	1 362.11	1 182.16	1 265.38	1.05	0.91	0.98
XS1-1	1 292.99	1 356.68	1 166.04	1 265.23	1.05	0.90	0.98
HS1-0	2 346.26	2 412.23	2 194.48	2 295.40	1.03	0.94	0.98
HS1-1	2 346.26	2 419.59	2 207.36	2 295.55	1.03	0.94	0.98
XS2-0	669.47	1 137.73	497.90	804.26	1.70	0.74	1.20
XS2-1	669.47	1 146.65	482.38	803.49	1.71	0.72	1.20
HS2-0	1 214.86	1 940.95	1 045.18	1 456.86	1.60	0.86	1.20
HS2-1	1 214.86	1 953.29	1 076.92	1 457.73	1.61	0.89	1.20
XS3-0	402.60	276.64	−296.94	4.67	0.69	−0.74	0.01
XS3-1	403.00	507.72	−496.62	9.49	1.26	−1.23	0.02
HS3-1	731.16	364.29	−641.01	16.48	0.50	−0.88	0.02
G3-0	−128.13	176.60	−160.42	11.66	−1.38	1.25	−0.09
Rer	−372.43	502.71	−798.17	−202.11	−1.35	2.14	0.54
Rev	1 254.78	686.51	1 829.09	1 255.12	0.55	1.46	1.00

6.4　弦支叉筒网壳二次防御能力评估

如何在结构因突发事件或局部严重超载而导致部分构件突然失效时，提高结构自行调整内力的能力，阻止破坏过程延续，避免结构整体连续性倒塌的问题越来越受到关注。正如文献[129]中提到，防止结构发生连续性倒塌可以根据以下几个控制性阶段采取不同的防护措施:控制偶然事件的发生，消除引发结构局部破坏的诱因，防止结构发生连续性倒塌。设计阶段防止结构发生连续倒塌的重要方法是保证结构具有足够的二次防御能力。

以上分析了弦支叉筒网壳在六种断索方式下的内力、支座反力及中心挠度变化，为评估弦支叉筒网壳在断索失效下的二次防御能力，本书假定：

$$\bar{\eta} = \frac{\sum |\eta|}{N} \tag{6.17}$$

$$\bar{\eta}^* = \frac{\sum |\eta^*_{max}|}{N} \tag{6.18}$$

式中，$\bar{\eta}$ 为结构总体平均内力比，可以反映断索前后结构总体的内力变化情况；$\bar{\eta}^*$ 为结构总体最大内力比，反映断索后结构总体内力放大程度；N 为构件总数。式(6.17)中如果代入各支座反力，则可得支座反力的相应系数 $\bar{\eta}_R$、$\bar{\eta}_R^*$，如表 6.7 所示。由表可知，外圈索杆由于预应力水平较高，与断索相连的支座点处支座反力变化很大；外圈索杆一旦破断后上部网壳内力变化较剧烈，尤其是断索前受力较小的杆件，断索后发生振动，产生较大的内力。由 $\bar{\eta}^*$ 值可知，结构振动的剧烈程度依次为 HS1、HS2、XS1、HS3、XS2、XS3；由 $\bar{\eta}$ 值可知，断索对结构总体内力变化影响最大的是中圈索杆，其次为外圈。由表 6.7 还可知，外圈环索对支座反力影响是最大的，其次为外圈斜索，然后依次为中圈和内圈索杆。

整个断索变形过程中结构均处于弹性变形阶段，没有发生连续倒塌的情况，说明结构具有较好的二次防御能力。

表 6.7　六种断索方式下的结构响应

断索方式	网壳轴力		竖向支座反力		径向支座反力	
	$\bar{\eta}$	$\bar{\eta}^*$	$\bar{\eta}_R$	$\bar{\eta}_R^*$	$\bar{\eta}_R$	$\bar{\eta}_R^*$
XS1	1.92	261.46	1.00	1.58	3.68	5.64
HS1	2.07	564.26	1.00	2.19	3.74	8.25
XS2	2.88	155.10	1.00	1.49	0.34	2.16
HS2	2.52	374.41	1.00	1.64	0.35	2.78
XS3	1.83	119.23	1.00	1.37	0.57	2.09
HS3	1.67	164.12	1.00	1.46	0.55	2.12

6.5　本章小结

本章介绍了向量式有限元考虑材料弹塑性模型以及断裂分析的方法，并通过算例验证了其正确性，最后利用自编向量式有限元程序对弦支叉筒网壳结构进行了断索分析，得到如下的结论：

(1) 断索过程是一个包括强烈非线性和机构位移的变化过程，向量式有限元不需要求解非线性方程组、不形成刚度矩阵的优点使其能方便地应用于结构的断索失效全过程分析，真实有效地跟踪断索后结构实际变形与内力变化情况，了解位移及内力的振动响应。

(2) 断索对弦支叉筒网壳结构影响较大，分析可知结构振动尚处于弹性阶段，不引起塑性变形，也没有发生连续倒塌现象。但由于振动响应的存在，部分内力或位移峰值可能超出合理范围，因此对于存在较大预应力拉索的结构来说，在结构设计与分析中考虑拉索的破断是有必要的。

(3) 同一圈索杆体系中，环索破断影响较斜索破断略大，那是因为斜索破断后索杆体系可能随着位置变化重新形成平衡体系，保留一定的拉索内力，这主要依赖于结构索杆的布置方式。

(4) 总体而言，外圈索杆由于预应力水平较高，与断索相连的支座点处支座反力变化很大；外圈索杆对结构上部网壳杆件的内力改善作用较大，一旦破断后上部网壳内力变化最剧烈；中圈索杆对结构总体内力水平影响最大；内圈拉索预应力水平不高，但对结构挠度的影响较大，一旦断裂容易影响结构的适用性。

第 7 章　弦支叉筒网壳结构模型试验研究

7.1　引言

本书基于叉筒网壳提出的弦支叉筒网壳结构体系具有造型独特、简洁美观及传力路径明确等特点，之前对弦支叉筒网壳的静动力性能、稳定性能做了较全面的研究，但均为理论分析，缺乏试验依据。为验证本文的理论分析结果并进一步了解弦支叉筒网壳结构的受力性能，制作了一个跨度为 6 m 的八边形谷线式弦支叉筒网壳结构模型并对其进行了静力加载试验研究。

本章首先介绍了结构模型的设计制作、加载及测试方案，然后对试验模型在全跨、半跨荷载作用下的静力性能进行了理论分析，并与试验结果对比。结果表明，结构静力计算理论值与试验值吻合较好，谷线杆件的受力较为集中，实际上起到了支承整个结构的骨架作用。模型试验进一步验证了理论分析结果的可靠性，而且模型的加工安装过程也可为以后实际工程施工提供一定参考。

7.2　试验模型设计与制作

综合考虑试验场地要求、产品质量和规格、加工工艺和施工条件等因素，采用跨度为 6 m，矢跨比为 0.1 的八边形谷线式单层弦支叉筒网壳作为试验模型，几何构造及平面尺寸如图 7.1(a)所示。杆件统一采用截面为 $\phi21\times3$ 的无缝钢管，杆件连接均采用 $\phi60$ mm 焊接空心球节点，支座节点处焊接球采用 $\phi120$ mm。结构模型共分为三部分，即上部弦支叉筒网壳、支座、下部支承体系（环梁及独立支撑柱）。模型实物如图 7.1(b)所示。

7.2.1　支承平台设计

结构受荷后水平推力较大，为保证结构具有足够的水平刚度，以截面为 H$240\times250\times20\times20$ 的焊接 H 形钢梁和 $\phi152\times10$ 的无缝钢管立柱作为支承体系，环梁上、下翼缘均用一块厚度为 20 mm 的五边形钢板通过 8 根 $\phi22$ 高压螺栓连接，腹板之间采用两块厚度15 mm 的钢折板通过 8 根 $\phi22$ 高压螺栓连接，下翼缘相连的五边形钢板与焊接于柱顶的 20 mm 厚圆形端板通过 3 根 $\phi22$ 高压螺栓连接，柱脚焊接一直径 250 mm，厚度 20 mm 的圆形钢板，直接立于地面，如图 7.2 所示。支承平台与试验模型平面投影形状皆为正八边形，由八根立柱、八根环梁组成。

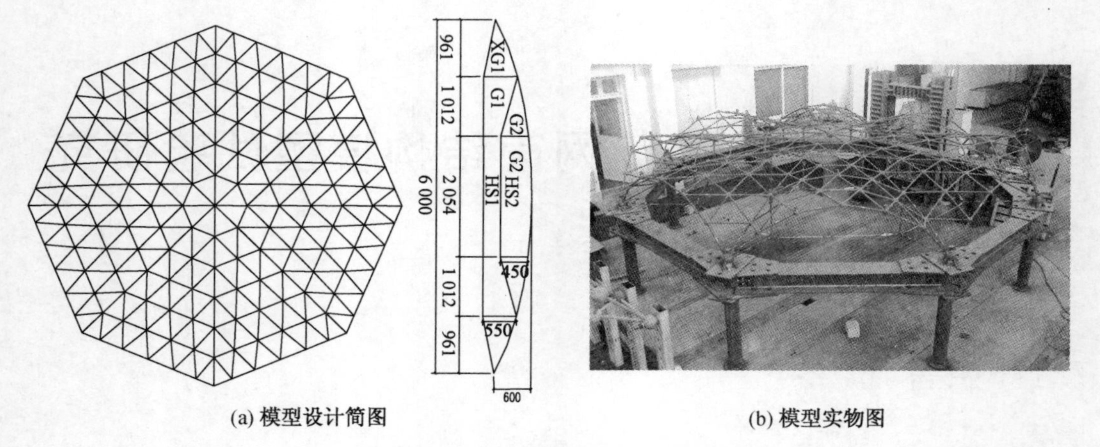

(a) 模型设计简图　　(b) 模型实物图

图 7.1　结构试验模型图

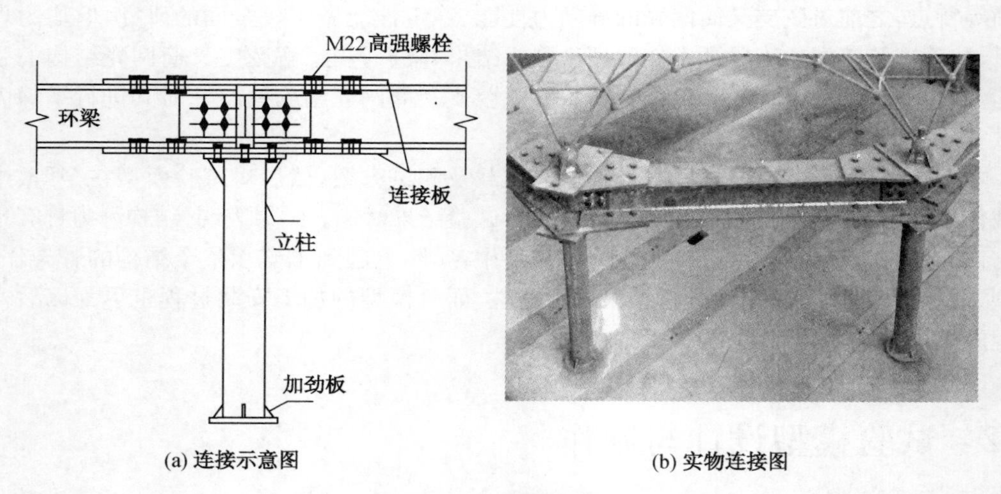

(a) 连接示意图　　(b) 实物连接图

图 7.2　支承体系构造

7.2.2　支座节点设计

支座节点构造如图 7.3 所示，焊接空心球节点直径 120 mm，周边用四块加劲板加强。支座底板为 20 mm 厚的长方形钢板，通过 3 根 ϕ22 高压螺栓与五边形连接板连接。焊接球

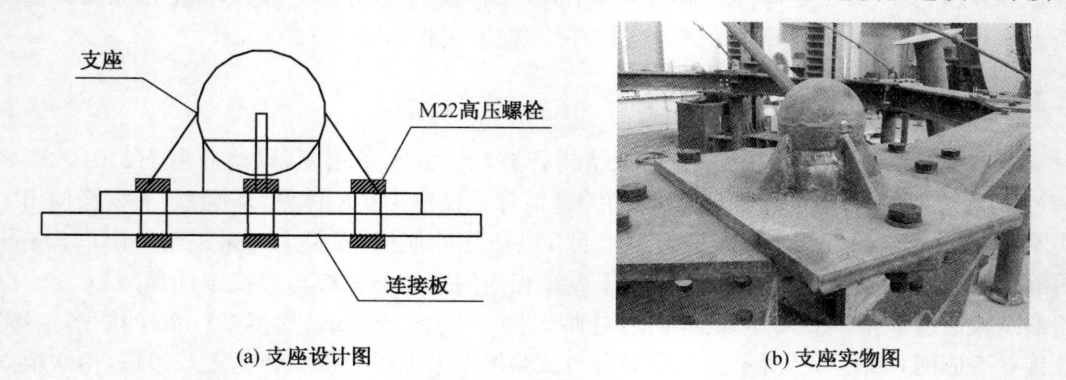

(a) 支座设计图　　(b) 支座实物图

图 7.3　支座构造图

节点中心与环梁轴线交点处于同一垂线上。

7.2.3　叉筒网壳杆件设计

现场施工前可在工厂预制并装配部分杆件，现场施工时先焊接谷线杆件，然后由内到外拼装网壳，图 7.4(a)为部分预制网壳杆件，图 7.4(b)为网壳拼装过程。

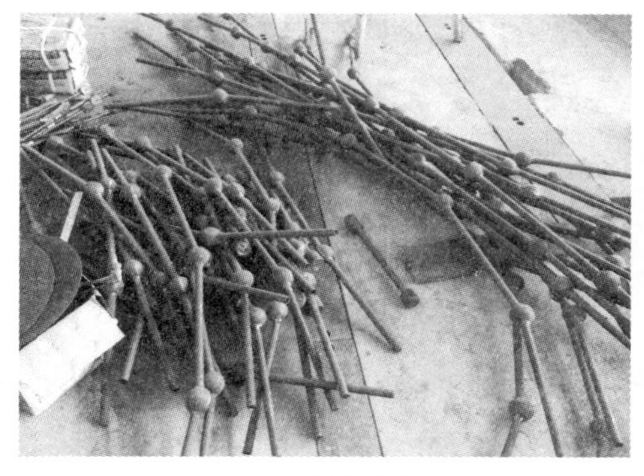

(a) 网壳杆件

(b) 网壳拼装过程

图 7.4　整体拼装时的网壳杆件

7.2.4　索杆体系设计

叉筒网壳下部为施加预应力的索杆体系，设 2 道环索、2 道斜索和 2 道竖杆，竖杆位置分别支撑于叉筒网壳的谷线相应节点，2 圈竖杆 G1、G2 长度分别为 550 mm、450 mm。图 7.5(a)、图 7.5(b)分别为索杆体系的平面布置图与剖面图。

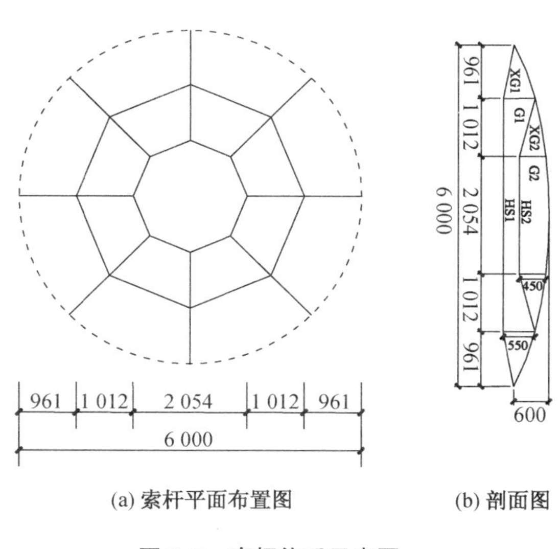

(a) 索杆平面布置图　(b) 剖面图

图 7.5　索杆体系示意图

试验模型索杆体系由 16 根斜杆、16 根环索和 16 根竖杆组成，其中环索采用分段的做法，每圈分为 8 段共计 16 根。斜索采用 ϕ10 圆钢，环索采用 ϕ8 麻芯钢索。斜索全部设置正、反螺纹的可调套筒，环索则利用花篮螺栓调节长度以施加预应力。索与索头采用挤压式直接锚固，索头设计成 U 字形，开直径为 6 mm 圆孔，通过 ϕ5 的销钉与竖杆或支座节点进行连接。竖杆 G1、G2 均采用 $\phi21\times3$ 圆管，竖杆两端设有耳板，与索或上部网壳进行连接。索杆的设计及实物图见图 7.6～图 7.9。

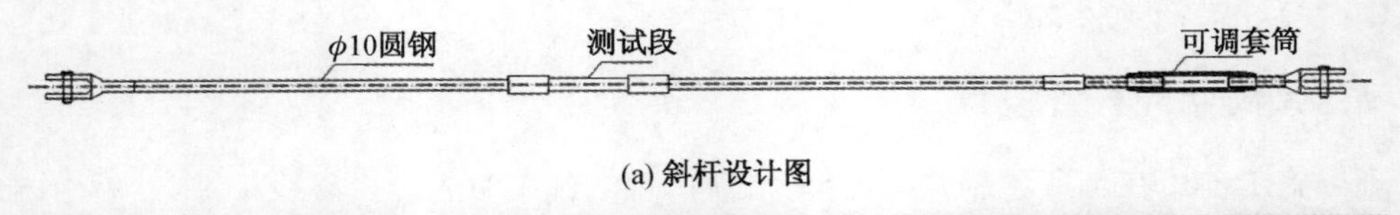

(a) 斜杆设计图

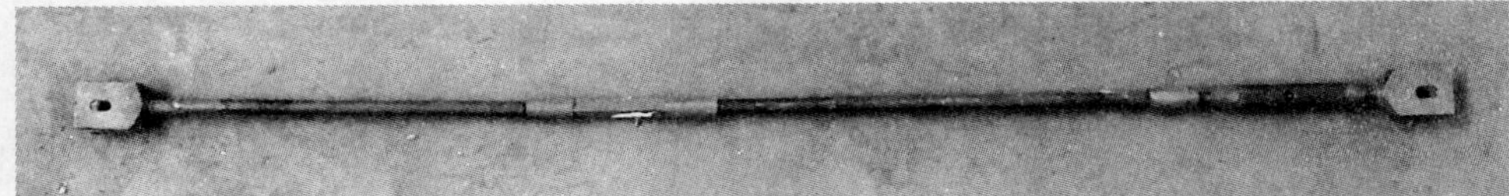

(b) 斜杆实物图

图 7.6　斜杆

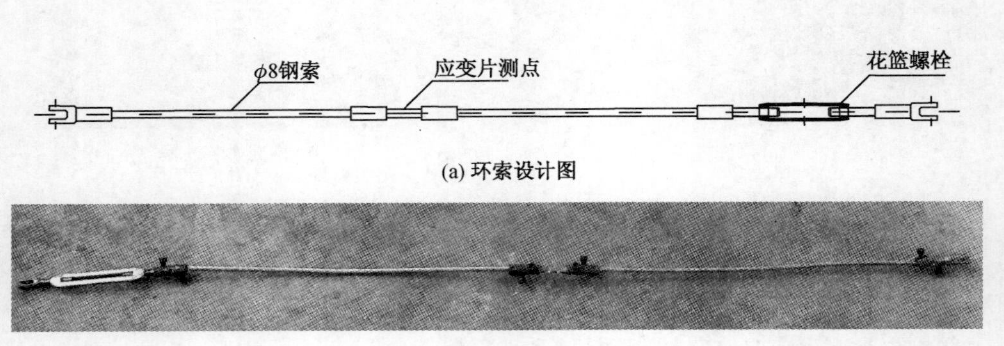

(a) 环索设计图

(b) 环索实物图

图 7.7　环索

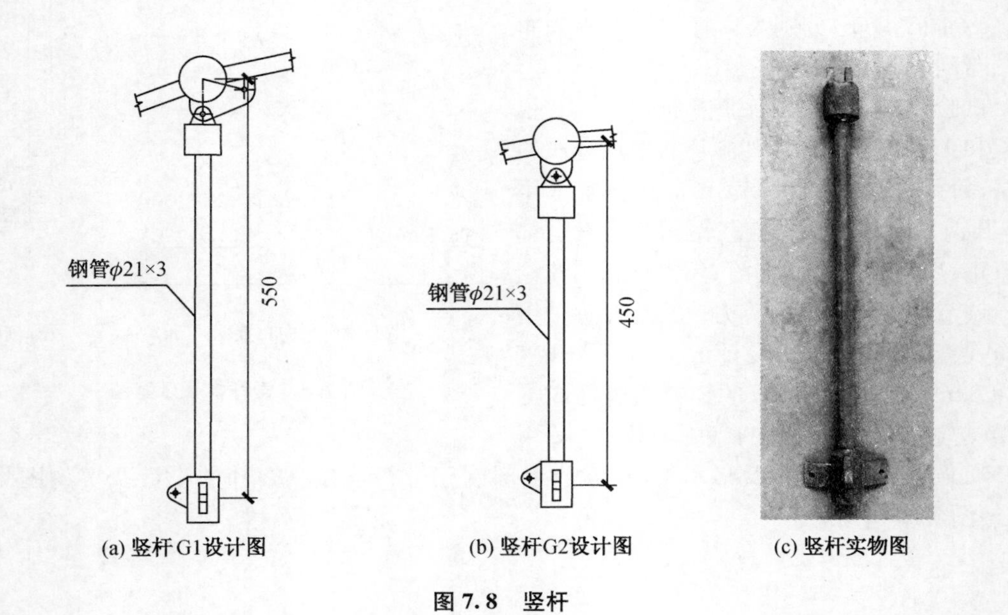

(a) 竖杆 G1设计图　　(b) 竖杆G2设计图　　(c) 竖杆实物图

图 7.8　竖杆

图 7.9　索杆体系实物图

7.3　加载及测试方案

7.3.1　加载方案设计

设计了可拆卸式的堆载托盘，如图 7.10(a)所示，依照螺栓球节点的连接方式，在加载节点上焊接了小立柱，便于托盘的安装，如图 7.10(b)所示。由于结构上部共有 169 个节点，要在每个节点上施加荷载数量众多，且加载平台容易发生位置干涉，并考虑到实际操作中可能遇到的问题，确定了结构上部网壳间隔式加载的 49 个加载点，如图 7.11 所示，图中虚线框内为半跨加载位置。根据分级加载的要求，结合加载平台的尺寸，加工了两种标准规格的砝码，如图 7.12 所示，在每个砝码的两侧焊有钢筋以便于搬运。加载时使用桁车将装满砝码的吊篮吊至一定高度后再人工加载，如图 7.13 所示。

(a) 托盘

(b) 节点上立柱

图 7.10　加载平台

图 7.11　加载位置示意图

(a) 10 kg

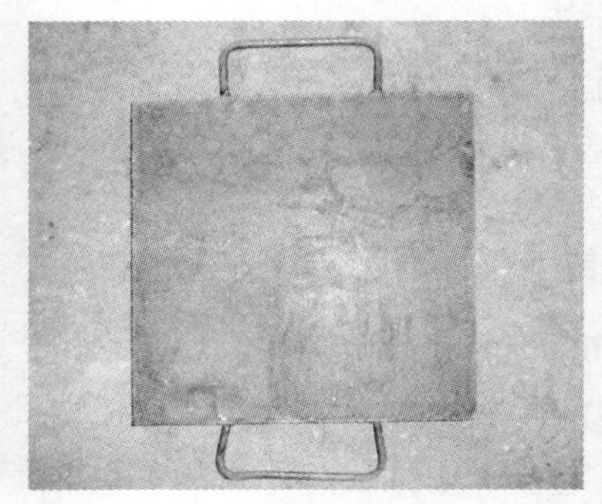

(b) 20 kg

图 7.12　砝码实物图

图 7.13　加载过程

7.3.2　测试方案

使用东华静力应变采集仪DH3815(图7.14)对测点应变进行采集,应变片规格为3 mm×5 mm,由于网壳节点为焊接球节点,为了测得梁单元的内力,在每根被测杆件中部两个对称位置粘贴两片电阻应变片;采用百分表测量节点位移。

文献[142]提出,试验测点的布置应遵循以下基本原则:

(1) 在满足试验目的的前提下,测点宜少不宜多,使试验工作目标明确;

(2) 测点的位置必须有代表性,便于分析和计算;

(3) 为了确保试验数据的可靠性,应该布置一定数量的校核测点;

(4) 测点的布置应考虑试验工作的方便性和安全性,测点布置宜适当集中,以便于测读,减少观测人员,最好能做到一人管理多台仪器。

根据以上测点布置原则,综合考虑试验目的、测试仪器数量与结构对称性等因素,试验最终选取了62根杆件和18个位移点进行跟踪测试,位移测点布置及编号如图7.15(a),百分表主要为竖向布置,括号内的表2和表12为水平布置,以测得支座处的水平位移;应变测点按顺时针方向主要分为六个区域依次编号,谷线为Gx-y,其中x为谷线所属区域,y为谷线上杆件的顺序编号;环向杆件为xHy-z,径向杆件为xRy-z,其中x为所属区域编号,y为从内至外所属的环数编号,z为按顺时针方向的编号,布置及编号示例如图7.15(b)。每根斜杆与环索上均布置测点,与图7.15(b)中区域相对应,按照顺时针顺序编号。

图7.14　东华静力应变采集系统(DH3815)

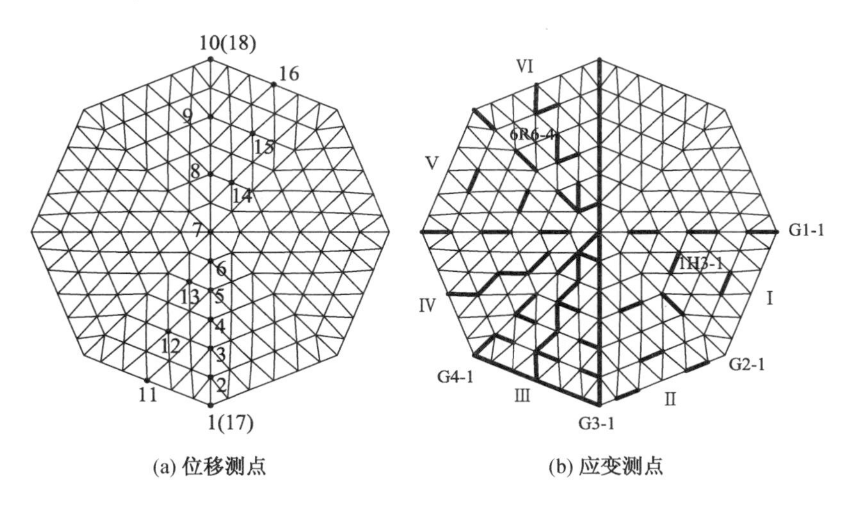

(a) 位移测点　　(b) 应变测点

图7.15　测点布置图

7.3.3 材料特性测试

预应力结构环索由 $\phi 8$ 麻芯钢丝绳加工制作而成，为了解钢丝绳的有效截面面积 A 和弹性模量 E 的试验参考值，采用 WAW-2000D 型微机控制电液伺服万能试验机（如图 7.16）对钢丝绳的 EA 进行材性试验，各种规格试件的 EA 测试结果见表 7.1。EA 按照测试结果的平均值进行取值，该结果将用于后续的有限元分析。

图 7.16 电子万能试验机

表 7.1 钢丝绳 EA

钢丝绳直径	EA/kN				
	试件 1	试件 2	试件 3	试件 4	均值
8 mm	1 368.4	1 488.8	1 385.0	1 403.1	1 411.3

7.4 弦支叉筒网壳结构模型静力加载试验

对试验模型进行理论分析时，为了反映本质规律，通常将模型进行简化建模，进行一些近似假定，例如对材料特性、边界条件的处理等。但实际模型和试验环境并不是绝对理想的，这势必导致理论计算与试验结果之间的误差，其大小取决于试验条件的选择。有时候为了得到更准确的实际结构的力学性能，必须对结构模型进行修正[143-145]。就是对一个实际结构进行试验测试，然后利用测试结果对结构的分析模型进行修正，使修正后的分析模型结果与相应的试验结果有良好的相关性，同时使修正后的模型能更准确地描述实际结构。但综合考虑本试验模型整体加载的荷载不大，环梁的刚度较大，模型竖向位移测点 1、10，水平位移测点 17、18 均较小，在利用 ANSYS 软件建模时利用弹簧单元等效其竖向刚度与水平刚度后结果相差很小，因此分析时将本试验模型边界视为固支。

7.4.1 弦支叉筒网壳结构模型张拉成形

根据第三章所述的弹性支座法，确定内外圈预应力分布，又考虑到试验的安全和手工施加预应力的局限，外圈环索预应力设计值取为 10 kN。为了保证理论分析及试验研究的正确性，正确地引入预应力，对弦支叉筒网壳进行了施工模拟张拉试验，由于对弦支穹顶结构的类似研究已经较多，本文主要模拟了环索张拉的施工张拉方法。采用单级多批次张拉，张拉流程为：①同时张拉外圈 1、5 号环索→②同时张拉外圈 2、6 号环索→③同时张拉外圈 3、7 号环索→④同时张拉外圈 4、8 号环索→⑤同时张拉内圈 1、5 号环索→⑥同时张拉内圈 2、6 号环索→⑦同时张拉内圈 3、7 号环索→⑧同时张拉内圈 4、8 号环索，如图 7.17 所示。张拉成形后的试验模型见图 7.18，表 7.2 列出了张拉过程两个阶段的部分构件内力值，由表可知，施加预应力后大部分杆件由于受到竖杆的顶升，产生轴拉应力。

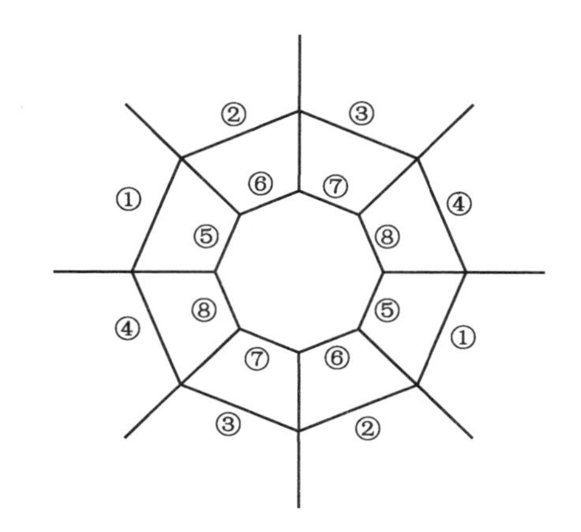

图 7.17　张拉顺序图

图 7.18　张拉成形后的试验模型

表 7.2　张拉过程中部分索杆内力理论值与试验值　单位：MPa

测点编号	外圈环索张拉结束			内圈环索张拉结束		
	理论值	试验值	误差/%	理论值	试验值	误差/%
G3-1	10.6	8.9	−16.0	27.4	25.7	−6.1
G3-2	4.6	—	—	28.8		—
G3-3	−4.4	−5.1	16.3	15.2	14.6	−4.2
G3-4	−2.3	−2.8	21.8	11.6	12.0	3.1
G3-5	2.0	—	—	1.7	—	—
G3-6	3.9	3.8	−2.8	3.9	3.6	−8.0
G3-7	3.9	3.8	−1.7	3.9	4.4	12.4
G3-8	2.0	—	—	1.7	—	—
G3-9	−2.3	−2.1	−8.7	11.6	8.6	−26.1
G3-10	−4.4	−5.2	18.6	15.2	12.5	−18.0
G3-11	4.6	—	—	28.8	—	—
G3-12	10.6	11.1	4.8	27.4	27.1	−1.0
3H6-1	1.6	—	—	−3.6	—	—
3H6-2	0.2	—	—	−2.1	—	—
3H6-3	−1.8	—	—	0.9	—	—

续表 7.2

测点编号	外圈环索张拉结束			内圈环索张拉结束		
	理论值	试验值	误差/%	理论值	试验值	误差/%
3H6-4	−1.8	—	—	0.9	—	—
3H6-5	0.2	—	—	−2.1	—	—
3H6-6	1.6	—	—	−3.6	—	—
3R2-1	5.0	4.8	−4.0	3.9	3.6	−7.2
3R3-1	5.0	4.2	−16.3	3.8	3.9	3.2

7.4.2 满跨静力加载

考虑到加载的安全及结构误差，正式加载前进行了全跨预加载，预加载时各节点施加的荷载为 60 kg，并持荷 24 小时结构无异样后进行正式满跨加载。每节点加载 160 kg，分 4 级加载，各级荷载分别为 40 kg、40 kg、40 kg、40 kg；为保证数据可靠，每加一级荷载稳定 10～15 分钟后开始读数，加载过程如图 7.19 所示。由于模型和上部托盘安装过程难以跟踪测量应力及位移变化，因此本文以安装托盘后的状态为加载前平衡态，测量均是相对于此状态。整个试验过程采用通用有限元软件 ANSYS 进行模拟，测量和计算的结果见表 7.3 和图 7.20、图 7.21。

(a) 中间加载过程

(b) 第四级荷载

图 7.19　满跨加载

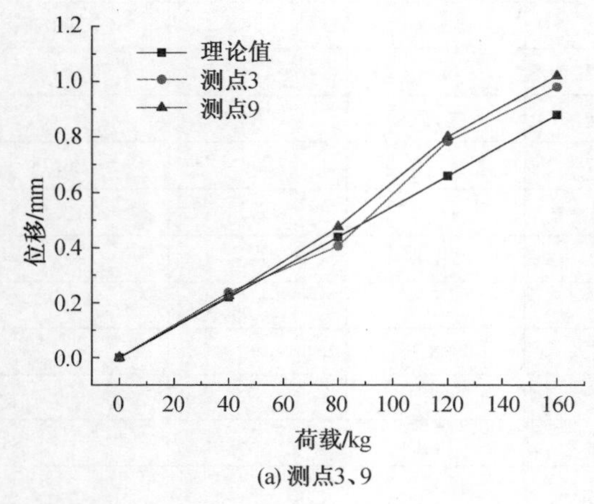

(a) 测点3、9

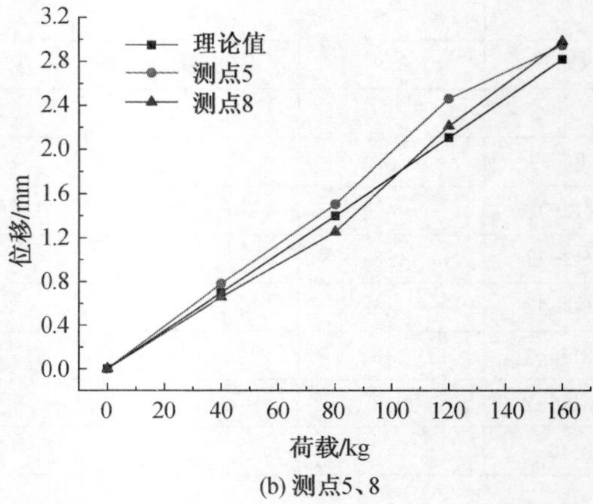

(b) 测点5、8

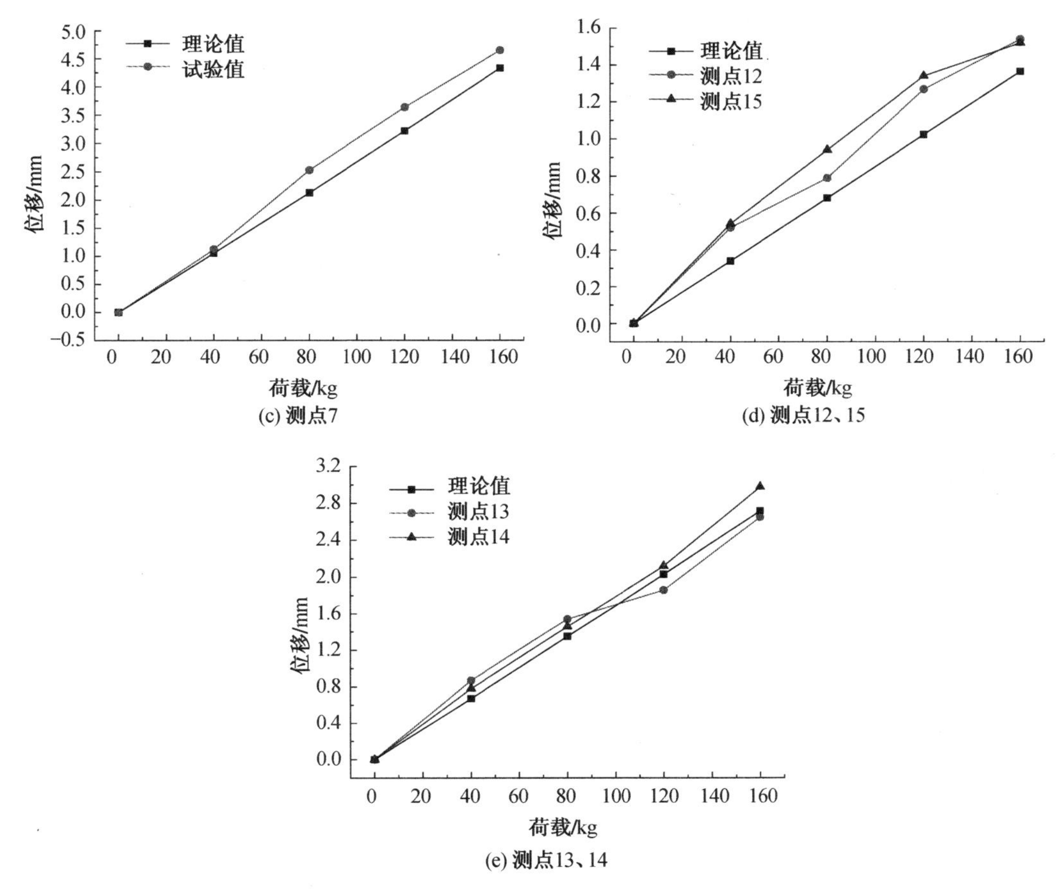

图 7.20　满跨加载时部分测点位移

由表 7.3 可知，上部网壳杆件的最大应力出现在谷线上的 G3-1，其值为 −81.2 MPa。结构受力以压力为主，少数杆件由于内力太小，测量误差较大，但试验值与理论值基本相符，也证明了理论分析的正确性。

由图 7.20 可知，结构最大位移发生在中心测点 7，达到 4.6 mm。除位于边拱的测点 11、16 位移较小，受测量精度及试验环境的影响，误差较大，其余测点位移大致随荷载的增加而线性增加。由图 7.21 可知，试验测得谷线上的主要测点挠度分布与理论分析结果基本一致。

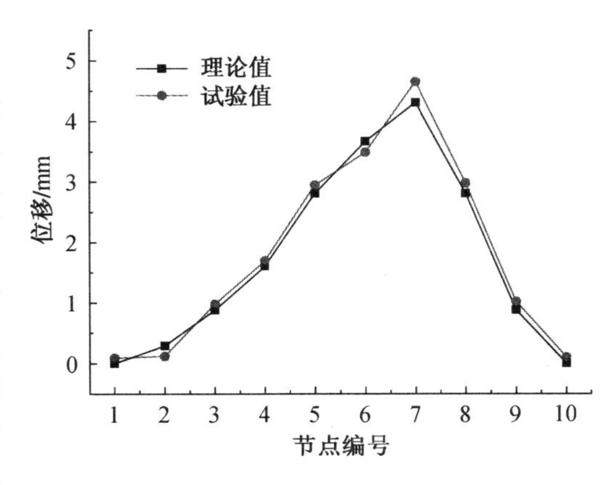

图 7.21　全跨荷载下节点挠度分布

表 7.3　满跨荷载作用下结构杆件应力增量　　单位:MPa

测点编号	第一级荷载			第二级荷载			第三级荷载			第四级荷载		
	理论值	试验值	误差/%	理论值	试验值	误差/%	理论值	试验值	误差/%	理论值	试验值	误差/%
G3-1	−18.8	−19.4	3.2	−37.7	−39.9	5.8	−56.0	−60.4	7.9	−75.6	−81.2	7.4
G3-2	−15.5	−14.5	−6.5	−31.0	−35.0	13.1	−46.5	−49.1	5.4	−62.2	−65.7	5.7
G3-3	−11.3	−12.6	11.1	−22.7	−22.4	−1.4	−34.2	−33.1	−3.3	−45.8	−48.2	5.3
G3-4	−9.9	−10.6	6.7	−19.9	−21.1	5.8	−30.1	−32.5	7.9	−40.3	−45.8	13.6
G3-5	−6.6	−5.9	−9.5	−13.2	−14.3	7.9	−20.0	−23.4	17.1	−26.9	−29.9	11.3
G3-6	−7.5	−6.2	−18.2	−15.1	−18.5	22.9	−22.7	−20.5	−9.9	−30.4	−29.3	−3.6
G3-7	−7.5	−6.8	−9.1	−15.1	−14.7	−2.6	−22.7	−19.3	−15.0	−30.4	−28.1	−7.5
G3-8	−6.6	−7.8	18.7	−13.2	−15.2	15.3	−20.0	−23.2	16.2	−26.9	−28.8	7.2
G3-9	−9.9	−10.5	5.9	−19.9	−18.7	−6.2	−30.1	−32.5	8.0	−40.3	−45.1	11.8
G3-10	−11.3	−13.5	18.8	−22.7	−23.6	3.7	−34.2	−31.1	−9.3	−45.8	−41.0	−10.4
G3-11	−15.5	−17.2	11.2	−31.0	−35.0	13.1	−46.5	−49.2	5.7	−62.2	−68.1	9.6
G3-12	−18.8	−19.0	1.1	−37.7	−35.6	−5.6	−56.6	−59.7	5.4	−75.6	−79.2	4.7
3H6-1	−3.2	−4.1	29.1	−6.3	−7.5	18.6	−9.5	−11.0	16.2	−12.6	−14.7	16.7
3H6-2	−3.2	−4.0	24.1	−6.4	−7.2	11.8	−9.7	−9.5	−1.6	−12.9	−11.5	−10.4
3H6-3	−3.2	−3.8	18.3	−6.5	−7.8	20.6	−9.7	−11.8	21.5	−13.0	−12.5	−3.6
3H6-4	−3.2	−3.1	−3.4	−6.5	−6.9	6.7	−9.7	−11.0	13.6	−13.0	−13.8	6.4
3H6-5	−3.2	−3.6	11.1	−6.4	−6.5	1.0	−9.7	−8.5	−12.5	−12.9	−10.8	−16.1
3H6-6	−3.2	—	—	−6.3	−7.0	10.3	−9.5	−10.5	10.4	−12.6	−15.1	20.0
3R2-1	−3.9	−3.2	−17.0	−7.7	−8.0	3.6	−11.5	−12.3	6.8	−15.3	−19.5	27.7
3R3-1	−3.8	−4.2	9.9	−7.6	−7.9	3.6	−11.4	−13.5	18.3	−15.1	−17.5	16.2

7.4.3　半跨静力加载

为了研究叉筒网壳结构在半跨荷载作用下的静力性能,对结构模型进行了半跨加载试验。加载区域如图 7.11 所示虚线框位置,中线上的加载点荷载为其余点的一半,加载过程与全跨加载时一致(图 7.22)。半跨各级荷载作用下结构部分构件的轴应力情况如表 7.4 所示,部分测点的竖向位移及分布分别如图 7.23、图 7.24 所示。

图 7.22　半跨加载试验

由表 7.4 所示,构件最大应力出现在加载侧的谷线杆件 G3-1,达到 −58.6 MPa,构件 G3-5 出现轴拉力,谷线中间杆件受力相对较小,在全跨加载过程中受力较小的网壳径向杆件此时受力明显。由图 7.23、图 7.24 可知,半跨加载时测点位移与理论值偏差相对较大,可能是由于半跨加载时结构整体变形的特殊性，百分表无法跟踪测量固定点的竖向位移。但试验值基本随荷载线性增长，谷线上主要测点的分布与理论值基本一致。

表7.4　半跨荷载作用下结构杆件应力增量　　单位：MPa

测点编号	第一级荷载			第二级荷载			第三级荷载			第四级荷载		
	理论值	试验值	误差/%	理论值	试验值	误差/%	理论值	试验值	误差/%	理论值	试验值	误差/%
G3-1	−13.4	−14.6	8.8	−27.1	−29.5	9.0	−41.1	−45.1	9.8	−55.5	−58.6	5.6
G3-2	−9.3	−11.2	20.8	−18.8	−17.8	−5.2	−28.5	−29.4	3.0	−38.6	−39.7	2.8
G3-3	−4.0	−4.4	10.9	−8.2	−10.4	27.1	−12.7	−13.6	7.4	−17.5	−19.5	11.8
G3-4	−0.1	—	—	−0.3	—	—	−0.7	—	—	−1.2	—	—
G3-5	5.9	5.6	−4.3	12.1	14.2	17.1	18.9	20.3	7.5	26.3	28.4	8.1
G3-6	−3.5	−2.9	−18.0	−6.8	−5.6	−17.4	−9.7	−8.4	−13.1	−12.3	−11.8	−4.1
G3-7	−3.7	−3.9	4.1	−7.2	−8.9	23.2	−10.4	−13.2	27.1	−13.5	−15.8	17.4
G3-8	−12.2	−11.5	−5.9	−24.5	−28.7	17.2	−36.8	−37.1	0.7	−49.3	−56.7	15.1
G3-9	−9.9	−9.2	−7.0	−19.9	−18.5	−6.9	−30.0	−27.5	−8.3	−40.2	−43.1	7.1
G3-10	−7.5	−7.1	−4.8	−15.0	−15.6	4.0	−22.6	−21.4	−5.5	−30.4	−35.7	17.3
G3-11	−6.3	−5.4	−14.2	−12.7	−10.8	−14.7	−19.1	−16.7	−12.6	−25.7	−26.5	3.2
G3-12	−5.4	−6.7	24.7	−10.8	−12.1	11.7	−16.4	−18.7	14.2	−22.1	−20.8	−5.8
3H6-1	−3.2	—	—	−6.4	−7.1	10.7	−9.5	−9.0	−5.5	−12.6	−15.4	21.9
3H6-2	−3.4	−3.9	13.5	−6.9	−6.7	−2.3	−10.3	−12.4	20.8	−13.7	−15.4	12.6
3H6-3	−2.7	—	—	−5.4	−5.8	8.1	−8.1	−9.7	19.9	−10.9	−11.2	3.2
3H6-4	−2.8	−2.9	4.1	−5.6	−6.1	9.3	−8.4	−9.2	9.7	−11.2	−12.4	10.6
3H6-5	−4.2	−5.0	20.3	−8.3	−8.7	4.8	−12.4	−15.4	24.0	−16.5	−17.9	8.3
3H6-6	−4.6	−5.4	18.3	−9.1	−8.1	−10.9	−13.6	−12.4	−8.7	−18.0	−15.7	−12.9
3R2-1	−6.6	−8.0	20.8	−13.5	−15.4	14.3	−20.6	−20.9	1.5	−28.1	−29.2	4.1
3R3-1	−11.5	−13.4	16.5	−23.1	−25.6	10.8	−34.8	−34.7	−0.3	−46.6	−49.3	5.8

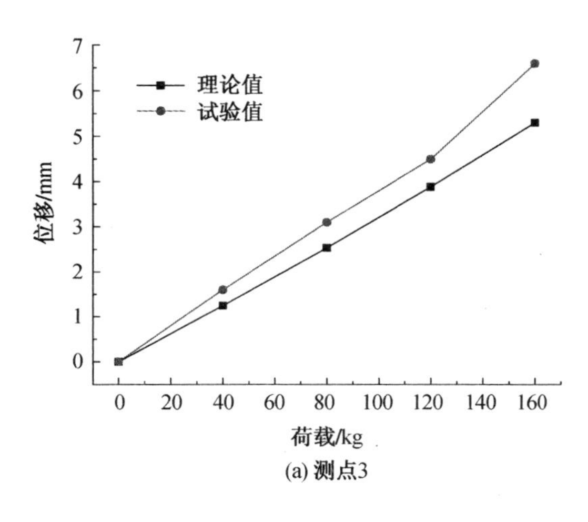

(a) 测点3

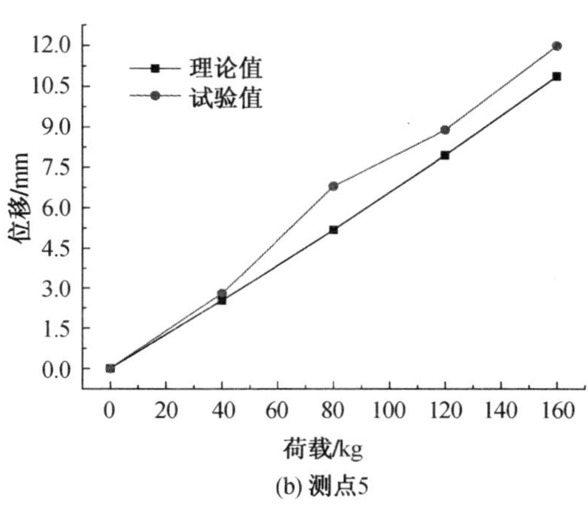

(b) 测点5

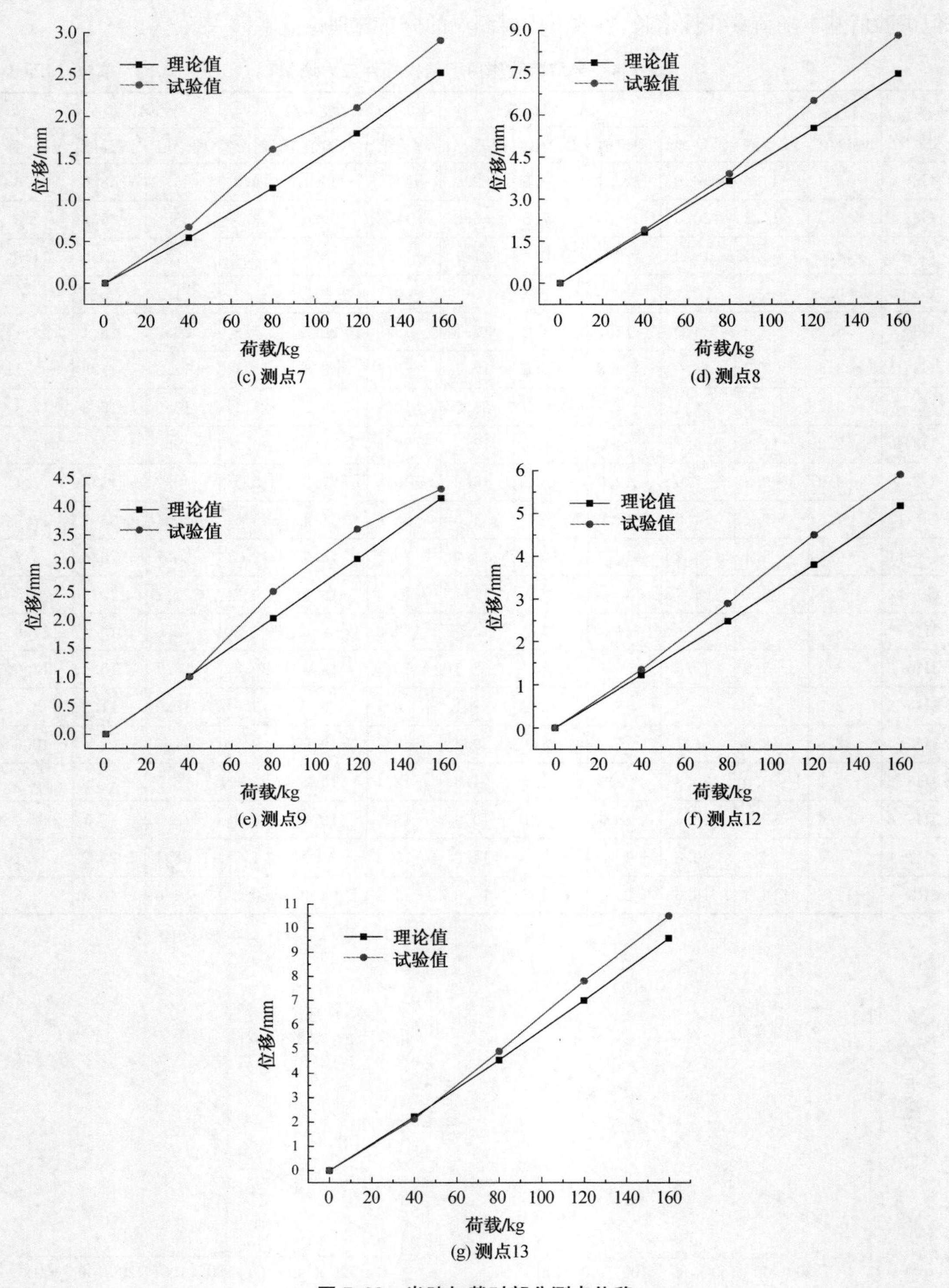

图 7.23 半跨加载时部分测点位移

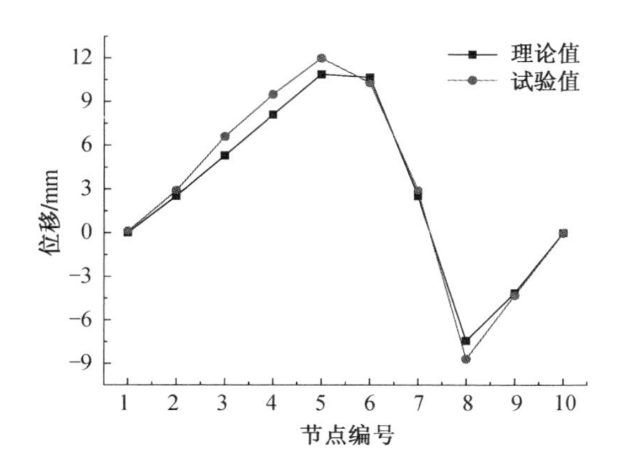

图 7.24　半跨荷载下节点挠度分布

7.4.4　断索(杆)分析

结构的二次防御能力是指结构因突发事件或局部严重超载而导致部分构件突然失效时,结构自行调整内力、阻止破坏过程延续、不发生整体连续性倒塌的能力[146]。预应力结构设计中,索的设计内力只取到索破断力的30%左右,结构具有较高的强度储备,在没有发生意外的情况下,如恐怖袭击或者其他不可抗力,一般不会发生断索。但对于重要性系数较高的公共建筑结构,基于安全度考虑,研究结构局部断索后的结构性能、破坏形态以及结构的二次防御能力是非常必要的。

本章对模型结构在单个杆件破坏后的结构行为进行了分析和试验研究。选取具有代表性的一根外圈斜杆 XS1-6 为破断对象,断索前上部网壳作用满跨荷载,每个节点 100 kg。

断索前后结构谷线 G3 上构件内力增量如图 7.25 所示,结构断索至重新平衡后的情况见图 7.26。试验结果表明局部索(杆)破断后,谷线上靠近支座处受力较大的构件内力增量也较大。由于上部为刚性网壳,局部斜索破断引起的节点变位较小,结构体系安全,但由于断索带来的冲击力较大,应注意索杆部分节点的设计,避免发生连接节点的破坏。这也表明弦支叉筒结构整体刚度较好,具有较高的二次防御能力。

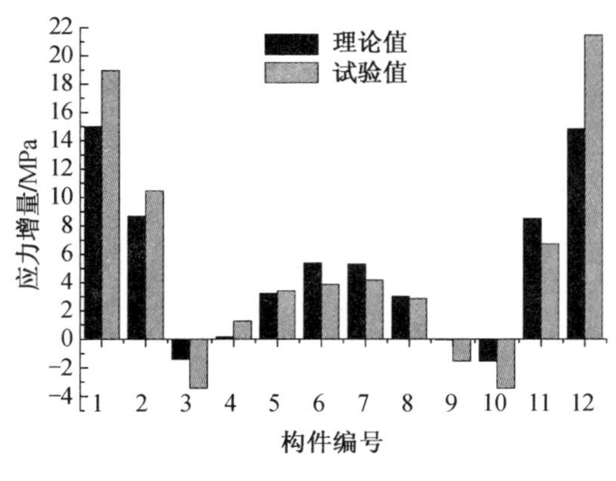

图 7.25　断索前后谷线应力增量

图 7.26　全跨荷载断索试验

7.5 结论

通过对八边形谷线式弦支叉筒网壳结构模型的试验研究及其有限元分析，可以得到如下结论：

(1) 考虑到施工误差、边界条件的模拟、试验环境及测量设备等误差，试验值与理论值基本一致，表明试验模型设计合理，理论值与试验值基本吻合。

(2) 试验模型在满跨或半跨加载过程中均未出现异常情况，说明结构体系是合理的、安全的。但加载到较大荷载后，人为加载时出现较明显的振动，说明结构由于约束较少，且支座处刚度不高，对振动荷载较为敏感。

(3) 在满跨或半跨荷载作用下，网壳杆件内力及节点位移均具有良好的对称性，谷线杆件受力较大，特别是靠近支座处杆件容易产生较大应力，说明结构内力通过谷线杆件传导至支座；预应力的引入对于结构刚度及稳定性有相应的提高。

(4) 由于叉筒网壳这类结构的实际工程较少，试验模型的加工装配过程为以后实际施工提供了一定的参考价值。

第 8 章　结论与展望

8.1　结论

叉筒网壳传力路径明确，空间性较圆柱面网壳强，空间利用率高，便于铺设管道，且易于组合扩展，适合作为多波多跨大面积建筑的结构单元应用。本书提出了一种新型预应力大跨度空间结构——弦支叉筒网壳结构，讨论了该结构体系的形式与分类，并对其力学性能进行了理论及试验研究，然后结合弦支叉筒网壳结构断索涉及的复杂非线性问题，将新兴的向量式有限元方法推广应用到弦支叉筒网壳结构断索失效分析中。书中得到了以下结论：

(1) 根据弦支叉筒网壳结构网格划分、叉筒形体、网壳层数、平面形状和布索形式，提出了五种不同的分类方法。工程设计中按建筑外形、支承条件、节点构造和受力性能等要求可选用不同的结构形式；预应力叉筒网壳结构体系下部布索形式丰富多样，但主要可分为四大类：拉索式、张弦式、弦支式和混合式，通过引入预应力可以实现力学性能的优化；以预应力叉筒网壳为组合单元，在结构平面内扩展，可以构造出丰富多样的建筑结构形式。

(2) 弦支叉筒网壳由于预应力的引入，改善了节点竖向位移的大小和分布，各杆件轴力也有不同程度的改善，结构的静力性能得到了显著的提高。对谷线式弦支叉筒网壳进行的参数分析表明：预应力水平、杆件截面对结构静力性能影响较小，竖杆长度、矢跨比、倾角等参数影响较大。其中当矢跨比大于 0.1 后影响减弱，倾角对节点竖向位移有较大的影响，是提高结构竖向刚度最为有效的方法。谷线式弦支叉筒网壳和脊线式弦支叉筒网壳造型迥异，营造的室内空间相差较大，可以满足不同的建筑造型需求。根据静力性能的比较，脊线式弦支叉筒网壳由于边界约束较多，对圈梁的要求较高，其静力性能明显优于谷线式弦支叉筒网壳。

(3) 由动力特性分析可知，谷线式弦支叉筒网壳频率较低，柔度较大，而脊线式弦支叉筒网壳有较高的频率。无论是谷线式弦支叉筒网壳或者脊线式弦支叉筒网壳，肋环型布索方式将导致结构的前几阶振型出现索杆环向的局部振动，实际工程中应采取适当的措施避免索杆局部振动的发生。

(4) 谷线式弦支叉筒网壳的稳定性能要优于无预应力的谷线式叉筒网壳。特别的，在无初始缺陷情况下的满跨均布荷载作用时，谷线式弦支叉筒网壳不发生几何非线性屈曲，此时结构的稳定取决于材料强度，在进行非线性屈曲分析时应当考虑几何与材料双重非线性。对谷线式弦支叉筒网壳结构进行参数分析可知，预应力对结构的稳定性能影响很小，上部网壳杆件截面、竖杆长度、矢跨比、倾角影响较大，尤其是倾角对于结构稳定性能的提高有较显著的作用。无初始缺陷的脊线式弦支叉筒网壳在满跨均布荷载作用下非线性屈曲的稳定系数较高，但对半跨荷载及初始缺陷较为敏感。谷线式弦支叉筒网壳对初始缺陷的大小不敏感。初始缺陷的分布形式对结构的稳定性能有显著影响,不仅改变了结构的非线性失稳模态,也使得稳定系数有较大的变化。杆件截面规格相同的情况下,各结构形式用钢指标差距不大,谷线式弦支叉筒网壳特征值最小,但由于第一阶特征值模态为整体失稳模态,几何非线性屈曲极限承载力较高,而脊线式弦支叉筒网壳第一阶特征值模态为中间区域的局部失稳模态,因此极限承载力较小,但脊线式弦支叉筒的稳定性能较弦支穹顶略好。

(5) 向量式有限元法是结合向量力学与数值计算,以点值描述和逆向运动为基础的一种全新的有限元分析方法。它与熟知的动力松弛法有很多相似之处,但也存在较大的区别。向量式有限元避免了求解非线性方程组,计算过程中没有刚度矩阵,也就不存在矩阵的奇异问题,可以克服传统有限元法在大变形、大变位、发生刚体运动等情况下出现的不收敛,可以跟踪结构变形的全过程。途径单元、逆向运动等概念的提出使得向量式有限元能处理更加复杂的非线性过程,包括断裂、碰撞等传统有限元法较难求解的状态非线性过程,这使得向量式有限元法十分有利于求解具有很强非线性的结构。本文利用传统有限元索单元的概念,推导了适用于向量式有限元程序的索单元,包括预应力直线索单元和抛物线索单元,并通过算例验证其可行性,得到了满意的结果。将向量式有限元及其预应力索单元理论引入到弦支叉筒网壳结构静力分析中,与传统非线性有限元分析结果对比,表明这种方法在诸如弦支叉筒网壳结构的刚柔性组合预应力空间结构的静力分析中是有效的。它提供了一种更加直接简便的分析方法,并且简化了预应力的引入,无需找形找力,在确定初始预应力后就可对结构进行分析。向量式有限元方法简便、直接、有效,为结构分析与研究,特别是预应力结构的非线性分析研究提供了一种新的方法和手段。

(6) 断索过程是一个包括强烈非线性和机构位移的变化过程,向量式有限元不需要求解非线性方程组、不形成刚度矩阵的优点使其能方便地应用于结构的断索失效全过程分析,真实有效地跟踪断索后结构实际变形与内力变化情况,了解位移及内力的振动响应。断索对本文的弦支叉筒网壳结构模型影响较大,分析可知结构振动尚处于弹性阶段,不引起塑性变形,也没有发生连续倒塌现象。但由于振动响应的存在,部分内力或位移峰值可能超出合理范围,因此对于存在较大预应力拉索的弦支穹顶结构来说,在结构设计与分析中考虑拉索的破断是有必要的。同一圈索杆体系中,环索破断影响较斜索破断略大,那是因为斜索破断后索杆体系可能随着位置变化重新形成平衡体系,保留一定的拉索内力,这主要依赖于结构索杆的布置方式。总体而言,外圈索杆由于预应力水平较高,与断索相连的支座点处支座反力变化很大;内圈拉索预应力水平不高,其对结构挠度的影响较大,一旦断裂容易影响结构的适用性。

(7) 考虑到施工误差、边界条件的模拟、试验环境及测量设备等误差,试验值与理论值基本一致,表明试验模型设计合理,理论值与试验值基本吻合;试验模型在满跨或半跨加载过程中均未出现异常情况,说明结构体系是合理的、安全的。但加载到较大荷载后,人为加载时出现较明显的振动,说明结构由于约束较少,且支座处刚度不高,对振动荷载较为敏感;在满跨或半跨荷载作用下,网壳杆件内力及节点位移均具有良好的对称性,谷线杆件受力较大,特别是靠近支座处杆件容易产生较大应力,说明结构内力通过谷线杆件传导至支座;预应力的引入对于结构刚度及稳定性有相应的提高。由于叉筒网壳这类结构的实际工程应用较少,试验模型的加工装配过程为以后实际施工提供了一定的参考价值。

8.2　展望

本文对弦支叉筒网壳进行了系统的研究，并将向量式有限元分析方法引入该结构的断索分析中，得到了令人满意的结果，但针对这种新体系及新方法，仍然还有以下问题需要进一步研究：

(1) 弦支叉筒网壳是一种刚柔性组合结构，而且其造型独特，对该结构的抗风抗震性能研究也是值得重视的。

(2) 本书自编的向量式有限元程序是基于 MATLAB 程序开发的，由于时间仓促和作者能力所限，其计算效率还有很大的提高空间。

(3) 本文进行的弦支叉筒网壳断索分析过程中，未出现塑性和连续倒塌等现象，且忽略了构件之间的碰撞。实际工程中有可能产生其余构件进入塑性，导致断裂，进而引起连续倒塌的现象，这在以后的工作中值得进一步研究。

参 考 文 献

[1] 董石麟. 中国空间结构的发展与展望[J]. 建筑结构学报,2010, 31(6):38-51.

[2] 董石麟,罗尧治,赵阳. 新型空间结构分析、设计与施工[M]. 北京:人民交通出版社,2006.

[3] 董石麟,邢栋,赵阳. 现代大跨空间结构在中国的应用与发展[J]. 空间结构,2012,18(1):3-16.

[4] Fuller R B. Tesile-integrity structure. US. Patent, No. 3063521. 1962.

[5] Geiger D H. Room structure. US. Patent, No. 4736553. 1988.

[6] M P Levy. The Georgia dome and beyond achieving light weight-long span structures[C]. Proceedings of International Association of Space Structures-American Society of Civil Engineering, 1994:560-562.

[7] Geiger D H. The design and construction of two cable domes for the Korean Olympics[C]. Shells, Membranes and Space Frames, Proceedings IASS Symposium, 1986:265-272.

[8] 詹伟东. 葵花型索穹顶结构的理论分析和试验研究[D]. 杭州:浙江大学,2004.

[9] 包红泽. 鸟巢型索穹顶结构的理论分析与试验研究[D]. 杭州:浙江大学,2007.

[10] 周家伟. 具有外环桁架的索穹顶结构的理论分析与试验研究[D]. 杭州:浙江大学,2009.

[11] 郑君华. 矩形平面索穹顶结构的理论分析与试验研究[D]. 杭州:浙江大学,2006.

[12] 王振华. 索穹顶与单层网壳组合的新型空间结构理论分析与试验研究[D]. 杭州:浙江大学,2009.

[13] M Saitoh. Role of string-aesthetics and technology of the beam string structures[C]. Proceeding of the LSA98 Conference "Light Structures in Architecture Engineering and Construction", 1998: 692-701.

[14] 汪大绥,张富林,高承勇,等. 上海浦东国际机场(一期工程)航站楼钢结构研究与设计[J]. 建筑结构学报,1999,20(2):2-8.

[15] 陈荣毅,董石麟. 广州国际会议展览中心展览大厅钢屋盖设计[J]. 空间结构,2002,8(3):29-34.

[16] Mamoru Kawaguchi, Masaru Abe, Tatsuo Hatato, et al. On a structural system "suspen-dome" system[C]. Proc. of IASS Symposium Istanbul, 1993:523-530.

[17] 范立础,杨澄宇. 空间结构在桥梁工程中的应用[J]. 空间结构,2009,15(3):44-51.

[18] 傅学怡. 空间结构理念在高层建筑中的应用与发展[J]. 空间结构,2009,15(3):85-96.

[19] 郑健. 空间结构在大型铁路客站中的应用[J]. 空间结构,2009,15(3):52-65.

[20] 董石麟,赵阳. 论空间结构的形式和分类[J]. 土木工程学报,2004,37(1):7-12.

[21] 董石麟. 空间结构的发展历史、创新、形式分类与实践应用[J]. 空间结构,2009,15(3):22-43.

[22] 陈荣毅. 2010 年广州亚运会新建场馆综述[J]. 空间结构,2012,18(1):25-35.

[23] 范重,刘先明,范学伟,等. 国家体育场大跨度钢结构设计与研究[J]. 建筑结构学报,2007,28(2):1-16.

[24] 傅学怡,顾磊,赵阳. 国家游泳中心水立方结构设计[M]. 北京:中国建筑工业出版社,2009.

[25] 覃阳,许硕,曾丽荣,等. 国家体育馆复杂空间结构设计[C]. 第十一届高层建筑抗震技术交流会,2007.

[26] 汪大绥,方卫,张伟育,等. 世博轴阳光谷钢结构设计与研究[J]. 建筑结构学报,2010,31(5):20-26.

[27] 刘琼祥,张建军,郭满良,等. 深圳大运中心主体育场钢屋盖结构设计[J]. 施工技术,2010,39(8):

58-60.

[28] 朱忠义,柯长华,束伟农,等. 首都机场 T3 航站楼钢结构设计介绍[C]. 第十一届空间结构学术会议论文集,南京,2005.

[29] 张志宏,傅学怡,董石麟. 济南奥体中心体育馆弦支穹顶结构设计[J]. 空间结构,2008,14(4):8-13.

[30] 董石麟,庞礴,袁行飞. 一种矩形平面弦支柱面网壳的形体及受力特性研究[J]. 空间结构,2011,17(3):3-7.

[31] 陈志华,秦亚丽,史杰. 弦支穹顶结构体系的分类及结构特性分析[J]. 建筑结构,2006,36(增刊):81-84.

[32] 陈志华,李阳,康文江. 联方型弦支穹顶研究[J]. 土木工程学报,2005,38(5): 34-40.

[33] 崔晓强,郭彦林. Kiewitt 型弦支穹顶结构的弹性极限承载力研究[J]. 建筑结构学报,2003,24(1):74-79.

[34] 姚姝,范峰. K6 型弦支穹顶结构的静力性能分析[J]. 建筑结构,2008,38(2):43-46.

[35] 张明山. 弦支穹顶结构的理论研究[D]. 杭州:浙江大学,2004.

[36] 郭佳民. 弦支穹顶结构的理论分析与试验研究[D]. 杭州:浙江大学,2008.

[37] Kawaguchi M, Abe M, Hatato T, et al. Design, tests and realization of "suspen-dome" system[J]. Journal of the IAAS, 1999,40(131):179-192

[38] Kawaguchi M, Abe M, Tatemichi I, et al. Structural tests on the "suspen-dome" system[C]. Proceedings of IASS Symposium, 1994:383-392.

[39] 陈志华,刘红波,王小盾,等. 弦支穹顶结构研究综述[J]. 建筑结构学报,2010(S1):210-215.

[40] 陈志华. 弦支穹顶结构体系及其结构特性分析[J]. 建筑结构,2004,34(5):38-41.

[41] 郭佳民,董石麟,袁行飞,等. 布索方式对弦支穹顶结构稳定性能的影响研究[J]. 土木工程学报,2010,43(S2):9-14.

[42] 张国发. 弦支穹顶结构施工控制理论分析与试验研究[D]. 杭州:浙江大学,2009.

[43] 陈志华,冯振昌,秦亚丽,等. 弦支穹顶静力性能的理论分析及实物加载试验[J]. 天津大学学报,2006,39(8):944-950.

[44] 陈志华,张立平,李阳,等. 弦支穹顶结构实物动力特性研究[J]. 工程力学,2007,3(24):131-137.

[45] 张爱林,刘学春,王冬梅,等. 2008 奥运会羽毛球馆新型弦支穹顶结构模型静力试验研究[J]. 建筑结构学报,2007,28(6):58-67.

[46] 叶垚. 大跨度弦支穹顶结构施工关键技术与模型试验研究[D]. 哈尔滨:哈尔滨工业大学,2010.

[47] 王永泉. 大跨度弦支穹顶结构施工关键技术与试验研究[D]. 南京:东南大学,2009.

[48] Zienkiewicz O C, Taylor R L. The finite element method [M]. 4th ed. New York: McGraw-Hill, 1987.

[49] Crisflelds M A. An arc-length method including line searches and accelerations [J]. International Journal of Numerical Methods in Engineering,1983,19:1269-1289.

[50] Courant R. Variational method for solutions of problems of equilibrium and vibrations[J]. Bull. Am. Math. Soc. ,1943,49:1-23.

[51] Turner M J, Clough R W, Martin H C, et al. Stiffness and deflection analysis of complex structures [J]. J. Aero. Sci. , 1956, 23:805-823.

[52] Clough R W. The finite element method in plane stress analysis [C]. Proceedings of 2nd ASCE Conference on Electronic Computation. Pittsburgh, PA. , 1960: 345-378.

[53] Oden J T. Finite element of non-linear continua[M]. New York: McGraw-Hill, 1972.

[54] Cook R D. Concepts and applications of finite element analysis[M]. New York: John Wiley & Sons, Inc. 1974.

[55] Bathe K J, Wilson E L. Numerical methods in finite element analysis[J]. New Jersey: Prentice-Hall, 1976.
[56] Huebuer K H, The finite element method for engineers[M]. New York: John Wiley & Sons, Inc., 1975.
[57] 王勖成,邵敏.有限单元法基本原理与数值方法[M].北京:清华大学出版社,1988.
[58] 李元齐,沈祖炎.弧长控制类方法使用中的若干问题的探讨与改进[J].计算力学学报,1998,15(4):38-46.
[59] Bellini P X, Chulya A. An improved automatic incremental algorithm for the efficient solution of nonlinear finite element equations[J]. Computers & Structures, 1987, 26(1/2): 99-110.
[60] 丁承先,王仲宇.向量式固体力学[R].桃园:"中央大学"土木工程学系,2008.
[61] 丁承先,王仲宇,吴东岳,等.运动解析与向量式有限元[R].桃园:"中央大学"工学院桥梁工程研究中心, 2007.
[62] Ding Cheng-xian, Wang Zhong-yu, Wu Dong-yue, et al. Motion analysis and vector form intrinsic finite element[R]. Taoyuan: Bridge Engineering Research Center of "Central University", 2007.
[63] Ting E C, Shih C, Wang Y K. Fundamentals of a vector form intrinsic finite element: Part I. Basic procedure and a plane frame element [J]. Journal of Mechanics, 2004, 20(2): 113-122.
[64] Ting E C, Shih C, Wang Y K. Fundamentals of a vector form intrinsic finite element: Part II. plane solid elements[M]. Journal of Mechanics, 2004, 20(2): 123-132.
[65] Shih C, Wang Y K, Ting E C. Fundamentals of a vector form intrinsic finite element: Part III. Convected material frame and examples[M]. Journal of Mechanics, 2004, 20(2): 133-143.
[66] Wu T Y, Ting E C. Large deflection analysis of 3D membrane structures by a 4-node quadrilateral intrinsic element[J]. Thin-walled Structures,2008(46):261-275.
[67] Wang R Z, Chuang C C, Wu T Y, et al. Vector form analysis of space truss structure in large elastic-plastic deformation[J]. Journal of the Chinese Institute of Civil Hydraulic Engineering, 2005, 17(4): 633-646.
[68] 喻莹.基于有限质点法的空间钢结构连续倒塌破坏研究[D].杭州:浙江大学,2010.
[69] 向新岸.张拉索膜结构的理论研究及其在上海世博轴中的应用[D].杭州:浙江大学,2010.
[70] 顾磊.叉筒网壳的结构形式、受力特性及预应力技术应用的研究[D].杭州:浙江大学,2000.
[71] 顾磊,董石麟.叉筒网壳的建筑造型、结构形式与支承方式[J].空间结构,1999,5(3):3-11.
[72] 顾磊,董石麟.单层叉筒网壳结构的网格形式与受力特性[J].空间结构,2006,12(1):24-31.
[73] 陈联盟,赵阳,董石麟.单层脊线式叉筒网壳结构性能研究[J]. 浙江大学学报(工学版), 2004,38(8):971-977.
[74] 贺拥军,周绪红,董石麟.单层叉筒网壳静力与稳定性研究[J].湖南大学学报(自然科学版), 2004,31(4):45-50.
[75] 贺拥军,周绪红,董石麟.叉筒网壳子结构圆柱面交叉立体桁架系巨型网格结构的稳定性研究[J].建筑结构学报,2003,24(2):54-63.
[76] 赵淑丽,孙建恒,孙超.点支承两向叉简单层网壳结构非线性动力稳定分析[J].空间结构,2007,13(2):11-16.
[77] 林郁. 拱支叉筒网壳稳定性分析与风压数值模拟[D].杭州:浙江大学,2004.
[78] 林郁,卓新. 开敞式叉筒网壳风场数值模拟与受力分析[J]. 浙江大学学报(工学版),2004,38(9):1170-1174.
[79] 吴卫中. 复杂体型的大跨度单层叉筒网壳风振分析[D]. 上海:上海交通大学,2006.
[80] 吴卫中,周岱,赵尧军,等.复杂形体大跨叉筒网壳结构的风场风载模拟[J].振动与冲击,2007,26

(10):45-50.

[81] 阚远,叶继红. 索穹顶结构在静力荷载作用下的失效分析[J]. 特种结构,2007,24(3):85-88.

[82] 陈联盟,董石麟,袁行飞. Kiewitt 型索穹顶结构拉索退出工作机理分析[J]. 空间结构,2010,16(4):29-33.

[83] 郑君华,袁行飞,董石麟. 两种体系索穹顶结构的破坏形式及其受力性能研究[J]. 工程力学,2007,24(1):44-50.

[84] Pearson C, Delatte N. Ronan point apartment tower collapse and its effect on building codes [J]. Journal of Performance of Constructed Facilities ASCE, 2005, 19(2):172-177.

[85] Breen J E. Research workshop on progressive collapse of building structures: Summary report [R]. Department of Housing and Urban Development, 1976.

[86] Van Laetham M. Stability of a double-layer-grid space structure [M]. London: Billing and Sons Limited, 1975: 745-754.

[87] Collins I M. An investigation into the collapse behaviour of double-layer grids [M]. London: Elsevier Applied Science, 1984: 400-405.

[88] 庞礴. 弦支柱面网壳的理论分析与试验研究[D]. 杭州:浙江大学,2010.

[89] 刘学春. 预应力弦支穹顶结构稳定性分析及优化设计[D]. 北京:北京工业大学,2006.

[90] 王伯惠. 斜拉桥结构发展和中国经验[M]. 北京:交通出版社,2004.

[91] 杨俊,盛君. 一种确定斜拉桥合理成桥索力的综合方法探讨[J]. 交通与计算机,2007, 25(3):101-105.

[92] R 克拉夫,J 彭津. 结构动力学[M]. 第 2 版. 王光远,等,译. 北京:高等教育出版社,2006.

[93] Riks E. An incremental approach to the solution of snapping and buckling problems[J]. International Journal of Solid Structures, 1979, 15:529-551.

[94] 陈昕,沈世钊. 单层穹顶网壳的荷载-位移全过程及缺陷分析[J]. 建筑结构学报,1992(3):11-18.

[95] 沈世钊,陈昕,林有军,等. 单层球面网壳的稳定性[J]. 空间结构,1997(3):3-12.

[96] 沈世钊,陈昕. 网壳结构稳定性[M]. 北京:科学出版社,1999.

[97] 关富玲,高博青,李黎. 单层网壳的稳定性分析[J]. 工程力学,1996,13(3):93-104.

[98] 沈世钊,陈昕,张峰,等. 单层柱面网壳的稳定性(上)[J]. 空间结构,1998,4(2):17-28.

[99] 刘锋,李丽娟. 空间网壳结构的稳定性分析[J]. 华南理工大学学报(自然科学版),2003,31(S1):26-29.

[100] 陈骥. 钢结构稳定理论与设计[M]. 北京:科学出版社,2003.

[101] 马军. 板片空间结构体系的缺陷稳定分析研究[D]. 南京:东南大学,1999.

[102] 凌道盛,徐兴. 非线性有限元及程序[M]. 杭州:浙江大学出版社,2004.

[103] 张峰,沈世钊,魏昕. 初始缺陷对单层柱面网壳稳定性的影响[J]. 哈尔滨建筑大学学报,1997,30(6):36-42.

[104] 张爱林,张晓峰,葛家琪. 2008 奥运会羽毛球馆张弦网壳结构整体稳定分析中初始缺陷的影响研究[J]. 空间结构,2006,12(4):8-12.

[105] 中国建筑科学研究院. JGJ61—2003 网壳结构技术规程[S]. 北京:中国建筑工业出版社,2003.

[106] 王仁佐,吴俊霖,林柏州,等. 地震作用下钢筋混凝土结构崩塌分析[C]. 第四届海峡两岸结构与岩土工程学术研讨会论文集,杭州,2007.

[107] 王仲宇,王仁佐,陈彦桦,等. 移动荷载与质量作用下之平面刚架非线性动力分析[C]. 第四届海峡两岸结构与岩土工程学术研讨会论文集,杭州,2007.

[108] Wu Tung-Yueh, Tsai Wen-chang, Lee Jyh-jone. Dynamic elastic-plastic and large deflection analyses of frame structures using motion analysis of structures[J]. Thin-walled Structures, 2009, 47:1177-

1190.

[109] Chang Po-yen, Lee Hsien-hua, Tseng Guo-wei, et al. VFIFE method applied for offshore template structures upgraded with damper system[J]. Journal of Marine Science and Technology, 2010, 18(4):473-483.

[110] Lien K H, Chiou Y J, Wang R Z, et al. Vector form intrinsic finite element analysis of nonlinear behavior of steel structures exposed to fire[J]. Engineering Structures, 2010, 32:80-92.

[111] Fleming J F, et al. Dynamic behavior of a cable-stayed bridge[J]. Earthquake Engineering and Structure Dynamics, 1980, 8: 1-16.

[112] Knudson W C. Static and dynamic analysis of cable net structures[D]. California: Doctoral Disseration. University of California, 1971.

[113] 袁行飞,董石麟.二节点曲线索单元非线性分析[J].工程力学,1999,16(4):59-46.

[114] 杨孟刚,陈政清.两节点曲线索单元精细分析的非线性有限元法[J].工程力学,2003,20(1):42-47.

[115] 任伟新,黄锰钢.一种两节点抛物线索单元及其试验验证[J].土木工程学报,2009, 42(6): 42-48.

[116] 张其林.预应力结构非线性分析的索单元理论[J].工程力学,1993,10(4):93-101.

[117] Michalos J, Birnstiel C. Movement of a cable due to changes in loadings[J]. Journal of Structural Engineering, ASCE, 1960, 86(ST12):23-38.

[118] Tang Jian-min, Shen Zu-yan, Qian Ruojun. A nonlinear finite element method with five-node curved element for analysis of cable structures[J]. Proceedings of IASS International Symposium, 1995, 2: 929-935.

[119] 唐建民.索穹顶结构的理论研究[D].上海:同济大学,1997.

[120] 唐建民,沈祖炎,钱若军.索穹顶结构非线性分析的曲线索单元有限元法[J].同济大学学报,1996,24(1):6-10.

[121] 武建华,苏文章.四节点索单元的悬索结构非线性有限元分析[J].重庆建筑大学学报,2005,27(6):55-58.

[122] 聂建国,陈必磊,肖建春.悬链线索单元算法的改进[J].力学与实践,2003,25:28-32.

[123] 胡建华,王连华,赵跃宇.索结构几何非线性分析的悬链线索单元法[J].湖南大学学报(自然科学版),2007,34(11):29-32.

[124] 沈祖炎,汤荣伟,赵宪忠.基于悬链线元的索穹顶形状精确确定方法[J].同济大学学报,2006, 34(1):1-6.

[125] 杨孟刚,陈政清.基于UL列式的两节点悬链线索元非线性有限元分析[J].土木工程学报,2003, 36(8):63-68.

[126] 杨孟刚,陈政清.自锚式悬索桥施工过程模拟分析[J].湖南大学学报(自然科学版), 2006, 33(2):26-30.

[127] 毋英俊.连续折线索单元及其应用研究[D].天津:天津大学,2007.

[128] Lynnk M, Isobe D. Structural collapse analysis of framed structures under impact loads using ASI-Gauss finite element method[J]. International Journal of Impact Engineering, 2007, 34: 1500-1516.

[129] 陈俊岭,马人乐,何敏娟.防止建筑物连续倒塌的措施[J].特种结构,2005,22(4):13-15.

[130] Redfield R K, Tobiasson W N, Colbeck S C. Estimated Snow, Ice, and Rain Load Prior to the Collapse of the Hartford Civic Center Arena Roof[R]. 1979.

[131] Soare V M. Investigation of the collapse of large span braced dome, analysis, design and construction of braced domes[R]. Guildford Courses Organized by SSR Center, 1979.

[132] Ben K N, Moussa B. Effect of a cable rupture on tensegrity systems[J]. International Journal of Space Structures, 2002, 17(1):51-65.

[133] 于刚,孙利民.断索导致的斜拉桥结构易损性分析[J].同济大学学报(自然科学版),2010,38(3):324-328.

[134] 于天来,王今朝.斜拉桥断索危险性分析[J].东北林业大学学报,2010,38(12):95-98.

[135] 郑君华,袁行飞,董石麟.两种体系索穹顶结构的破坏形式及其受力性能研究[J].工程力学,2007,24(1):44-50.

[136] 何健,袁行飞,金波.索穹顶结构局部断索分析[J].振动与冲击,2010,29(11):13-16.

[137] 张志宏,傅学怡,董石麟,等.济南奥体中心体育馆弦支穹顶结构设计[J].空间结构,2008,14(4):8-13.

[138] 王化杰,范峰,钱宏亮,等.巨型网格弦支穹顶预应力施工模拟分析与断索研究[J].建筑结构学报(增刊1):247-253.

[139] 赵晓旭.弦支穹顶结构设计与施工中的若干问题研究[D].杭州:浙江大学,2008.

[140] 孙炳楠,洪滔,杨骊先.工程弹塑性力学[M].杭州:浙江大学出版社,1998.

[141] Lynn K M, Isobe D. Finite element code for impact collapse problems[J]. International Journal for Numerical Methods in Engineering, 2007, 69: 2538-2563.

[142] 王柏生.结构试验与检测[M].杭州:浙江大学出版社,2007.

[143] Sanayei M, Imbaro G R. Structural model updating using experimental static measurements [J]. Journal of Structural Engineering, ASCE, 1997, 123(6): 792-798.

[144] 邓苗毅,任伟新,王复明.基于静力响应面的结构有限元模型修正方法[J].实验力学,2008,23(2):103-109.

[145] 郭佳民,袁行飞,董石麟,等.基于实测数据的弦支穹顶计算模型修正[J].工程设计学报,2009,16(4):297-302.

[146] 陈俊岭.建筑结构二次防御能力评估方法研究[D].上海:同济大学,2004.